洁净钢生产的中间包技术

Tundish Technology for Clean Steel Production

[美] Yogeshwar Sahai　　美国俄亥俄州立大学
[日] Toshihiko Emi　中国江苏沙钢钢铁研究院
朱苗勇　译　　东北大学

北　京
冶　金　工　业　出　版　社
2009

北京市版权局著作权合同登记号　图字：01-2009-0524 号

图书在版编目(CIP)数据

洁净钢生产的中间包技术/(美)沙哈依(Sahai, Y.);(日)江见俊彦著;朱苗勇译. —北京：冶金工业出版社，2009. 5

书名原文：Tundish Technology for Clean Steel Production

ISBN 978-7-5024-4518-8

Ⅰ. 洁…　Ⅱ. ①沙…　②江…　③朱…　Ⅲ. 连续铸钢　Ⅳ. TF777

中国版本图书馆 CIP 数据核字（2009）第 019117 号

出 版 人　曹胜利

地　　址　北京北河沿大街嵩祝院北巷 39 号，邮编 100009

电　　话　（010）64027926　电子信箱　postmaster@cnmip.com.cn

责任编辑　刘小峰　美术编辑　李　新　版式设计　张　青

责任校对　白　迅　责任印制　牛晓波

ISBN 978-7-5024-4518-8

北京兴华印刷厂印刷；冶金工业出版社发行；各地新华书店经销

2009 年 5 月第 1 版，2009 年 5 月第 1 次印刷

169mm × 239mm；14 印张；2 彩页；272 千字；212 页；1-2500 册

39.00 元

冶金工业出版社发行部　电话：(010)64044283　传真：(010)64027893

冶金书店　地址：北京东四西大街 46 号(100711)　电话：(010)65289081

（本书如有印装质量问题，本社发行部负责退换）

Preface to the Chinese Edition

Worldwide steel production has increased each year at a very fast pace in the past 5 to 10 years. At the same time, steel production in China is growing very rapidly since 1990s. China's current steel production is more than one third of the total steel produced worldwide. Along with the steel production, China has also increased the fraction of steel which is continuously cast, and is now reaching the levels of other industrialized countries of the world. Over 95% of the steel produced in China is continuously cast. The emphasis and need of the clean steel production in China has also grown significantly in the past decade or so. This is obvious from the international conferences and symposia taking place in China on this subject in the recent past. Thus the role of tundish technology in producing clean steel can not be over emphasized. The authors very quickly realized that it will be convenient to the readers in China if the book is translated and also published in the Chinese language. The authors are extremely grateful to Professor Miaoyong Zhu of the Northeastern University in China for undertaking the task of translating it to the Chinese language.

YS

TE

中文版前言

最近的5～10年间世界钢产量每年均在快速增长，与此同时自90年代以来中国的钢产量增长迅猛，当前中国的钢产量已超过了世界总产量的三分之一。随着钢产量的增加，中国的连铸比也得到了不断提高，目前已达到了世界工业发达国家的水平。在中国超过95%的钢是通过连铸生产的。近十几年，中国也十分重视洁净钢的生产，对洁净钢的需求也在迅速增长，最近在中国举行的有关洁净钢的国际会议和国际研讨会已清楚表明了这一点。因此，在洁净钢生产中中间包技术的作用是不可以被低估和不被重视的。我们很快意识到，如果能将此书翻译成中文出版，无疑会方便广大读者。我们特别感谢中国东北大学的朱苗勇教授担当了此书的中文翻译任务。

Y. 沙哈依

江见俊彦

前　言

过去的十年，世界的钢产量迅速增长，由1996年的8.5亿t增加到2006年的12.3亿t。连铸工艺已被广泛应用并成为钢铁生产中的一个重要环节。目前世界上90%的粗钢是通过连铸生产的。包括西欧、日本和美国等一些国家及地区，连铸比已超过了97%。在钢产量增加的同时，面对连铸机生产能力的不断提高和产品断面尺寸的大型化，对钢产品的质量要求变得更加严格而迫切。因此，钢的洁净化和成分的严格控制以及连铸坯表面和内部质量控制已成为当今炼钢工作者最为关心的课题。

中间包是钢液流入连铸结晶器凝固之前最后需要经过的冶金容器。钢液经过中间包的过程中与耐火材料、渣和空气接触。因此，中间包的合理设计与操作对其内钢液的成分、质量和温度产生重要影响。在过去三十年左右的时间里，我们已经目睹了中间包技术在洁净钢浇铸方面的一些主要进展，并有大量的重要论文发表，但还没有一本中间包技术方面的书，涉及从基本原理到详细操作等各个方面。具体而详细探讨中间包技术在洁净钢生产中所起的重要作用，本书所展现的可以说是一种尝试。

本书的前半部分介绍中间包操作的一些基本概念所需的基本原理和理论知识，其余部分是中间包的操作方面。有一章专门介绍了最近的、已出现的和正在开发的中间包新技术。因此，本书的基础性可以作为过程冶金专业研究生的教材或作为冶金工作者的一本重要参考书。同时，本书对从事研究、开发或钢铁生产的科技工作者和工程师们理解中间包冶金过程会很有帮助。

本书作者十分感谢许多同事、朋友和学生们，他们以各种方式对该书和作者在该领域的认识和理解上做出了贡献。作者特别要感谢已故的S. Takeuchi、已故的M. Wolf以及R. Boom、Y. Kishimoto、Y. Tozaki、J. Schada、A. K. Sinha、S. Chakraborty的贡献和从他们那里所获得的知识。

YS

TE

致谢

日本钢铁协会（ISIJ）和日本金属日报（Tekko Shimbun Corportion）对该书的出版提供了资助。

目　　录

1 引　言

在现代炼钢厂，钢是通过氧气转炉（BOF）或电弧炉（EAF）生产的。转炉生产中，用氧吹炼铁水和废钢，同时添加石灰等熔剂进行脱碳、脱磷、脱硫和脱硅。现代电弧炉所进行的是熔化和冶炼废钢及其他原料，而且也采用了吹氧和添加石灰。图 1.1 示意出了一个现代化钢铁厂的炼钢和连铸设施[1]。由转炉或电炉生产的含有溶解氧的钢液出钢后在钢包中用 Fe-Si、Fe-Si-Mn 等铁合金，和/或金属铝进行脱氧。脱氧产物如二氧化硅、硅酸镁、三氧化二铝、硅酸铝、铝酸盐和/或他们的复合物通过上浮，大部分得以从熔体中去除。脱氧后的钢液如需要时可在钢包炉（LF）进行进一步处理，以去除悬浮钢液中的氧化物颗粒，即所称的非金属夹杂或简单夹杂，降低硫含量以及调整钢液的成分和温度。在真空设备中（RH、VAD、或 VOD）对钢液进行脱气处理，降低裂纹敏感钢的氢含量和/或超低碳钢的碳含量，以满足用户的要求。

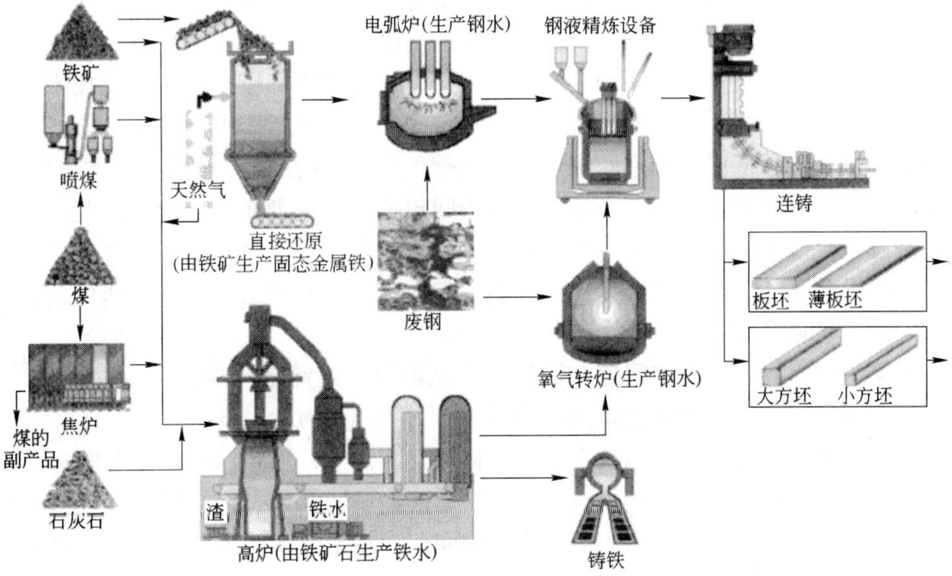

图 1.1　典型的炼钢和连铸设施[1]

钢包精炼后的钢液通过中间包注入连铸机的结晶器内凝固成板坯、大方坯或小方坯等，如 Yoshida 等所绘的图 1.2 所示[2]。在最近的三十年间，连铸已发展

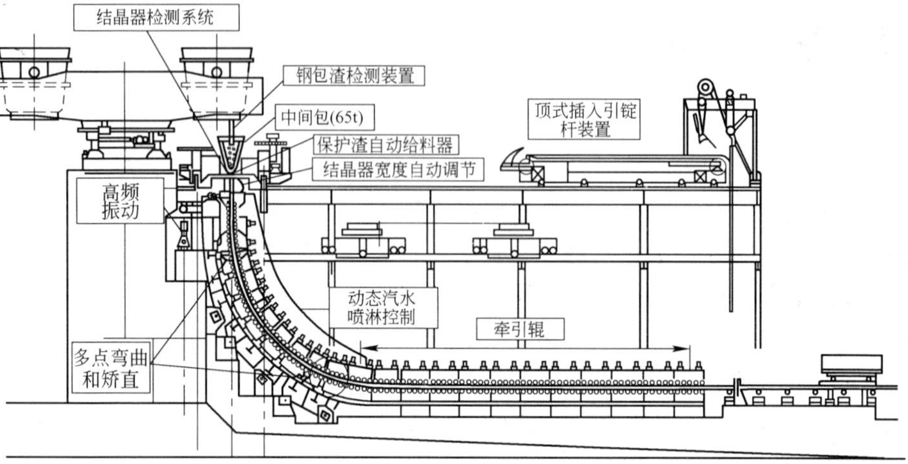

图 1.2 在钢包与结晶器之间装有中间包的连铸机布置图[2]

成为钢凝固成型的成熟技术。今天，除大型铸件外连铸已几乎完全替代了模铸。连铸已显示出许多方面的优点：更高的金属收得率，更好的成分均匀性和更高的洁净度。在连铸过程中，中间包在连接钢包与连铸机方面起到了十分重要的作用。已发表涉及连铸技术的文献中很大一部分与中间包有关，但目前仍然欠缺从基本原理到中间包实际操作进行全面阐述的文献。

本书的目的是对作为钢铁生产过程中一个重要组成部分——中间包技术，给予一个全面的认识，尤其要强调的是它在洁净钢生产中所体现的冶金功能。书的前半部分介绍了认识了解中间包技术的基础理论方面的内容，其余部分内容涉及中间包操作方面的内容。有一章专门对中间包的最新技术作了介绍。因此，本书的基础性足以作为过程冶金专业研究生的教材或作为冶金研究人员和企业工程师的一本重要参考书。本书不包含钢包精炼和连铸工艺的讨论，涉及中间包设备方面的内容也相当有限。

第 1 章简要介绍了中间包在输运洁净钢液进入连铸结晶器过程中的重要性；第 2 章阐述了中间包内非金属夹杂物形成和去除的热力学及动力学；第 3 章介绍了影响夹杂物去除的中间包内钢液的流体流动和湍流；第 4 章阐述了中间包内钢液的流动特征；第 5 章对中间包内流体流动的物理数学模拟进行了描述；第 6 章详细介绍了中间包操作；第 7 章讨论了中间包内钢液的温度控制；第 8 章涉及中间包的最新技术。

1.1 钢的模铸和连铸

连铸经历了一个时期后逐渐替代了模铸。连铸钢达到年初钢产量 50% 的时间：日本是 1978 年，意大利和联邦德国是 1980 年，韩国是 1982 年，英国是

1984 年，美国是 1986 年。大型锻铸件和各种类型钢的小批量生产目前仍采用模铸。为了获得更高的连铸金属收得率，已致力于提高连铸坯表面质量和内部质量方面的努力，同时连铸的生产能力也随初钢产量有了实质性的同步增长。当前，超过 95% 的碳钢和特殊钢是通过连铸生产的。

模铸生产中，在铸铁底盘上放置着一方形、矩形、多边形或圆形截面的空腔铸铁模。精炼后的钢液以两种不同的方式由钢包注入钢锭模中。一种称为上注法，即钢液由钢锭模的顶部注入；另一种称为下注或底注法，即通过流槽和汤道砖将钢液注到单个或多个钢锭模中。上注法和下注法的典型布置见 Eisenkolb 和 Gerling 所作的图 1.3[3]。在上注法中，钢液注流对空气有过分的暴露，因而二次氧化就比较严重。当注流冲击到钢锭模内的熔体表面时，二次氧化产物和浮渣将被带入熔体本体中而成为宏观夹杂。模铸过程中，钢液飞溅黏附到钢锭模壁上，在钢锭的表皮形成了表面缺陷，这需要后续进行表面精整。底注过程中，虽然减少了注流暴露空气的二次氧化、渣的卷吸以及飞溅，但钢液流股与流槽及汤道砖内的耐火材料的接触时间比较长，这将导致缘由耐火材料的夹杂物污染钢液。对于高端用途的大型钢锭，质量是十分重要的，因此，在上注过程中采用了惰性气体保护或抽真空。对于高端用途的小钢锭，普遍采用下注法。

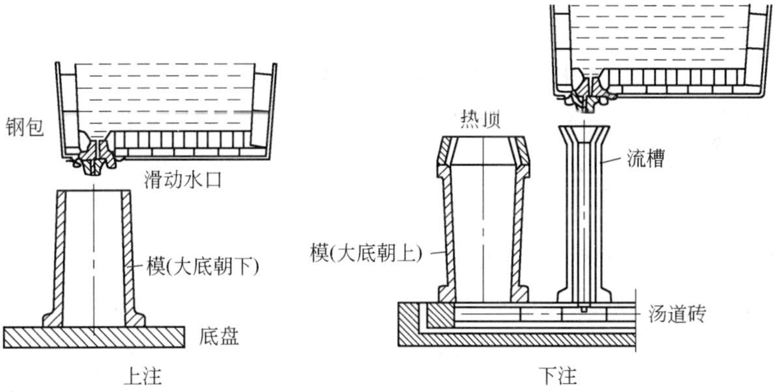

图 1.3 传统模铸中的上注和下注[3]
（大底朝上的钢锭模用于完全脱氧的钢液）

模铸过程中，用铝完全脱氧的钢液通常是用上大下小的热顶钢锭模浇铸的。钢锭模的热顶是通过钢锭模顶面周边放置绝热板并结合钢液表面添加发热剂和绝热保护渣。热顶技术延缓了钢锭顶部的凝固，并将钢液由顶部向钢锭的核心部位输送以填补由钢液凝固引发的缩孔。钢锭凝固过程中，钢锭的不同部位产生了不同类型的晶体和偏析，见 Takenouchi 的图 1.4 所示[4]。

比液态金属重的等轴晶将沉积在钢锭的底部。它们常常捕获处于上升的宏观夹杂物并将其带到钢锭的底部。当熔体的凝固由钢锭模壁向其中心发展时，因柱状枝晶的生长在钢锭表面周边形成了细小的激冷晶体，并且将发展成枝柱状晶体。

由于密度不同，富集溶质的熔体开始在枝状晶前沿上升，沿凝固前沿留下一倒V形的偏析轮廓。在钢锭的核心部分充满着来自顶部的沉积等轴晶。随着凝固的进行，核心部位的体积收缩将引发等轴晶间歇下落，富集溶质的熔体填充了所产生的空隙。这一过程将导致V形偏析的形成，并且在钢锭的热顶熔体供应不足或核心上方钢液凝固搭桥阻塞的情况下常常伴随缩孔和疏松结构。在等轴枝晶区域溶质的富集程度和疏松结构取决于钢液的过热度、热顶钢液的供给程度、钢锭的高宽比以及钢锭的锥度。

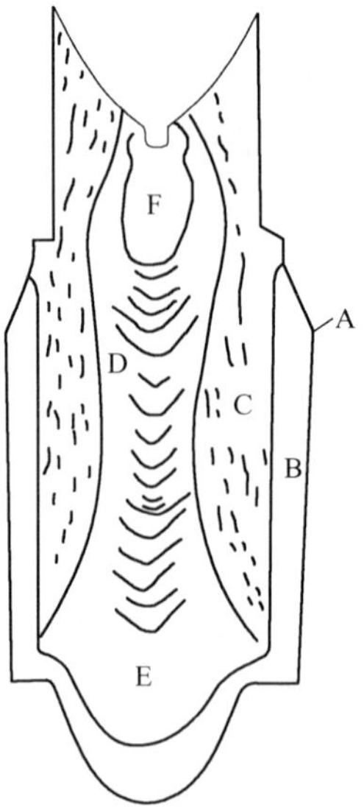

图1.4 用上注法浇铸的75t镇静钢锭中晶体结构和偏析[4]

A—激冷层；B—柱状晶区；C—带有倒V（或A）形偏析的枝柱状晶区；D—带有V形偏析的等轴晶区；E—带有负偏析和宏观夹杂的沉积等轴晶区；F—溶质正偏析区

在真空或惰性气氛下将洁净钢液注入钢锭模中可以减少宏观夹杂物。通过降低钢液中的溶质含量（P，S）和Si含量，阻止枝晶间熔体的上浮，以及优化钢锭模纵向锥度和高宽比，这样将倒V和V形偏析减少到最低程度。增加热顶操作可以减少V形偏析和疏松结构的产生。

通过认真执行这些措施，日本钢铁厂（Japan Steel Works）的Takenouchi已经生产出基本上无偏析或宏观夹杂的600t钢锭[4]。这些钢锭已被用于要求十分苛刻的用途，如原子反应器的低压涡轮轴和高压容器。事实上，7炉脱碳的钢液被连续注入到一600t的钢锭模中以稀释热顶区和等轴枝晶区的碳富集，否则这些区域将出现V形偏析。已经建立了减少产生倒V形偏析和V形偏析的半经验关系式，而且与实际所观测的吻合良好。然而，即便是这样十分谨慎的浇铸工艺，去除因宏观夹杂的钢锭底部和因溶质偏析的热顶（即去头去尾）已成为强制性操作。这实质上降低了钢锭的金属收得率。用大量小钢锭模进行真空下浇铸，从经济角度不具有操作性。此外，钢锭模的安装和拆卸属于既脏又差的操作。

与模铸不同，连铸生产只要在一炉役中连浇炉数超过3炉，其金属收得率就比较理想。在这种连续浇铸工艺中，只是开浇和浇铸结束时的很有限一小部分铸坯被处理掉。与正常的模铸相比，连铸坯的表面质量和内部质量包括偏析和宏观夹杂均要好。连铸坯拉坯方向的倒 V 形偏析和 V 形偏析通过积极的工艺措施已经被降低到很低的水平。这些措施包括：

（1）通过降低浇铸温度，施加结晶器电磁搅拌以产生有利于等轴晶生长的形核，以及分散沉积等轴晶边界间的溶质富集熔体等手段增加铸坯内熔池末端等轴晶的沉积；

（2）阻止在枝晶周围区域的溶质富集熔体向铸坯中心液心末端的吸析。这可以通过在连铸坯凝固末端用几对辊或一对铁砧以一合理量的轻压下（如 0.75mm/m）来实现。

钢液由钢包向中间包输运过程中，通过采用长水口（钟形或直桶钢包密封水口）或密封管保护注流免遭空气的二次氧化来降低连铸坯中宏观夹杂的形成，分别见 Shade 的图 1.5[5] 和 Yamagami 等的图 1.6[6] 所示。

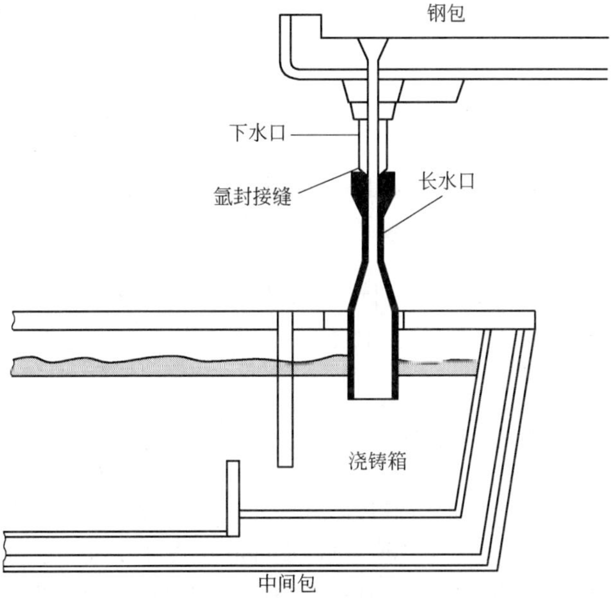

图 1.5　中间包采用长水口浇铸洁净钢液以最大程度减少宏观夹杂的污染[5]

连铸坯的质量得到提高，而且比钢锭的质量更稳定和更易控制。连铸坯（半成品）从形状上更接近最终产品，因此在某些情况下可以取消粗轧。连铸技术的进一步发展将有可能将热坯直接送入加热炉（热装）或直接轧制。这两种工艺避免了表面处理（精整），从而减少了金属损失，节约再加热的燃料费用。因不需要对连铸坯进行表面处理，连铸机的生产能力和浇次的组织协调性得到了提高。通过一整套的措施使得较高的拉速下生产的连铸坯其质量不受影响，从而使一些

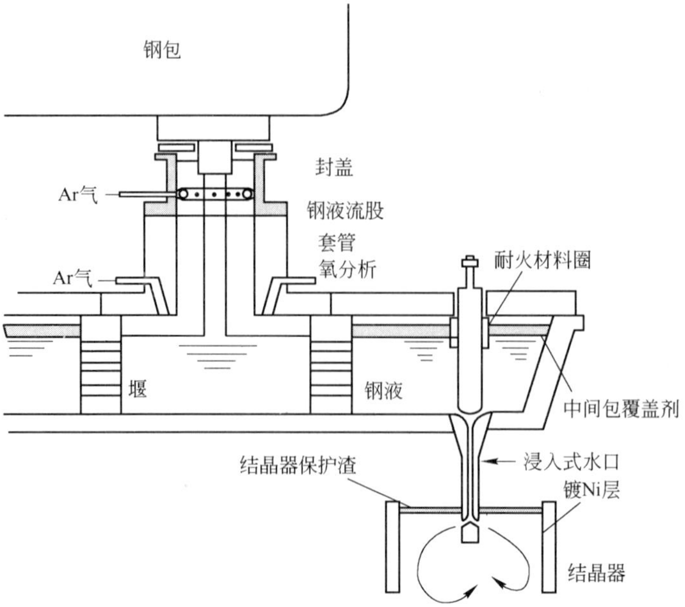

图 1.6　中间包采用密封管和各种装置以最大程度减少宏观夹杂的污染并促进其上浮[6]

连铸机的生产能力得以提高，达到转炉（BOF）的水平（大约每台铸机 300 万 t/a）。尽管初期投资较大，但这些优点已足以使连铸成为比模铸更好的钢液凝固工艺。

1.2　中间包在连铸生产中的作用

为了将精炼后的钢液由钢包输运到连铸机的结晶器中，在钢包与结晶器之间采用了一个称为中间包的中间容器。如 Okimori 的图 1.7 所示，中间包是上大下小、耐火材料作内衬的矩形容器，其顶部也有一用耐火材料作内衬的盖[7]。中间包底部有一个或多个水口，并装有控制钢流量的滑板或塞棒。中间包容器通常被划分成两个区域：入口区，常常有一注流箱，钢包中的钢液流入到此区域；出口区，将钢液注入到结晶器。坝、堰（挡渣墙）和带孔的夹板等各种控流装置安置在中间包的长度方向。各种中间包形状的俯视图见 Wolf 的图 1.8 所示[8]。图中的点线表示中间包内的钢液从入口流向出口的路径。路径越长，越有利于延长钢液在中间包内的停留时间，促进宏观夹杂的上浮。

采用中间包的目的是将钢液以设计的流量和温度、无夹杂引发的污染、平稳地输运给结晶器。结晶器的数量通常为板坯连铸机 1 或 2 个，大方坯铸机 2 ~ 4 个，小方坯铸机 4 ~ 8 个。通过维持中间包内钢液的深度来保持注入结晶器内钢

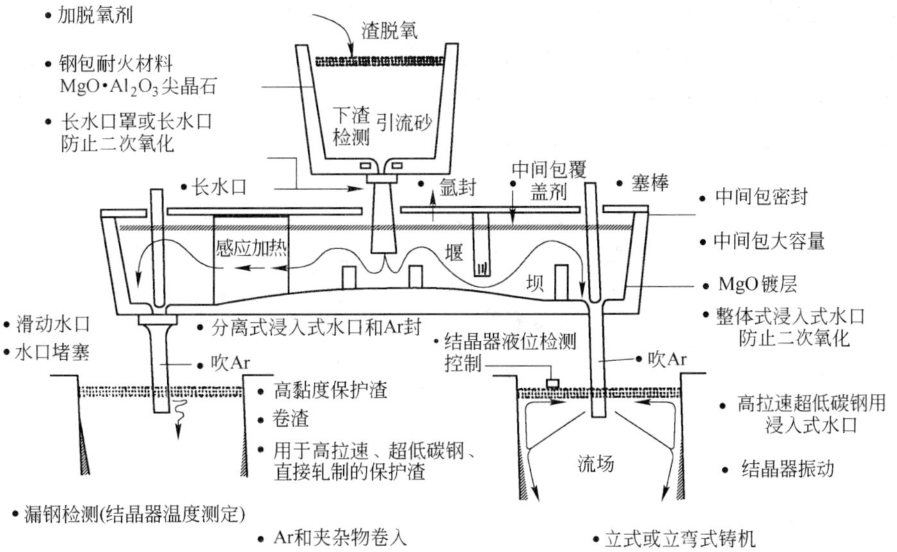

图 1.7 连铸系统（钢包、中间包、结晶器）采用各种装置和预防措施来浇铸洁净钢[7]

流量的恒定。通过安装在中间包出口部位的滑板或塞棒增加了对流量的控制。在换包和钢包注流断流期间，中间包充当了贮钢池的角色，可以连续向结晶器提供钢液，这样使多炉连浇成为可能。夹杂物的形成和钢液被污染的主要原因包括：空气和夹带的钢包氧化性渣对钢液的二次氧化；中间包和钢包渣的卷入与乳化。钢液经过中间包进入结晶器前，这些夹杂物必须要在中间包中上浮排除。

在过去，钢包冶金（例如 LF 钢包炉）还没有得到应有的发展，钢包中钢液的夹杂物还没有得以完全去除，因此，迫切希望中间包具有精炼反应器的功能，能对这些来自钢包的脱氧钢液进行处理。没有 LF 精炼过程，脱氧的钢液中含有宏观夹杂和大量的原生微观夹杂。这些原生微观夹杂在钢液的输运过程中会聚集形成宏观夹杂。中间包可以降低钢液中的部分宏观夹杂，调整化学成分和控制钢液的温度，

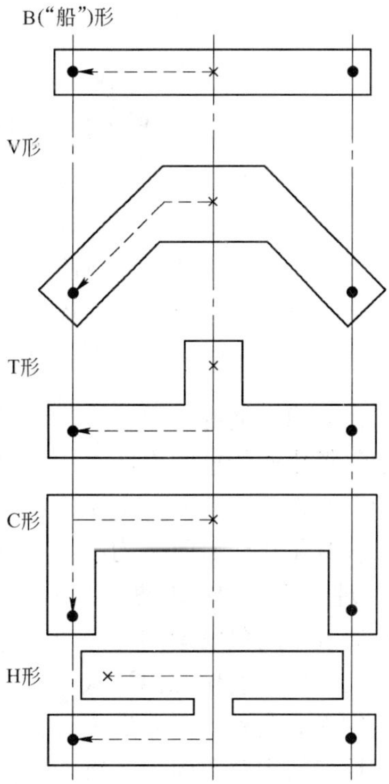

图 1.8 不同中间包形状的俯视图[8]

使注入结晶器的钢液符合要求。近几十年，应用 LF 和/或真空处理，钢液的洁净度得到大大提高，满足了用户日益增加的苛刻要求，而中间包现在已经更多地被认为是一个污染器而不是精炼容器。可以估计到的污染通常是发生在连铸过程的非稳态期间，如开浇、换包以及空包，见 Tanaka 等的图 1.9 所示[9]。

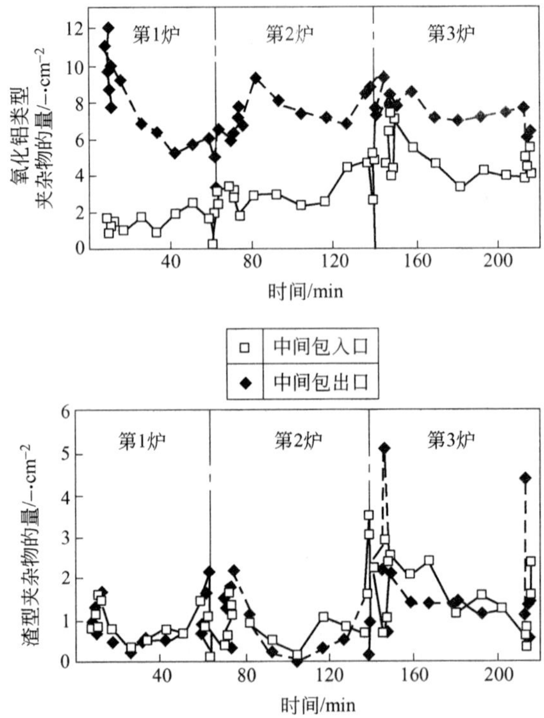

图 1.9　中间包入口和出口处的三氧化二铝和渣型夹杂
（从 320t、含 5% FeO 顶渣的钢包下注铝镇静钢液到
一充氩气并有 MgO 覆盖剂的 60t 中间包内）[9]

在非稳态浇铸期间，注流流股和钢液的飞溅将引起空气以及夹带到中间包中的钢包氧化渣严重的二次氧化。钢液流股冲击拍打漂浮在中间包熔池表面的钢包渣和中间包覆盖渣并引发了钢/渣界面过度的乳化，从而使渣卷入钢液中。钢液的二次氧化和卷渣两者均产生了有害的宏观氧化物夹杂。铝脱氧的钢液即使经过 LF 处理去除大颗粒脱氧产物后，仍含有大量悬浮的小颗粒三氧化二铝。钢液从钢包通过中间包输运到结晶器的过程中，发现这些小颗粒夹杂因湍流作用聚合形成大尺寸的三氧化二铝簇状物。

宏观夹杂和大尺寸的三氧化二铝簇状物是引发水口堵塞、铸坯与最终产品中产生缺陷的主要原因。各行业用户为了钢产品具有更好性能，要求更洁净的钢，更小尺寸的宏观夹杂和三氧化二铝簇状物。因此，中间包的设计与操作必须朝着这样的方向发展，即最大程度减少宏观夹杂和三氧化二铝簇状物的形成，且一旦这些夹杂物形成也能将其去除。否则在 LF 炉及其他工艺过程中对钢液洁净化所作的所有努力将会变得毫无价值。

正如图 1.5 ~ 图 1.7 所示，已采用了各种各样的技术如长水口或惰性气体保护套管来降低空气的二次氧化和渣的乳化。类似的做法，在中间包内采用控流装置来促进浇铸过程中所形成的夹杂物上浮。对中间包内的钢液温度实施灵活的控制策略也是对连铸钢液洁净度的一个贡献。实践证明这些措施至少在稳态的中间包操作期间是相当成功的，但对于非稳态浇铸操作，如图 1.9 所示，仅采取这些措施还是不够的。对于高金属收得率的连铸生产，非稳态操作是一个长连浇次中不可分割的组成部分。尽管我们期望获得高质量的连铸坯，但在中间包的操作中，我们通常要在质量和成本之间面临抉择。

1.3 洁净钢的需求

对钢的力学性能和化学成分的要求日益严格，同时涉及钢铁生产的成本、能源和环境也变得越来越重要。因此，钢的强度、深冲性能、耐久性和耐蚀性等得到了不断提高以满足需求。这一进步部分归功于对钢洁净度的控制，即减少了对上述性能产生有害影响的非金属夹杂物。

钢中有两类非金属夹杂，而且每一类夹杂有着不同的形成模式。如前面所提过的，一类是原生氧化物夹杂，它们是在钢的脱氧过程中形成的。绝大部分此类氧化物夹杂在钢包精炼和真空脱气过程中得以上浮去除，但也有一些小尺寸氧化物夹杂悬浮于钢液中。另一类称为外来夹杂，它们是由脱氧钢液的二次氧化或钢液由钢包输运到结晶器过程中的卷渣形成的。通常，外来夹杂的尺寸比原生夹杂要大得多，因而更具危害性。

在浇铸、轧制和热处理过程中，夹杂物将引发许多问题，有时甚至在使用过程中导致钢的失效。非金属夹杂物的临界尺寸和组成并不是影响钢性能的唯一因素，取决于钢的具体用途。总的来讲，对于钢的加工和使用有更高要求的钢就要求其内夹杂物的尺寸和数密度要小。表 1.1 列出了由 Emi 编辑的几个高端用途钢所要求的夹杂物临界尺寸与杂质含量的例子[10]。夹杂物的尺寸随用途要求的严格而变得更小。

另一种降低大颗粒夹杂有害影响的途径是通过改变夹杂物的化学成分以降低它们的熔点，并且在热加工过程中夹杂物能变形。钢的机体中的这些大颗粒夹杂沿轧制方向伸长成细条状。当热轧钢进行冷轧时，这些细长条状夹杂物因其冷轧温度下的脆性将被压裂成小碎片。通过控制夹杂物的塑性使这些小碎片之间的距离变大，就这样不希望出现的大颗粒夹杂被分裂成更小尺寸、无害的夹杂。此技术就是“夹杂物工程”的一部分。

表 1.1 高性能钢所能承受的夹杂物最大尺寸和夹杂含量

用　途	主要性能	夹杂物最大尺寸/μm	杂质的最大含量/%
易拉罐（DI）镀锡板	抗折裂	<20	
SEDDQ 板	平均 $r>2.0$		C<0.002，N<0.003
显像管阴罩用钢	侵蚀污点	<5	低 S
大规模集成电路用引线框	冲压裂纹	<5	
酸气管	HIC	形状控制	S<0.0005
液化天然气板材	脆　化		P<0.003，S<0.001
船板钢	Z 向裂纹	形状控制	P<0.003，S<0.001
轴承，轴承座圈	轧制疲劳	<10	O<0.001，Ti<0.0015
滚珠轴承	疲劳裂纹	<15	O<0.0015，Ti<0.005
轮胎线	断　裂	形状控制<20	Al<0.001
弹簧丝	疲劳裂纹	形状控制<20	Al<0.001

注：DI：深冲展薄拉伸；SEDDQ：超深冲性；HIC：氢致裂纹；Z 向裂纹：平行轧制方向的裂纹。

溶解在钢液中并且在凝固过程形成析出物的杂质元素需要降得越低越好。典型的杂质元素是磷和硫，它们分别在奥氏体晶界形成磷化物和在奥氏体晶粒及周围形成硫化物。由于中间包中要去除这些夹杂元素比较困难，因此钢液被运达连铸平台前，必须在铁水预处理、转炉炼钢和钢包精炼过程中将杂质元素降到最低程度。

1.4 小结

概述了模铸和连铸工艺过程，阐述了中间包在连铸生产中的作用、冶金功能以及在洁净钢生产中的重要性。

（1）中间包将钢包与连铸机的结晶器连接在一起。不仅接受来自钢包的钢液，而且以最小污染，合理的流量和温度，平稳地将钢液输送给连铸结晶器；

（2）中间包是一以耐火材料为内衬的槽，由入口区和出口区两部分组成，有时沿其长度方向设有坝、堰或夹板的控流装置。中间包也可以有一耐火材料衬的盖，而且它的底部装有滑板或塞棒，通过它们控制钢液流向结晶器的流量；

（3）通过采用浸入到中间包钢液内的长水口或氩封的套管来防止注流流股的二次氧化；

（4）长水口和套管也可用来降低乳化渣进入钢液；

（5）中间包内的控流装置增加了钢液的停留时间，有助于降低缘由空气二次氧化和渣乳化的宏观夹杂。同时由于三氧化二铝夹杂的上浮减少了由此聚集而成的三氧化二铝簇状物。

下面的章节中将详细讨论这些观点和话题。

参考文献

1. AISI, Washington, DC, USA, <http: //www. steel. org>, accessed January 2006.
2. K. Yoshida, T. Kimura, T. Watanabe, T. Mishima, and M. Ohara, *Tetsu-to-Hagane*, 1988, 74, No. 7, 1240-1247.
3. J. Eisenkolb and R. Gerling, *Proceedings of* 7th *Ingot Metallurgy Forum* ed. A. A. Tzavarus, May 1994, Pittsburgh, USA, 81-109.
4. T. Takenouchi, *Japan Steel Works Technical Report*, March 1992, No. 66, 1-17.
5. J. Shade, *Lecture Notes*, *ISS Short Course on Ladle and Tundish Metallurgy for Clean Steels*, Oct. 1997, 314-321.
6. A. Yamagami *et al.*, *Characteristics of Large Cross-Section Bloom Caster for Seamless Tubular Products in the Shrouding of Steel Flow for Casting and Teeming*, Ed. G. Harry ISS, Warrendale, Pa. USA, 1986, 61-71
7. M. Okimori, *Nippon Steel Technical Report*, 1996, No. 361, 67-76.
8. M. Wolf, *Slab Caster Tundish Configuration and Operation-A Review*, *Proceedings Steelmaking Conference*, 1996, 79, 367-381.
9. H. Tanaka, R. Nishihara, I. Kitagawa and R. Tsujino, *Tetsu-to-Hagane*, 1993, 79, 1254-1259.
10. T. Emi, *Improving Steelmaking and Steel Properties*, *Fundamentals of Metallurgy*, Ed. S. Seetharaman, Woodhead Publishing, Cambridge, UK, Inst. of Mater., Minerals & Mining, 2005, 503-554.

2 非金属夹杂物

2.1 引言

作为结构材料的钢具有诸如强度、深冲和耐久等方面的优异性能。钢的深冲性包括深的拉拔性、冷变形性和低温韧性，而耐久性能则指的是抗磨损、抗疲劳、抗氢致裂纹和抗应力腐蚀裂纹的能力。钢中的大颗粒非金属夹杂物对其深冲性能和耐久性能产生显著的不利影响。含有这种尺寸夹杂物的钢可以定义为“不干净”钢。只有数量少且分布均匀小尺寸夹杂物的“洁净”钢，才能满足对深冲性和耐久性要求更高且不断增长的特殊用途需要。

非金属夹杂物包括氧化物、硫化物、氮化物、碳化物和它们的复合物或化合物。正常条件下，钢的温度冷却到固相线以下时就发生硫化物、碳化物和氮化物析出。小颗粒的特殊氧化物夹杂、硫化物、碳化物和氮化物已被用于提高钢性能的微观结构控制。但是，绝大多数氧化物夹杂和一些硫化物夹杂则已在钢液中形成。如果在钢凝固之前这些夹杂还没有得以去除，那么它们将引起连铸产品的缺陷，对连铸生产顺行带来问题和困难，降低生产率，降格产品性能，降低金属收得率等。本章将重点阐述钢包中的钢液经过中间包输运到连铸结晶器过程中所产生的氧化物夹杂。硫化物夹杂可以在钢液输运到中间包之前通过钢包精炼脱硫将其降到最低程度。

2.2 氧化物夹杂的来源

氧化物夹杂来自外来的和内生或原生。外来夹杂是在钢的输运过程中形成的，即：

（1）脱氧和精炼后的钢液接触空气和氧化渣时产生的二次氧化；

（2）二次氧化产物、渣和耐火材料的卷入。

内生夹杂是钢包中溶于钢液中的氧与加入钢液中的脱氧元素如 Al 或 Si 反应形成的。经脱氧和精炼后的钢液中，内生夹杂物的尺寸一般均比较小，因此，如果在钢液的输运过程中不聚合长大，那么它们对钢的性能几乎没有什么危害。相反，外来夹杂在钢液被快速注入结晶器之前常以大颗粒形式存在，能被去除的机会相当有限，因而更具危害性。

中间包的功能包括以一定流量和温度将脱氧钢液由钢包平稳而均匀地分配到各结晶器中。此外，中间包还需要：

（1）防止外来大颗粒夹杂的产生；

(2) 阻止内生夹杂物的聚合长大，尽管要完全阻止内生夹杂物聚合长大是不可能做到的；

(3) 钢液流过中间包时去除夹杂物。

要实现这些目标，必须避免钢液输运过程中被大气和钢包渣的二次氧化。为了防止渣的乳化和卷入钢液中，必须避免钢包渣进入中间包和中间包覆盖剂进入结晶器。

2.2.1 外来夹杂物

2.2.1.1 宏观夹杂的定义

普遍采用钢包精炼对脱氧的钢液进行温度、化学成分的调整和脱氧产物的去除。钢包精炼通常可以去除大多数尺寸大的内生夹杂，只有直径 20～50μm 少量的小颗粒夹杂悬浮留在钢液中。尺寸大于 50μm，常为外来夹杂源的夹杂，可以称之为宏观夹杂。尺寸小于 50μm 大都是内生夹杂，内生夹杂的小聚合物也可称为宏观夹杂。

以上的定义并不是唯一的，但使用方便。依据文献［1］，表 2.1 列出了对钢产品性能产生影响的连铸坯中夹杂物的临界尺寸。但是，最近三十年因用户对钢产品质量要求的日益提高，所要求的夹杂物临界尺寸在不断减小。图 2.1 给出了一个例子，可以看出易拉罐用的连铸坯轧后薄钢板中夹杂物临界尺寸的变迁情况。因此，目前将连铸坯中尺寸大于 50μm 的夹杂定义为宏观夹杂。在连铸坯中偶尔也能发现尺寸 200～500μm 的宏观夹杂。

表 2.1 引发生产事故和产品质量问题的连铸坯中宏观夹杂的临界尺寸

产　品	板坯或大方坯中的临界尺寸/μm	产　品	板坯或大方坯中的临界尺寸/μm
冷轧板	240（板坯）	钢帘线	30（大方坯）
易拉罐	50（板坯）	轴承滚珠	15（板坯）
UOE 管	200（板坯）	典型组成	Al_2O_3，CaO-(MgO)-Al_2O_3，CaO-Na_2O-SiO_2-Al_2O_3，CaO-MgO-Al_2O_3
ERW 管	140（板坯）		
冷镦件	100（大方坯）		

2.2.1.2 外来宏观夹杂的来源

外来夹杂物形成原因或来源的详情概括如下：

(1) 由钢包/长水口、中间包/滑板和滑板/浸入式水口连接处空气侵入引起的脱氧精炼钢液注流表面的二次氧化；

(2) 由空气渗入引起的中间包熔池表面钢液的二次氧化；

(3) 由带入中间包的钢包渣和加入的覆盖剂或两者混合物中含有的氧化铁、

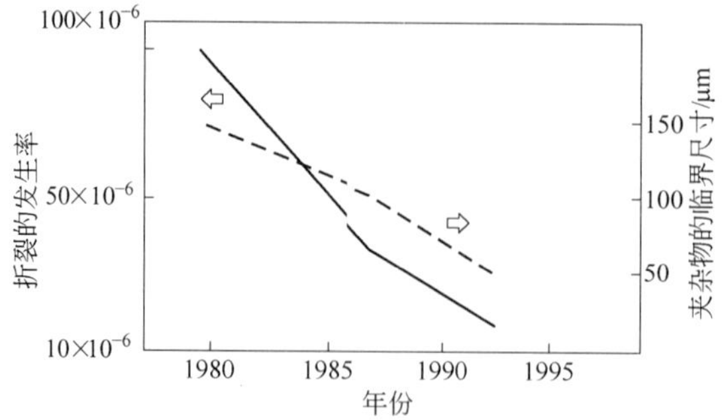

图 2.1 可接受的最大易拉罐废品率与相关连铸坯中夹杂物的临界尺寸[2]

氧化锰和二氧化硅引起的钢液熔池表面的二次氧化；

（4）钢包浇空前因旋涡而引发的钢包渣卷入钢液；

（5）在开浇和换包期间，因钢包注流股冲击引发中间包熔池表面的湍动而发生浮渣的乳化和卷入钢液；

（6）由于中间包表面流的湍动，或因在中间包出口附近，尤其换包期间中间包的熔池深度下降发生的旋涡而引起的中间包表面浮渣的卷入；

（7）由中间包和水口耐火材料中含有不稳定氧化物所引起的钢液与耐火材料界面间的二次氧化；

（8）钢包、长水口、中间包衬和浸入式水口的耐火材料因侵蚀和冲刷形成剥落物而卷入钢液中；

（9）三氧化二铝簇状物在中间包水口内壁和浸入式水口中被剥落并被湍动注流冲刷进入结晶器而卷入钢液中。

因此，钢包中钢液的洁净化处理和防止钢包渣进入中间包是两项非常重要的工作。同时，要严格控制从钢包到中间包和中间包到结晶器的钢液注流，防止外来宏观夹杂的产生，特别是开浇、换包和浇空等这些偏离正常操作的非稳态浇铸要更加小心。

在上面提及的外来夹杂形成原因或来源中，(1)～(6)和(9)是比较严重的，因为由这些因素产生的夹杂物尺寸大，而且上浮去除的机会比较少。由于这些夹杂物是在钢液输运的后阶段产生的，因此它们不可能被完全去除，只能随钢液被带入结晶器中。如果这些进入结晶器的夹杂物都不能上浮或被钢液流带到钢液表面，那么它们最终只能被凝固坯壳吞食。

在结晶器中，保护渣与钢液界面形成的旋涡或产生的湍流将引发保护渣卷入钢液中。尤其是在高拉速、高流量而浸入式水口出口流的速度高的条件下，卷渣就更容易发生。已得到实际生产检验能有效降低中间包内宏观夹杂的措施将在第6章中作详细介绍。

2.2.1.3 外来夹杂的结构

考虑到外来夹杂的组成，它们有钢的二次氧化产物、多成分钢包渣、中间包覆盖剂、结晶器保护渣和中间包耐火材料，因此它们的结构是相当复杂的。它们中一些不稳定氧化物常常被钢液中的脱氧元素还原。同时，这些外来夹杂物在许多场合中与内生夹杂物聚合。因此，外来夹杂呈现多相复合结构。例如，晶体相嵌入玻璃相中或与玻璃相结合。有时，可以通过分析夹杂物的化学成分和结晶结构来确定其来源。

为了定量出宏观夹杂物的含量并确定其来源，Yoshida 和 Funahashi[3]研究开发了“电解法”。电解法，就是取几公斤到十公斤的钢样并在中性非水溶液中电解，通过磁选从电解的残留物中将宏观夹杂与碳化铁和钢屑分离。由于钢中宏观夹杂物的数密度相当低，因此，钢样的量是有要求的，以便使结果具有统计意义。宏观夹杂通过超声波筛分，并用光学显微镜或库尔特计数器确定夹杂物尺寸分布。单一夹杂物的化学成分可通过电子探针显微分析器（EMPA）确定。每一尺寸范围内所提取的夹杂物平均化学成分可通过将它们熔化成玻璃球，用 X 射线衍射光谱仪（XRF）分析。

Habu 等[4]较早地尝试了在一些特殊的连铸条件下（如表 2.2 所示），通过加示踪剂，如向中间包覆盖剂中加 La_2O_3，结晶器保护渣中加 Ce_2O_3来定量宏观夹杂的来源。通过分析由电解法所提取的宏观夹杂物中 CaO、La 和 Ce 的含量，来确定夹杂物中钢包渣、中间包覆盖剂和结晶器保护渣的影响度。图 2.2 为 Habu 等提取分析得到的宏观夹杂的量。从钢液中 Al 的再氧化损失量可估算出空气对钢液的二次氧化，数据见图 2.2。低碳铝镇静（LCAK）和中碳铝镇静（MCAK）高强度低合金钢的连铸是采用深中间包、长水口和氩封，发现其宏观夹杂物的主要来源来自空气的二次氧化，其次是中间包覆盖剂的卷入。二次氧化产物与卷渣的比例取决于中间包的操作。后来 Tanaka 等（见第 1 章的参考文献［9］）报道了连浇过程影响源自二次氧化（用显微镜观测到的 $>10\mu m$ 夹杂）与卷渣的宏观夹杂物数密度之比的因素。

表 2.2 通过一 35t 中间包浇铸 100tBOF 钢液生产 LCAK 和 MCAK 钢的条件

炉 次	氩 封	长水口	中间包	
			深 度	挡 坝
A	×	×	浅	×
B	×	○	浅	×
C	○	○	浅	×
D	×	×	深	×

续表 2.2

炉　次	氩　封	长水口	中　间　包	
			深　度	挡　坝
E	×	○	深	×
F	×	×	深	○
G	×	○	深	○
H	○	○	深	○

注：○—表示安装；×—表示不安装。

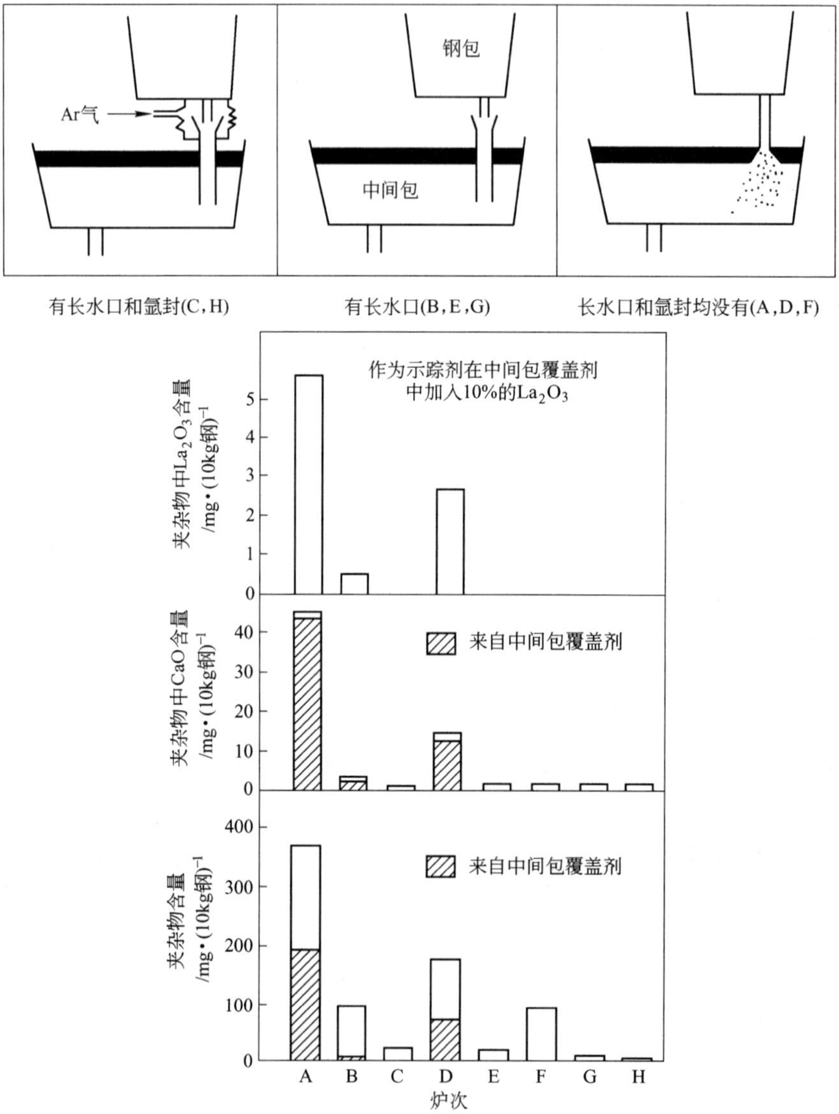

图 2.2　表 2.2 中不同连铸条件下源自二次氧化和卷渣的宏观夹杂产生情况[4]

因此，钢液输运过程中产生由不同结构与比例组成的宏观夹杂：

（1）脱氧与再氧化产物，如铝镇静钢的 Al_2O_3 或 Si-Mn 镇静钢的锰硅酸铝盐；

（2）从钢包带入中间包（CaO + MgO）/SiO_2 = 3 ~ 8 的 CaO-MgO-SiO_2-Fe_tO 系转炉渣；

（3）钢包精炼渣，通常是 CaO-Al_2O_3-SiO_2 系（铝镇静钢 SiO_2 低，硅镇静钢 Al_2O_3 低）；

（4）CaO-Al_2O_3-SiO_2 系的中间包覆盖剂 CaO/（Al_2O_3 + SiO_2）的比例高；

（5）CaO/SiO_2 ≈1 组成为 CaO-Al_2O_3-SiO_2-（NaF）的结晶器保护渣。

2.2.2 内生夹杂物

2.2.2.1 脱氧反应热力学

内生夹杂产生是脱氧反应引起的，即：

$$n[M] + m[O] = M_nO_m \tag{2.1}$$

式中的 M 代表钢液中的脱氧元素，如 Mn、Si 或 Al。当 M 以纯金属如 Al 或 Fe-Mn，Fe-Si，Si-Mn 合金加入到钢液时，熔化的铝或合金周围将产生过饱和，从而导致氧化物 M_nO_m（MnO、SiO_2、MnO-SiO_2 或 Al_2O_3）形核生长，并进而形成液态的球形夹杂、不规则固态夹杂或固态簇状夹杂。式（2.1）中，钢液中的溶解氧［O］是吹氧将铁水中碳降到目标值的炼钢过程中产生的。

钢液的脱氧反应受过饱和驱动并达到式（2.1）热力学所要求的化学平衡，可用下式表示：

$$\Delta G^\ominus = -RT\ln K \tag{2.2}$$

$$K = a_{M_nO_m}/(\gamma_M)^n[M]^n(\gamma_O)^m[O]^m \tag{2.3}$$

式中，$\Delta G^\ominus$ 为式（2.1）的吉布斯自由能的变化；R 为气体常数，方括号表示钢液的浓度；γ 为下标元素的活度系数。Sakao[5] 采用了典型脱氧反应 $\Delta G^\ominus$ 的推荐值计算了［O］和［M］的修正值，见图 2.3。需要注意的是有关 $\Delta G^\ominus$ 的修正工作仍在不断推进之中，尤其是一些强脱氧元素，部分强脱氧元素如 Al，Ca 和 Mg 的修正表述在下面。同时，Chipman 和他的合作者已确定了典型转炉渣和钢包渣中的强、弱氧化性组分（Fe_tO 和 SiO_2）的活度值[6,7]，见图 2.4 和图 2.5。

用 Al 脱氧通常用于生产高质量的扁平材，因此［Al］与［O］间的平衡备受钢生产者的关注。但是，所报道的有关脱氧平衡的数据则比较发散。最近 Itoh

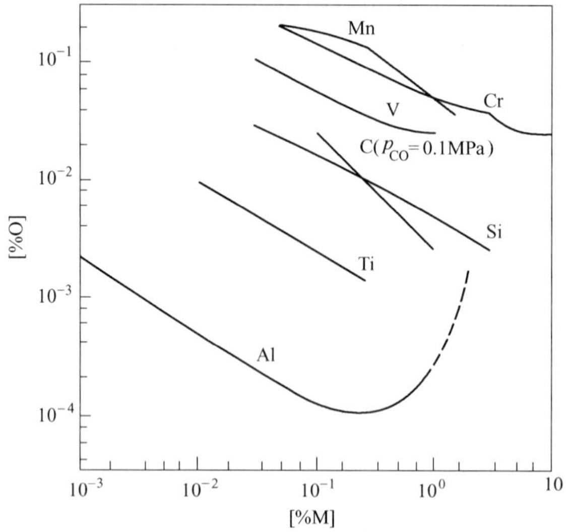

图 2.3 1873K 时与铁液中不同脱氧元素修正后的脱氧平衡[5]

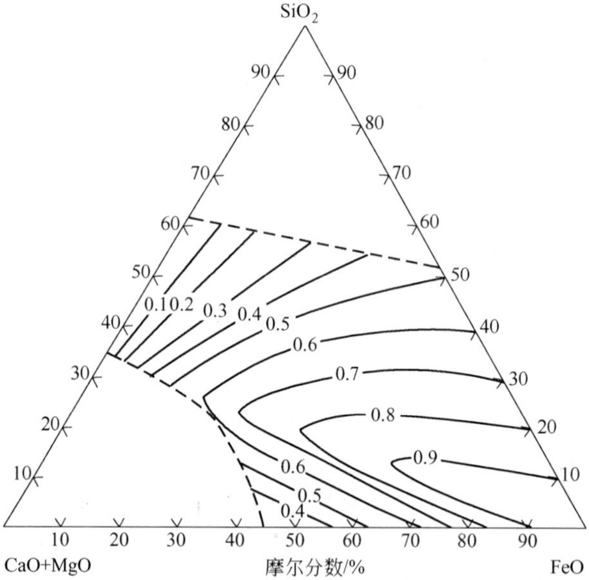

图 2.4 1873K 时在 CaO-FeO-SiO_2渣系中的 FeO 活度[6]

等[8]研究推荐的图 2.6 中的曲线 4 最为可靠。发现［Ca］和［O］、［Mg］和［O］间的脱氧平衡数据更加分散。Itoh 等[8]也重新检测了这些平衡，结果见图 2.7 和图 2.8，并认为每个图中的曲线 3 最为可靠。

当用 Al 脱氧的钢液与含有 MgO 的耐火材料保持接触或用 Mg 脱氧的钢液与

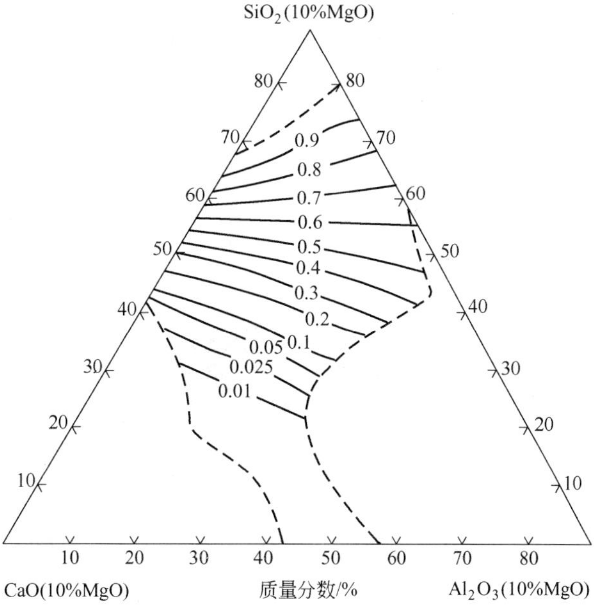

图 2.5 1873K 时在 $CaO\text{-}SiO_2\text{-}Al_2O_3$-10% MgO 渣系中的 SiO_2 活度[7]

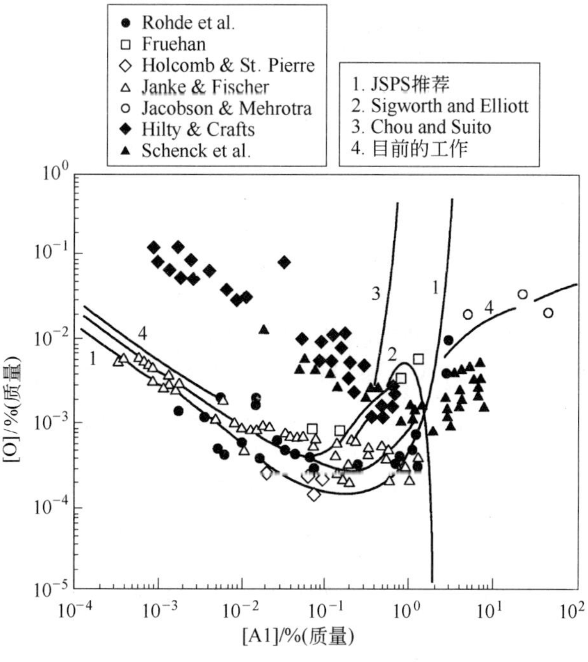

图 2.6 1873K 时铁液中用 Al 脱氧的平衡[8]

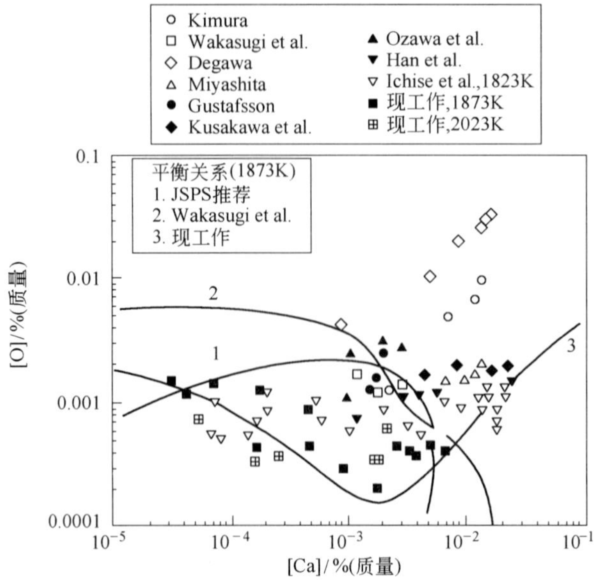

图 2.7　1873K 时铁液中用 Ca 脱氧的平衡[8]

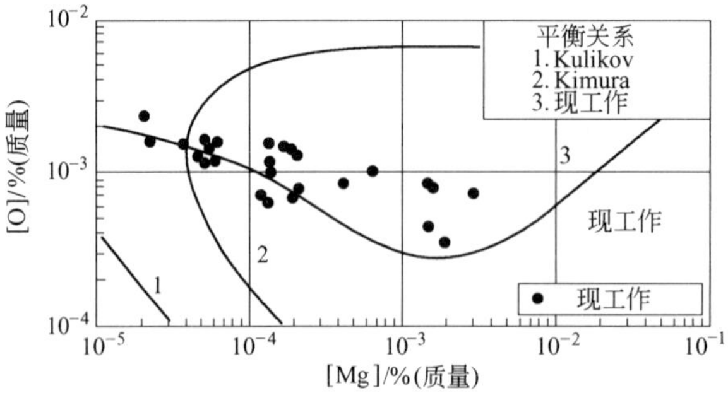

图 2.8　1873K 时铁液中用 Mg 脱氧的平衡[8]

含 Al_2O_3的耐材保持接触（如钢包内衬、中间包内衬和浸入式水口）时，依据式（2.4）或（2.6），MgO 与［Al］或 Al_2O_3与［Mg］之间将发生反应，即：

$$MgO(s) + 2[Al] + 3[O] = MgO \cdot Al_2O_3(s) \tag{2.4}$$

$$\Delta G_4^{\ominus} = -887960 + 210.88T(J/mol) \tag{2.5}$$

$$Al_2O_3(s) + [Mg] + [O] = MgO \cdot Al_2O_3(s) \tag{2.6}$$

$$\Delta G_6^{\ominus} = -110720 - 93.51T(J/mol) \tag{2.7}$$

考虑形成尖晶石的反应，即：

$$MgO(s) + Al_2O_3(s) = MgO \cdot Al_2O_3(s) \tag{2.8}$$

$$\Delta G_8^{\ominus} = -20740 - 11.57T(\text{J/mol}) \tag{2.9}$$

连同式（2.5）和式（2.7），Itoh 等[8]导出了所涉及的氧化物相的稳定性，结果见图 2.9 和图 2.10。

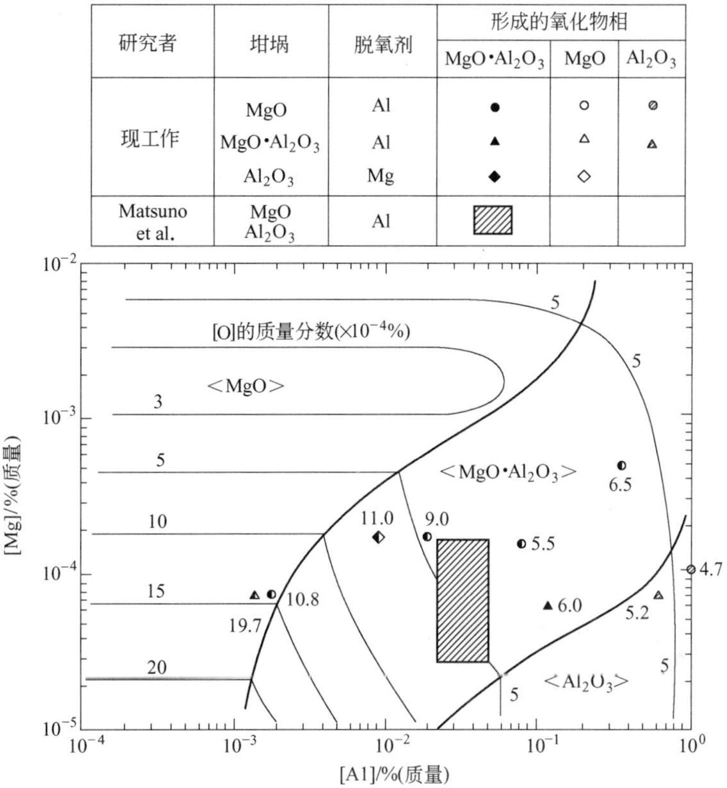

图 2.9　MgO、MgO · Al_2O_3 和 Al_2O_3 夹杂的稳定性以及 1873K 时用 Al 和 Mg 钢液脱氧实验数据计算的等氧线[8]

八边形铝镁尖晶石（MgO · Al_2O_3(s)）与 Al_2O_3 两者在炼钢温度下均为固态并且不易变形，从而在钢液的输运过程中形成坚硬的簇状物。通过合理选择［Al］、［Mg］与［Ca］的结合，见图 2.9 和图 2.10 所示，非簇状的 MgO 或可变形的铝镁氧化钙（CaO-MgO-Al_2O_3）取代两不变形的夹杂物，这样完全可以避免簇状物的形成。

实际上，钢包钢液的上方有熔渣覆盖，周围和底部则被由不同种类耐火材料所砌成的内衬包围。因此，应考虑钢液与这些氧化物材料的反应。这些反应与脱氧反应发生竞争。此外，在计算溶解氧的浓度时，必须考虑与钢液接触的渣和耐火材料中脱氧产物的活度。继 Rein 和 Chipman[7]及 Hino 和 Ban-ya[9]发表图 2.11

研究者	坩埚	脱氧剂	形成的氧化物相			
			$MgO \cdot Al_2O_3$	MgO	CaO	$CaO \cdot 2Al_2O_3$
现工作	白云石	Al	■	□	⊠	
Kimura	CaO MgO Al_2O_3	Al+Mg Al+Mg Al+Mg	 ◀ ▼	▷ ◁	▶	 ▽

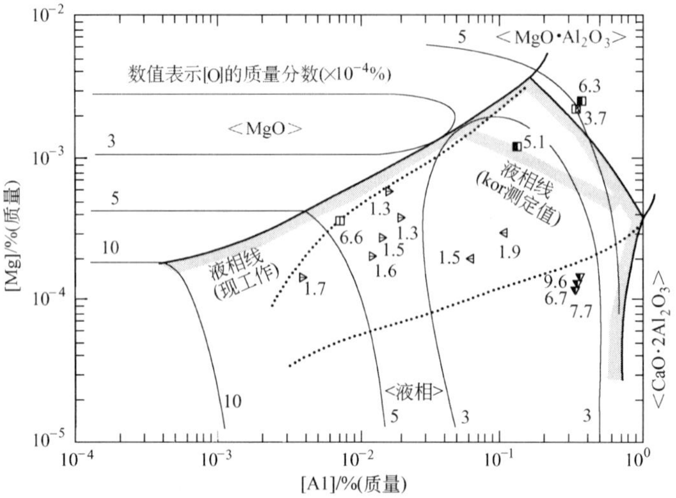

图 2.10 MgO、MgO · Al_2O_3和 CaO · Al_2O_3夹杂的稳定性以及 1873K 时用 Al、Mg 和 0.0001%(1ppm)Ca 钢液脱氧实验数据计算的等氧线[8]

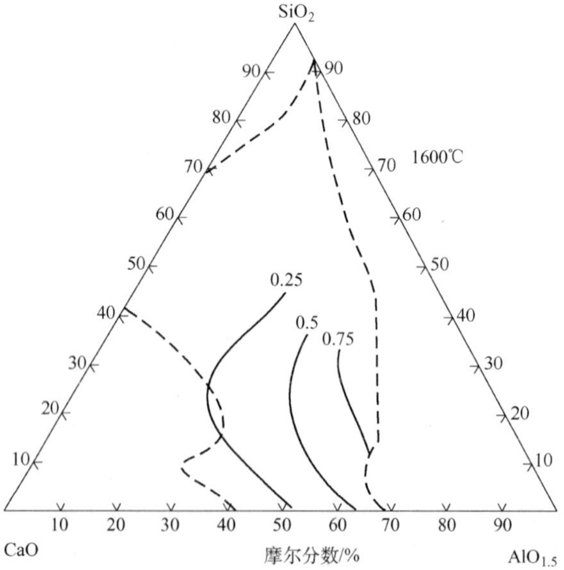

图 2.11 1873K 时 CaO-SiO_2-$AlO_{1.5}$渣系中的 $AlO_{1.5}$活度，纯固体 $AlO_{1.5}$为标态，$2AlO_{1.5} = Al_2O_3$，$(a_{AlO_{1.5}})^2 = a_{Al_2O_3}$[7]

和图 2.12 的数据之后，已有一些用于钢包精炼炉和中间包典型渣的活度数据被提出。图 2.6 与图 2.11 及图 2.12 的比较表明：$CaO-Al_2O_3-SiO_2$ 或 $CaO-Al_2O_3-CaF_2$ 体系，$a_{Al_2O_3}$ 为 0.25（CaO≈0.4 和 SiO_2 或 CaF_2≈0.1）的钢包覆盖渣，1600℃时用 0.04% Al 脱氧的钢液，其平衡的溶解氧为 0.00025%（2.5ppm），与纯 Al_2O_3 相平衡的钢液氧 0.0004%（4ppm）相比可算是个低值。

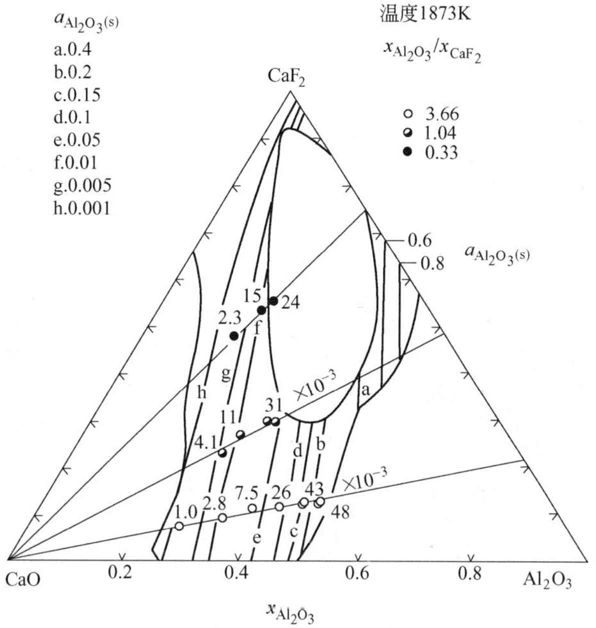

图 2.12 1873K 时 $CaO-CaF_2-Al_2O_3$ 渣系中的 Al_2O_3 活度，纯固体 Al_2O_3 为标态[9]

2.2.2.2 氧化物夹杂形成的步骤

前面所提到的氧化物夹杂，其形成包括形核和生长过程。对于夹杂物的形核，通常需要相应溶质的过饱和，而且形核具有非均质特性。举一典型例子，即用 Al 的脱氧反应以及后来钢包中夹杂物的形成，其进行的实际步骤如下：

（1）当钢液从 BOF 或 EAF 的炼钢炉出钢时，将金属铝棒插入钢包的钢液中。钢液与铝棒一接触就立刻凝固，在正在熔化的铝棒周围形成一钢壳。

（2）钢壳很快就熔化，并在铝液和含有高浓度溶解氧的钢液之间形成了具有一定湍动和扩散的边界。

（3）当钢液中的［Al］和［O］处于超饱和时，溶解在钢液中的铝与［O］之间发生了化学反应。同时，随着边界脱氧反应和湍动的进行，溶质的过饱和逐渐消失。

(4) 因过饱和在扩散边界层发生了 Al_2O_3 的形核，悬浮于钢液中无数的核心周围发生了非均质化形核。这些形核核心就是细小的氧化物颗粒。

(5) 铁氧化物铝酸盐（铁尖晶石）夹杂物的生长仅仅发生在溶解氧高的脱氧早期。还原的铁铝酸盐上氧化铝的生长或 Al_2O_3 的形核很快就起主导作用。通过［Al］和［O］向 Al_2O_3 核心的湍流传质，Al_2O_3 继续生长，最终长成大树枝状、酷似圆盘、形状不规则的 Al_2O_3 颗粒，其尺寸可以到几百微米，见 Dekkers 等[10,11]的图 2.13 和图 2.14 所示。

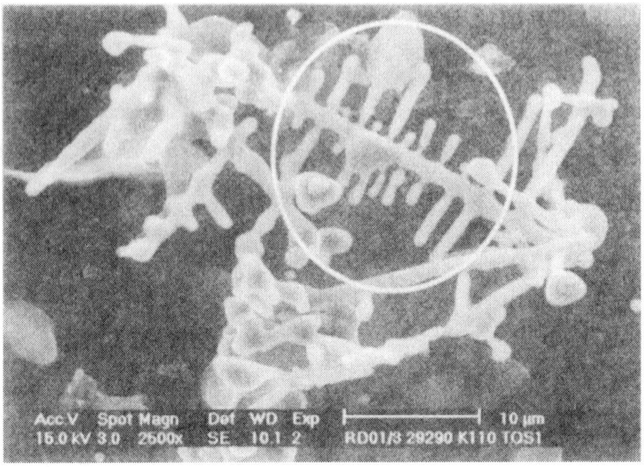

图 2.13 LCAK 钢中［Al］和［O］超饱和时（Al 加入 5min 后）形成粗大的树枝状 Al_2O_3 簇状物[10]

(6) 钢液的流动以及局部的涡流流动促进了 Al_2O_3 夹杂物的形核、生长、碰撞和聚合。同样，生长和/或聚合的大颗粒 Al_2O_3 夹杂以 Stokes 上浮方式向熔池表面运动，熔池中向上运动的钢液流也有助于夹杂的上浮。生长和聚合的速率取决于 Al_2O_3 夹杂的初始尺寸和数密度、［Al］和［O］的浓度、钢液搅拌能的湍动耗散率。

(7) 而当大颗粒夹杂的数量及溶质元素过饱和度随时间减少时，钢液中残留或形成的 Al_2O_3 夹杂，其尺寸和形状将变为更小的球形和多边形，见图 2.14 (a)～(d)所示。顶渣和耐火材料中的 MgO 被［Al］还原成 Mg，Mg 与 Al_2O_3 夹杂反应生成镁铝酸盐，并最终成为镁铝尖晶石。镁铝尖晶石夹杂经受了碰撞、聚合和上浮，但其速率相当低。速率比较缓慢的原因是钢液流的湍动耗散，以及大尺寸 Al_2O_3 夹杂数量的减少，这些大尺寸的 Al_2O_3 在 Stokes 上浮过程能促进与小尺寸尖晶石夹杂的梯度碰撞。

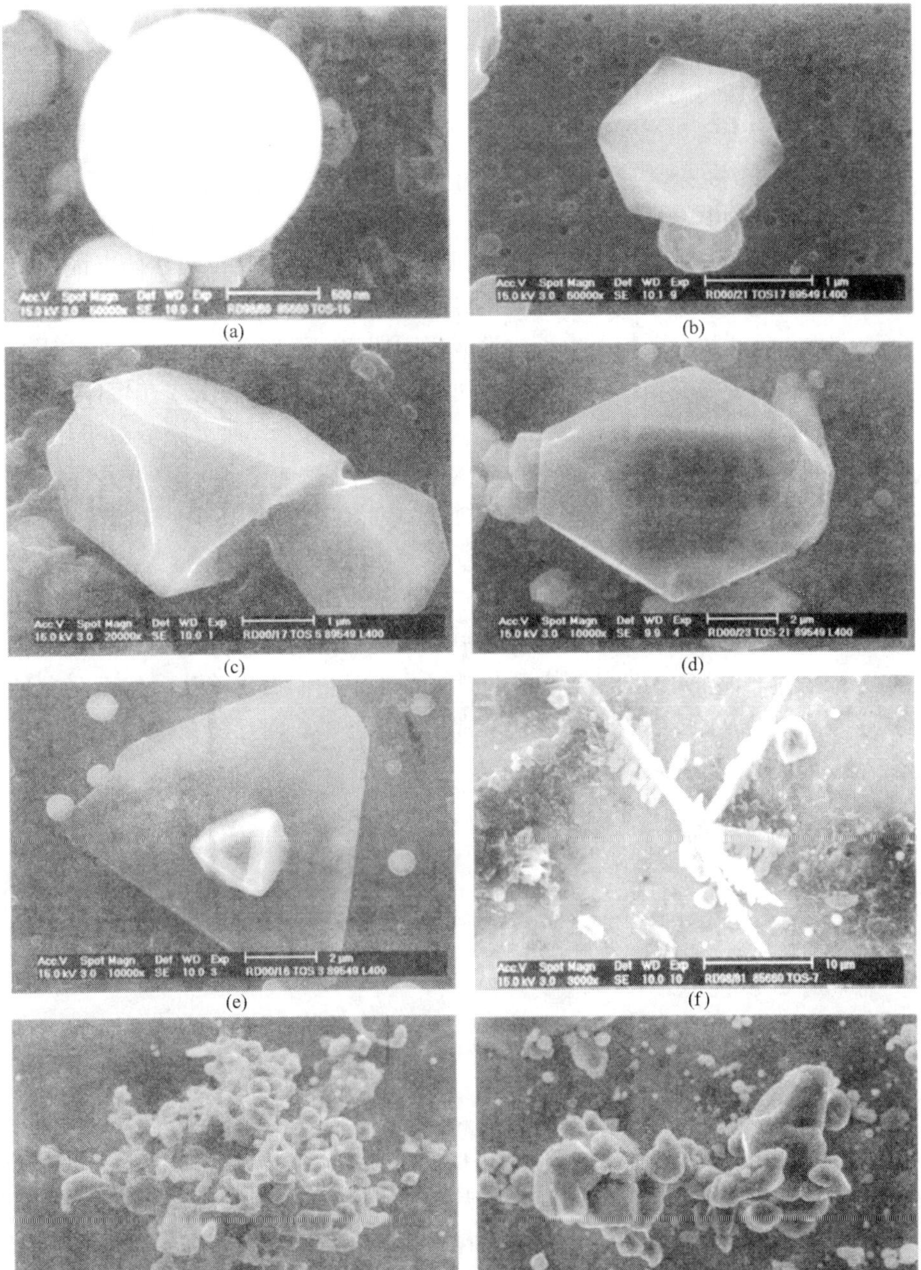

图 2.14 用 CaO-Al_2O_3渣钢包精炼后 300t LCAK 钢中典型的 Al_2O_3夹杂[11]

(a) 小球形夹杂；(b) 八面体夹杂；(c) 小的多边形夹杂；(d) 大的多边形夹杂；(e) 圆盘状夹杂；(f) 树枝状夹杂；(g) 簇状物夹杂；(h) 夹杂物聚集

2.2.2.3 一次、二次和三次夹杂

当脱氧元素加到钢液时析出的原生夹杂称之为一次夹杂，它们的尺寸可以与外来夹杂一样，大到几百微米。后来当钢液冷却时，由于溶度积的降低而析出的原生夹杂称为二次夹杂。此类夹杂的尺寸通常比较小，从不足 1μm 到 20μm，除非是在一次夹杂物上析出或相互聚合在一起。钢液凝固期间，当溶质在凝固钢中溶解度低于钢液时，即溶质的分配系数 $k = C_s/C_l$ 小于 1 时，残存的钢液中将发生溶解氧和脱氧元素的正偏析。正偏析导致溶度积超常，小颗粒夹杂会在残存钢液中析出或在悬浮的夹杂物上生长。钢液凝固期间，温度下降，溶质在熔体中进一步富集并降低了溶度积，其他更小尺寸的夹杂也有可能析出或在熔体中生长。为了区分夹杂物的最后两个来源，研究人员把它们列为三次夹杂。对于用 Al 脱氧的钢液，由于极大部分的溶解氧在糊状区（在固态与液态间固/液共存区）形成时已消尽，因此形成的三次夹杂可不予考虑。但对于用 Mn 和 Si 脱氧的钢液，二次和三次夹杂均会形成。

二次夹杂可以在一次夹杂上生长，三次夹杂可以在二次夹杂上生长。因此对这些夹杂物而言就不需要有形核。有时很难辨别细小的二次夹杂与三次夹杂，某些情况下通过仔细研究夹杂的形态和化学成分来对它们做出确认。然而，在悬浮的小尺寸一次夹杂上析出的二次夹杂常常是很难分类，而且留在糊状区的细小二次夹杂也很难与三次夹杂区分。

2.2.2.4 脱氧钢中氧含量

钢中的总氧含量 $[O]_{total}$，是由钢中的溶解氧 $[O]_{dissolved}$ 和一次、二次、三次夹杂中的氧含量 $[O]_{inclusion}$ 构成，即：

$$\begin{aligned}[O]_{total} &= [O]_{dissolved} + [O]_{inclusion} \\ &= [O]_{dissolved} + [O]_{primary\ inclusion} + [O]_{secondary\ inclusion} + [O]_{tertiary\ inclusion} \quad (2.10)\end{aligned}$$

2.2.2.5 脱氧工艺

从广义上讲脱氧工艺包括：（1）用脱氧元素降低钢中的溶解氧；（2）从钢液中去除极大部分一次夹杂和部分二次夹杂等原生夹杂；（3）防止钢液的二次氧化及钢液中外来夹杂的增加。严格讲，脱氧工艺应该仅仅包含（1）和（2）。

已生长或聚合的夹杂上浮或上升到熔池的表面被顶渣所溶解吸收，但也有一部分黏附到容器的耐火材料内衬上。式（2.10）的衡算，$[O]_{total}-[O]_{dissolved}$，可以给出悬浮于钢液中小尺寸氧化铝夹杂中的氧含量，这些夹杂大部分是原生的，当然也有部分是外来的。当熔池搅拌充分，夹杂物去除彻底时，如果钢液没有发生二次氧化并且 $[O]_{dissolved}$ 的过饱和小到可以忽略，那么 $[O]_{total}$ 与 $[O]_{dissolved}$ 就比

较接近。通过有惰性气体喷吹（吹氩搅拌钢包、LF 炉）、氩气泵起循环流（RH）或电磁手段（ASEA-SKF）等搅拌的湍流钢液中，过饱和通常是被认为是很小的，而且已得到证实。

$[O]_{total}$和$[O]_{inclusion}$的值很大程度上取决于脱氧操作和夹杂物的去除。通过最大程度减少外来夹杂进入脱氧钢液和去除原生夹杂物，$[O]_{total}$可得以降低。获得低水平$[O]_{total}$的操作手段和方法将在后面讨论。在实际生产中，分析铝脱氧“洁净钢”的全氧含量，高碳钢的最好情况可以达到0.0003%(3ppm)，但中碳钢和低碳钢的全氧含量可高达0.001%~0.002%(10~20ppm)。后者的数据表明大部分的氧来自静止悬浮于钢液中的Al_2O_3夹杂。例如，如果将所有夹杂假设为直径为2μm、球形的Al_2O_3，那么含氧量为0.002%(20ppm)(其中0.0004%(4ppm)为0.04% Al 钢液中的溶解氧）的钢液每$1cm^3$应该含有大约7百万个Al_2O_3夹杂。尽管夹杂物的数密度相当高，但如此小的夹杂只要在钢中能保持均匀分布，对大多数产品的性能几乎不产生危害。但问题是这些小颗粒夹杂有碰撞、聚合和形成簇状物的趋势，这样一来其尺寸就会超过临界尺寸，进入结晶器后最终会被凝固坯壳捕获。

虽然 Al 脱氧是生产高质量扁平材产品钢的中心环节，但 Si-Mn 脱氧对生产一些高质量长材产品钢也很重要，因为这些产品不允许簇状Al_2O_3存在，否则会引起严重的工艺问题。帘线钢和阀簧钢均属于这一类。对于这些钢种，夹杂物含量的最小化和可变形夹杂物的成分（$3MnO \cdot Al_2O_3 \cdot 2SiO_2$）控制对后续的热加工至关重要。在$CaO/SiO_2 \approx 0.8$、低$a_{SiO_2}$的$CaO\text{-}SiO_2\text{-}Al_2O_3$顶渣条件下，实施Si-Mn-(Al)脱氧以最大程度降低钢中的夹杂物并控制其成分。开发这样的夹杂物控制技术已被称之为夹杂物工程。

2.3 夹杂物的尺寸与形状

2.3.1 夹杂物的尺寸分布

正如前面简要讨论的那样，钢液经 Al 脱氧和精炼后，其中夹杂物的尺寸取决于体系搅拌能的耗散率、搅拌时间和搅拌模式等。正常工艺操作条件下，可以防止外来夹杂的过度卷入，外来夹杂物的最大尺寸也就是100~200μm。刚脱氧后的一次夹杂经受了聚合和长大，这样的原生夹杂尺寸也与外来夹杂处在同一个数量级。但经后续的搅拌精炼操作后，残留在钢液中的原生夹杂的最大尺寸将降至20μm以下，见图2.15所示[12,38]。有一个例外，就是形成了如Al_2O_3那样的不规则固体簇状夹杂。初期的原生Al_2O_3颗粒，尺寸小于3μm，首先形成了中间聚合物和小尺寸的松散簇状物。它们碰撞聚合成大尺寸的松散簇状物，而且易烧结致密化并转变成致密的大尺寸簇状物，见 Yin 等的图片所示[13]。极大多数的大尺寸簇状物通常可以在中间包中去除。但钢液由中间包向结晶器输送过程中，小

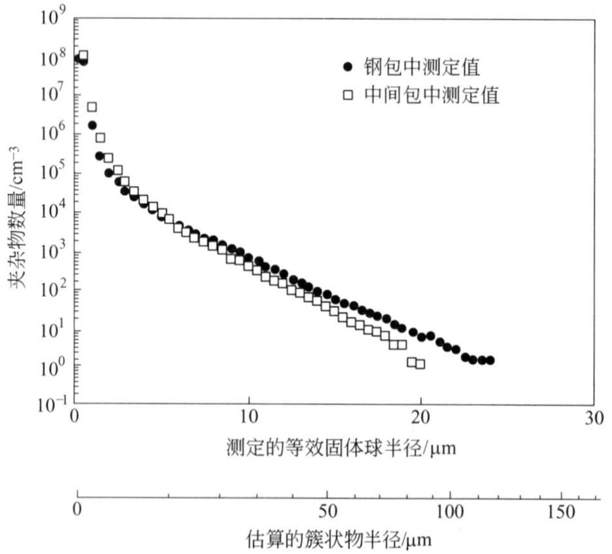

图 2.15 钢包和中间包 LCAK 钢液中测得的 Al_2O_3 夹杂尺寸分布[12,38]

尺寸的聚合物和簇状物又形成为大尺寸簇状物。Kirihara 等[14]真实地观测到这一现象：经 10 多分钟 RH 精炼的低碳铝镇静钢液，作为洁净钢液输运到中间包时不含大尺寸簇状物，见图 2.16(a)所示。然而在结晶器钢液中则产生了尺寸超过 100μm 的簇状物。因这样尺寸的簇状物基本上通过上浮能从结晶器中去除，因而铸坯的洁净度与中间包的钢液一样，见图 2.16(b)所示。簇状物/聚合物的实例

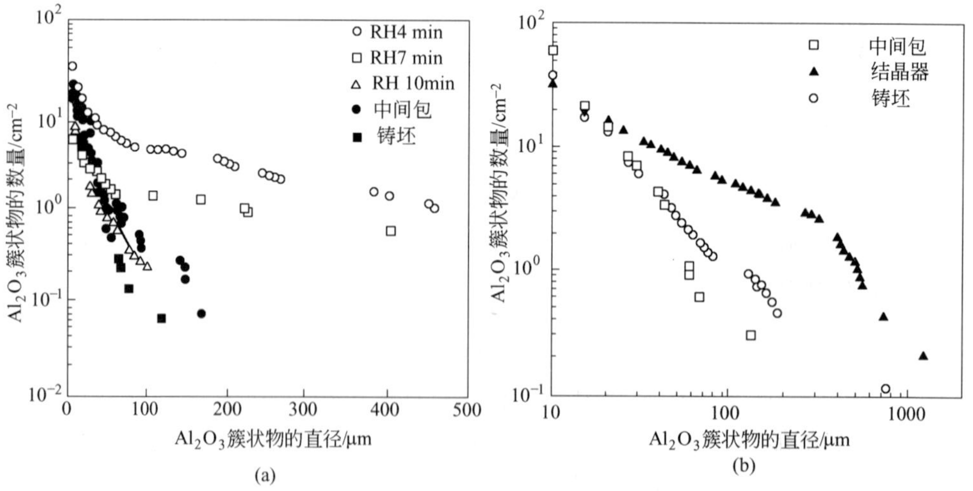

图 2.16 RH 处理并通过中间包浇铸铸坯过程中 LCAK 钢中 Al_2O_3 簇状物的尺寸分布变化（a），连铸结晶器中 Al_2O_3 簇状物的聚集形成（b）[14]

可以见图 2. 14(g)、(h)和 Dekkers 的图 2. 17[11]。Steinmetz 等[15]广泛地研究了溶质的过饱和对 Al_2O_3夹杂物形状的影响。

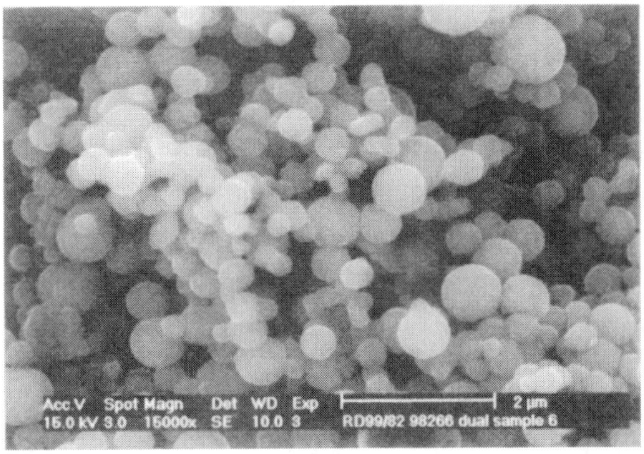

图 2. 17 LCAK 钢液中由光滑球形颗粒结合而构成的 Al_2O_3簇状物[11]

夹杂物的附聚倾向是发生 Al 脱氧钢中水口堵塞和缺陷的主因。阻止 Al_2O_3夹杂形成簇状物的一条简单的途径就是减少初期 Al_2O_3颗粒的数密度（减少总［O］含量），避免钢液向结晶器输运过程的湍动以阻止夹杂物的碰撞和聚合。虽然目前还没能完全做到所要求的那样，但事实上，全氧含量［O］$_{total}$小于 0. 001%(10ppm)的洁净 Al 脱氧钢在一定程度上减少了水口堵塞和源于 Al_2O_3夹杂的缺陷。

对于 Al 脱氧完全和合理精炼的钢液，其平均的［O］$_{total}$约为 0. 001%(10ppm)，包括百万分之几的溶解氧［O］$_{dissolved}$，那么其外来夹杂和原生夹杂的尺寸分布与数密度可用下式表示：

$$N(r) = N_0\exp(-\varphi r) \tag{2.11}$$

式中，N_0为单位体积钢液中可识别的最小夹杂物（直径约 0. 5μm）数密度；r 为夹杂物的直径；φ 为一常数。$r = 0.5\mu m$ 时，N_0的数量级为 $10^6 \sim 10^7/cm^3$，这意味着颗粒间的平均距离在 100μm 的数量级。在诸如湍动等有利环境下，这样的间距可以使夹杂很容易碰撞和聚合并产生较大尺寸的夹杂。除非它们聚合成簇状物，否则钢的性能并不会因此而降格。φ 的值随不同的操作变化相当大，但对夹杂物半径为 20μm 的洁净钢液而言，N 通常趋近于零。

2. 3. 2 夹杂物的形状

2. 3. 2. 1 热轧过程中夹杂物的相对可变形性

钢液和钢中夹杂物的形状很大程度上取决于它们的熔点（软化温度）T_s。但

T_s低于熔体（钢液）温度时，因熔体与夹杂物间界面张力的作用，液态夹杂物变形成球形。但铸坯在T_s温度附近或高于T_s进行热轧，夹杂物就会沿着轧制方向拉长。Malkiewicz 和 Rudnik[16]将钢基体中夹杂物的相对可变形性定义了一个因子 *R. D.*，即：

$$R.D. = \omega \ln(\lambda)/\ln(h) \tag{2.12}$$

式中，$\lambda = b/a$ 为热轧钢基体中变形夹杂物的长度与厚度之比；$h = A_i/A_f$ 为钢件轧前和轧后的横截面之比。大方坯或小方坯轧成方形材时，如垂直于轧制平面与轧制平面上的横向压缩应变相等，常数 ω 为 2/3。而对板坯轧成宽度没有变化的板或带材时，如平面应变变形，ω 则为 1/2。对不变形夹杂，*R. D.* 值为零；对与钢基体一样能拉伸的夹杂，*R. D.* 值为 1。

2.3.2.2 钢基体变形后的夹杂物形状分类

夹杂物在钢的热加工和冷加工过程中变形。现在已经利用变形后夹杂物的形状进行了许多分类。下面就是一个常用的例子。

热加工前及期间，如果夹杂物的化学成分基本均匀，且为玻璃相，没有大量坚硬的结晶相析出，而且在热加工过程中能被拉长，那么这类夹杂就被分为 A 类。那些嵌入在伸长的玻璃基体中，尺寸小、坚硬的结晶态夹杂也被列为 A 类。典型的例子是低熔点 MnS 和硅酸盐。

热轧温度下由脆性相和某些塑性相组成的夹杂物在热轧过程破碎成不连续碎片条痕。这种夹杂被分类为 B 类。夹杂物中脆性相的起因为：（1）液态夹杂物冷却过程的相分离；（2）脆性颗粒和塑性颗粒的聚合导致复合结构的形成；或（3）固态夹杂物颗粒表面转变成可变形的外壳。铝酸盐和硅酸盐的软化温度接近或高于热轧温度，它们就属于这类。

第三类夹杂是由钢液中初期固体颗粒聚合的簇状物组成，以簇状物形态留在凝固组织中。氧化铝簇状物就是这类夹杂的一个典型。热轧时，如果钢中的簇状物在热轧温度下不变形，那么它们将沿轧制方向碎裂成尺寸较小的聚合物（由初期固体颗粒聚合而成），并呈条状分布。一种极端的情况，尺寸较小聚合物之间的距离变得相当大，在有限的显微镜视觉范围内只能看到单一的聚合物出现，这样夹杂物归为 C 类。从开始由单一的聚合物形成的固态不变形夹杂，如不规则致密 Al_2O_3颗粒或球形 SiO_2颗粒，也被列为 C 类。

正如前面所提过的，钢液中的 A 类夹杂和许多 B 类夹杂是以球形出现，而一些 B 类夹杂和大多数 C 类夹杂则分别呈现不规则块状和簇状。经常发生 A、B、C 三类夹杂中两种或三种结合在一起，以复合物的形式共存于钢中。

由于夹杂物的形状在一定程度上受钢基体压缩比和热加工温度的综合影响，因此，上面的夹杂物分类或多或少带有随意性。关于这一点，Maunder 和

Charles[17]记录了热轧温度对 0.2% C 钢中锰铝硅酸盐夹杂的 *R. D.* 影响，见图 2.18 所示。热轧过程夹杂物变形的例子示意于图 2.19 和图 2.20 中。不同热轧温度和压缩比下，夹杂物的可变形性与其微观结构、矿相结构及化学成分之间关系的更多详情，读者可以参考 Kiessling 和 Lange 所著的一部有关钢中非金属夹杂物的综合性著作[18]。

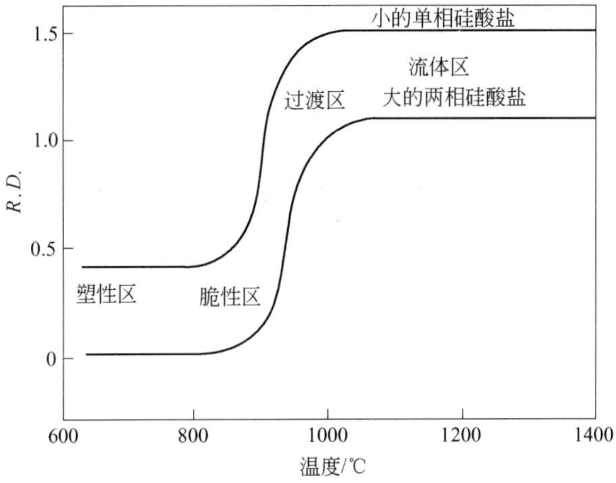

图 2.18 发生脆性的温度范围内 0.2% C 热轧钢中玻璃体锰铝硅酸盐夹杂不同阶段的行为[17]

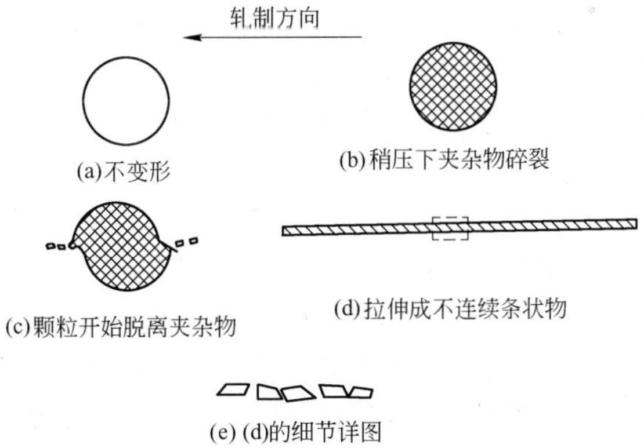

图 2.19 热轧过程硅酸盐夹杂的相对可变形性示意图[17]

2.4 夹杂物对钢性能的影响

前面的表 2.1 中已列出了一些受欢迎钢产品所要求的夹杂物临界尺寸和化学组成，LCAK 冷轧板经受了热轧和冷轧过程这样大的压缩，其结果是尺寸小于 240μm 坚硬的 Al_2O_3 簇状物破裂成小碎片，这对一般用途的板而言不会引发任何

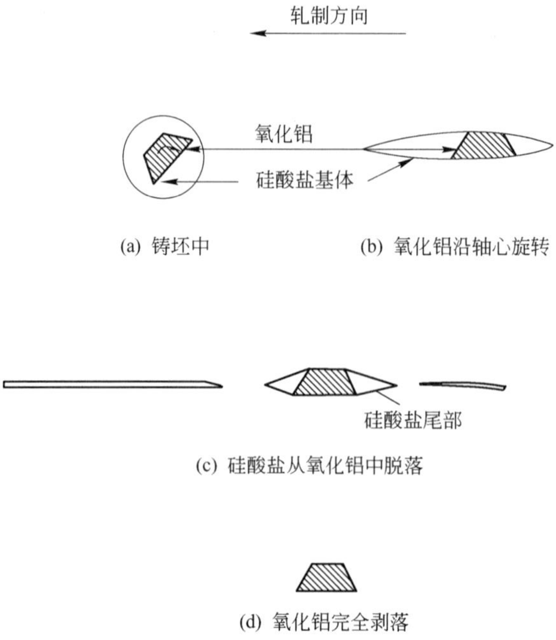

图 2.20 0.2% C 热轧钢中含有坚硬 Al_2O_3颗粒液态锰铝硅酸盐夹杂的变形阶段[17]

可估计到的问题。但是对用于易拉罐生产的冷轧薄板在冲压后还须承受更加苛刻的展薄拉伸、折边和皱折等。裂纹大都发生在罐的折边和皱折上。对罐的生产来讲，缺陷发生率（废品率）超过$(20 \sim 30) \times 10^{-6}$（1 百万个中占 20 ~ 30 个）是不可接受的。要满足这样的要求，必须将连铸坯中的 Al_2O_3 夹杂含量和尺寸分别减少到 0.0030%（$[O]_{total} \approx 0.0015\%$（15ppm））和 50μm 以下。

对于 UOE 管的板材和 ERW 管的带卷，通过无损超声波探伤检验发现：如果 UOE 管和 ERW 管的连铸坯中夹杂物尺寸分别大于 200μm 和 150μm，那么就会在它们的成品中产生缺陷。这些产生缺陷的位置有发生断裂和焊接缺陷的潜在危险。如果夹杂物尺寸大于 100μm，那么由大方坯热轧而成的棒材进行冷锻时就有可能产生裂纹。此外，如果用于帘线生产的大方坯其内的夹杂物尺寸超过 30μm，那么钢棒在冷拔过程中就会发生断裂。

对于更苛刻用途的钢，钢液的洁净度就要求更高。对于市场比较急需的钢产品，其对夹杂物尺寸的要求已在第 1 章的表 1.1 中列出。表中也列出了避免杂质元素偏析的极限浓度。对于用于易拉罐塑性叠膜、冷轧的薄带，其夹杂物的极限尺寸是 5μm，比传统的易拉罐所要求的还要小。表 1.1 中，用于显像管阴罩（CRT）和大规模集成电路（LSI）引线枢的薄板，如果其内夹杂物的尺寸大于 5μm 就会被判有缺陷。在 CRT 浸蚀时，这些夹杂物就会模糊遮罩上的穿通孔边角，结果造成 CRT 上的图像模糊不清，或引线框压力冲孔时引发裂纹，造成冲孔收得率损失。

如果滚珠轴承钢中的 Ti 含量超过 0.002%（20ppm），则是有害的，因为增加了钢中形成不变形 TiO_2-TiN 夹杂的危险。TiO_2-TiN 夹杂会聚合成尺寸不小于 20μm 的簇状物。其他尺寸超过 15μm 的不变形固体夹杂因形成疲劳裂纹也将使轴承的滚珠、滚轴和轴环的疲劳寿命下降 10%。为了降低这些夹杂物的数密度，$[O]_{inclusion}$必须保持在 0.001%（10ppm）以下，最好是 0.0003%（3ppm），[Ti] 小于 0.0015% ~0.002%（15 ~20ppm）。大方坯中尺寸 20μm 的不变形固体 Al_2O_3 夹杂会引起钢丝冷拔生产高强度帘线过程中断裂，从而显著降低钢线的生产率。为了避免这类问题，Al_2O_3 夹杂的尺寸必须小于 20μm。对于弹簧丝需要采用更严格的标准。

必须注意到夹杂物的临界尺寸取决于每种产品各自的生产操作条件和要求。因此，夹杂物的临界尺寸并没有被作为一个统一的标准，但据此可大致反映出操作的总体水平。

2.5 减少夹杂物的措施

钢液中的外来夹杂和原生夹杂通过碰撞、聚合和上浮得以去除。尺寸变大的夹杂物依据 Stokes 定律在钢液中上升至表面并溶解在顶渣中而被去除。然而，这些能够通过 Stokes 速度上浮的大夹杂则是由很小的夹杂通过布朗碰撞、湍流碰撞和梯度碰撞长成的。必须最大限度地去除钢液中宏观夹杂，同时尽量减少新宏观夹杂的产生。单位体积和单位时间内夹杂物去除的表观速率 n 可用夹杂物的去除率（n_r）与夹杂物增加率（n_p）之差来表示，即：

$$n = n_r - n_p \tag{2.13}$$

式（2.13）中的每项将在下节作详细讨论。

2.5.1 钢包精炼中最大程度去除夹杂

钢液中全氧含量（$[O]_{total} = [O]_{dissolved} + [O]_{inclusion}$）的去除表观速率 n_r 可表达为：

$$n_r = K_0(C_t - C_\infty) \tag{2.14}$$

式中，K_0 为表观传质系数或容积系数；C_t 为 t 时刻钢液中 $[O]_{total}$ 的浓度；C_∞ 为钢液中 $[O]_{total}$ 的最终浓度，即与脱氧元素（C_e）相平衡的 $[O]_{dissolved}$ 与经充分精炼后静悬浮于钢液中的夹杂物 $[O]_{inclusion}$ 之和。

以碱性耐火材料为内衬的容器中，如果脱氧低碳钢液中的[Al] =0.04%（质量分数），碱性顶渣中 $a_{Al_2O_3}$ 保持在 0.25 左右，并且 a_{SiO_2} 和 a_{FeO} 可以降低到接近零，那么从热力学观点出发，正如前面所讨论的，1600℃下钢液中［O］$_{dissolved}$可以降到约0.00025%（2.5ppm）。悬浮在钢液中的夹杂物浓度可以降到很低，例如通过搅拌钢液促进夹杂物的碰撞聚合，［O］$_{inclusion}$就可以降到0.0008%（8ppm）。如果在目前的情况下 C_∞ 的值能降低到0.001%（10ppm）的低水平，而且夹杂物的增加率 n_p 也能做到很低，那么 n_r 就可以由式（2.14）中 K_0 项确定。

正常操作条件下，钢液进行了强烈的搅拌精炼，钢液中的夹杂物颗粒通过湍流碰撞和梯度碰撞而聚合形成簇状物。这类簇状物其尺寸一旦超过临界值就会以Stokes方式上浮，上升到熔池表面并被顶渣吸收，或接触到钢包壁或中间包壁时吸附到钢液与熔池耐火材料的界面上。

悬浮在钢液的夹杂物，其大小不足以Stokes上浮所需的最小尺寸，必须通过碰撞和聚合才能长大上浮。表示夹杂物碰撞频率的函数可定义为：

$$\beta_{ij} = N_{ij}/n_i n_j \tag{2.15}$$

式中，N_{ij} 为两个半径分别为 r_i 和 r_j，体积分别为 V_i 和 V_j，数密度分别为 n_i 和 n_j 的球形颗粒 i 和 j 在单位体积和单位时间内碰撞次数。Saffman 和 Turner 提出了计算湍流碰撞频率的表达式[19]，Higashitani 等对此做了一些改进[20]，即：

$$\beta_{ij}^{\text{turbulent}} = 1.3\alpha R_c^3 \left(\frac{\varepsilon}{\nu}\right)^{1/2} \tag{2.16}$$

式中，$R = r_i + r_j$，称之为碰撞半径；ε 为搅拌能在单位时间和单位体积内的耗散率；ν 为运动黏度。只有当 R_c 远小于 Kolmogorov 微观尺寸 $r_K = (\nu^3/\varepsilon)^{1/4}$，即湍流中大小不一涡流的最小尺寸时，式（2.16）才能应用。式（2.16）表明引起夹杂物聚合的湍流碰撞频率与搅拌能耗散率的平方根 $\varepsilon^{1/2}$ 成正比。实际上，搅拌能是被用于反映精炼容器中钢液局部区域的混合状况。但是，搅拌能耗散率通常简化处理，用容器钢液的体积平均来估算式（2.16）中的 ε。

对于 Stokes 上浮的梯度碰撞，Lindborg 和 Torssell[21] 导出了下列关系式：

$$\beta_{ij}^{\text{gradient}} = \frac{2\pi\Delta\rho g}{9\eta}(r_i + r_j)^3 |r_i - r_j| \tag{2.17}$$

式中，$\Delta\rho$ 为颗粒（ρ_P）与熔体（ρ）的密度差；η 为熔体的黏度。夹杂物的布朗碰撞频率比湍流和梯度碰撞的频率相比要小得多，这点已达成共识。Taniguchi 和 Kikuchi 用式（2.16）和（2.17）进行了计算，给出了图2.21[22]。图的结果表明湍流碰撞对小颗粒的聚合起主要作用，而梯度碰撞则是较大颗粒聚合的主要机理。由不同数量的初始颗粒所构成的聚合颗粒，其数密度的变化也可由总体衡算方程导出。Lindborg 和 Torssell 最早将与此相类似的方法应用于钢的脱氧[21]，Linder[23]，Nakanishi 和 Szekely[24] 揭示了 ε 与脱氧容积系数 K_0 之间的关系。

现场观测的夹杂物去除率中，不可避免地包含产生负面影响的钢包顶渣卷入

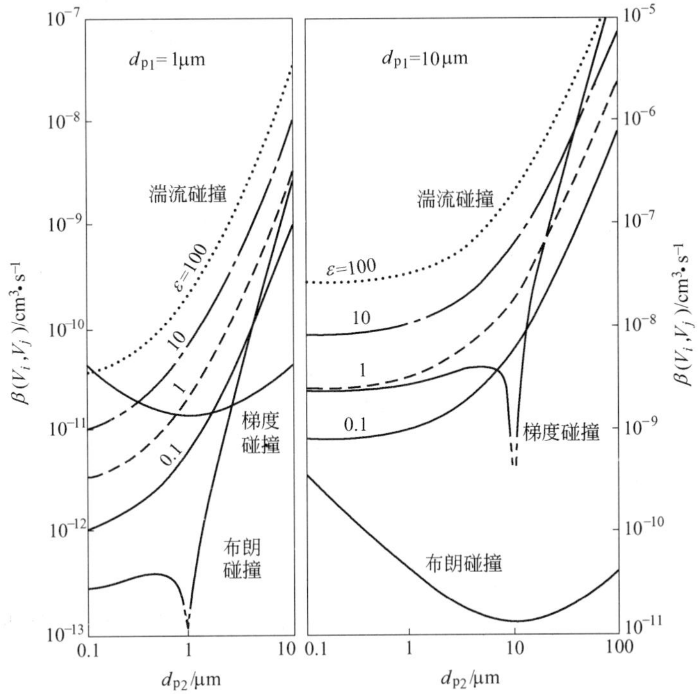

图 2.21 直径细小（$d_{p1}=1\mu m$）或中等（$d_{p1}=10\mu m$）主夹杂物颗粒与不同尺寸（d_{p2}）夹杂物颗粒之间的碰撞频率

n_p项，见式（2.13），因此，此时很难对 K_0做出准确描述。有一经验式表明了 K_0是随 ε 的增加体现出不同的幅度，取决于钢包精炼中所采用熔池搅拌的方式[24]。钢液的精炼通常是在圆筒形钢包中进行的，如果把容积为 V 的圆筒形熔池看作是由 N 个全混流槽串联而成，那么以脉冲方式加入熔池中的溶质，其浓度衰减曲线的幅度 γ 可由 Levenspiel 提出的方程描述[25]，即：

$$\gamma = 2\exp[-2\pi^2\zeta^2 t/\tau] \tag{2.18}$$

式中，τ 为溶质浓度在整个钢液体积内均匀所需的时间。式（2.18）中刺激相应的变量可用下式表示：

$$\zeta^2 = \tau^2/N \tag{2.19}$$

容器中钢液的环流量 Q 定义为：

$$Q = V/\tau \tag{2.20}$$

由惯性力或湍流黏性力占主导的钢液流动区域，溶质浓度的耗散是由流体的对流和湍流扩散共同作用的结果，Asai 等推出了 τ 与钢液熔池单位体积搅拌能密度 ε 的关系，即：

$$\tau \propto \varepsilon^{-n}L^{\delta} \tag{2.21}$$

式中，L 为容器的特征长度。当流体流动由黏性力控制且溶质浓度因对流而耗散时，则因子 $n=1/2$，$\delta=0$；而当流体流动是由惯性力或湍流黏性力控制，且溶质浓度因对流而耗散时，$n=1/3$，$\delta=2/3$ 或 $n=1/3$，$\delta=0$；当 ε 比较小时，即流体流动是由黏性力控制且溶质浓度因对流而耗散，τ 可由下式表示：

$$\tau \propto \varepsilon^{-1/2} \tag{2.22}$$

式（2.22）中的因子与熔池尺寸无关。注意到气体搅拌容器中，Mori 和 Sano[27] 发现 ε(W/t) 与从容器底部吹入钢液熔池的气体（标态）流量 Q_g(m^3/min) 成正比，即：

$$\varepsilon = 6.18 Q_g T_1 \left\{ \ln\left[1 + \frac{h}{1.46 \times 10^{-5} P_2}\right] + \phi\left[1 - \frac{T_n}{T_1}\right] \right\} / M \tag{2.23}$$

式中，T_1(K) 和 h(m) 分别为熔池的温度和高度；P_2(Pa) 为外界压力（大气压）；ϕ 为一系数，0.06；T_n(K) 为喷嘴处气体的温度；M(t) 为熔池中钢液的重量。Sundberg[28] 最早导出了式（2.23），不过 $\phi=1$。

对 ε 表达更为详细的讨论，读者可以参阅 Mazumdar 和 Guthrie 写的综述[29]。在正常的冶金操作中，由于允许熔体均匀混合的时间 τ 比较短，常利用惯性/湍流黏性力区来实现冶金目的，但有时冶金操作需要黏性力区，这样式(2.21)～式(2.23)就显示其重要性。

Sakuraya 等对不同精炼容器中所进行工业规模的夹杂物去除研究结果进行了总结，得出夹杂物去除与 K_0、Q_g、ε 之间的经验关系式[30]：

$$K_0 \propto Q_g^n \propto \varepsilon^n \tag{2.24}$$

如图 2.22 所示（见第 8 章中的图 8.8），覆盖图中这些关系值的两条线斜率给出了 n 的平均值，约为 0.4。

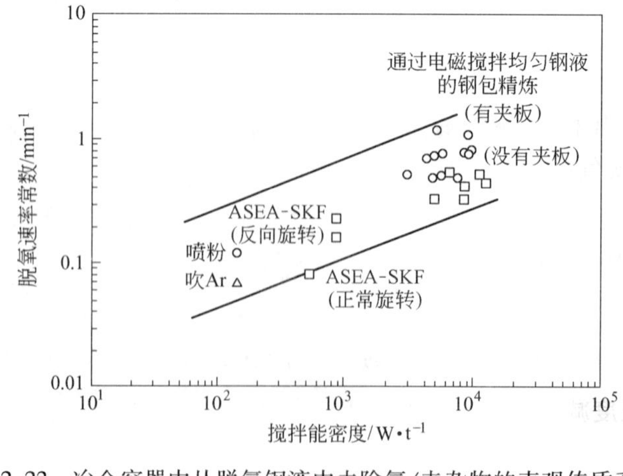

图 2.22　冶金容器中从脱氧钢液中去除氧/夹杂物的表观传质系数

其他研究者在不同的操作条件下所获得的 n 值是在 0.45 ~ 1.0 的范围内（Sandberg 等[31]，Fujii 等[32]）。许多情况下，n 值处于 0.45 ~ 0.59 之间，这与预测值 0.5 接近。K_0 对 150 ~ 300W/t ε 的吹氩钢包为 0.04 ~ 0.12，300 ~ 400W/t ε 的 RH 装置为 0.02 ~ 0.05，120W/t ε 向上搅拌的 ASEA-SKF 为 0.5。n 值的大小很大程度上取决于搅拌模式、熔池的尺寸、夹杂物的含量以及钢液被空气、钢包的顶渣和内衬耐火材料再氧化的程度等。吹氩中发现 Al_2O_3 吸附在气泡上的 K_0 值是随 Ar 气量（标态）的增加而增加，即 1600℃ 不吹气时为 0.21，5L/min 时为 0.51，10L/min 时为 1.16（见文献［30］）。

虽然理论预测值与现场观测值定量上能合理吻合，但目前的理论还不能仅依据不同 ε 下 K_0 的不同变化用于精炼反应器的设计。因为 K_0 的变化有下面的一些因素需要考虑：

首先，在实际操作中应该考虑精炼过程夹杂物的输入。已普遍认识到精炼容器中夹杂物的输入与输出之比和容器中钢液的表面与体积之比相关。因顶渣的二次氧化以及顶渣与容器耐火材料卷入引发了搅拌对夹杂物去除率所产生的消极影响，这在小熔池中变得更为明显。相反，大熔池中的搅拌对夹杂物去除率所产生的影响十分积极。目前已成功开发了防止二次氧化和卷渣，提高 LF、RH、ASEA-SKF 精炼容器中钢液搅拌效果等去除夹杂物的技术措施，这些已在文献中做了很好的介绍。

其次，碰撞聚合、顶渣吸收和耐火材料壁吸附三者的比例均可取 1（如果全部成功做到的话），简单的就参考现场数据假设成 0 与 1 之间或拟合参数取值。这方面需要更深入的研究以验证前面所提出的理论。

再次，精炼容器中不同区域钢液搅拌能耗散率变化显著。当然，不同工艺之间和每个工艺中均存在这样的变化。上面的理论应用是针对容器中钢液的搅拌能密度处处相等的情形。因此，应用这样的理论进行精炼工艺的设计必须按照每个精炼工艺的特点认真细致考虑上面提到的因素。在这方面，Miki 等[33]对 RH，Sheng 等[34]对吹氩搅拌钢包的完善和改进方面已进行了尝试。

图 2.23 示出了钢包精炼（二次精炼）去夹杂比较普遍的设备。所有的工艺过程均采用了吹气搅拌。增加气体流量 Q_g，增加了 ε，从而增加了 K_0。但另一方面，如果喷吹是在氧化性气氛下进行，过大的 Q_g 增加了顶渣的乳化与卷入、钢液喷溅或熔池表面气液两相区的二次氧化。在这种情况下，需要对 Q_g 进行优化。同时，在使用顶渣的所有工艺中，渣中的氧化组分浓度和化学位应降到最低。

2.5.2 最大程度减少宏观夹杂

宏观夹杂主要是在脱氧精炼的钢液由钢包输运到中间包，再由中间包输运到

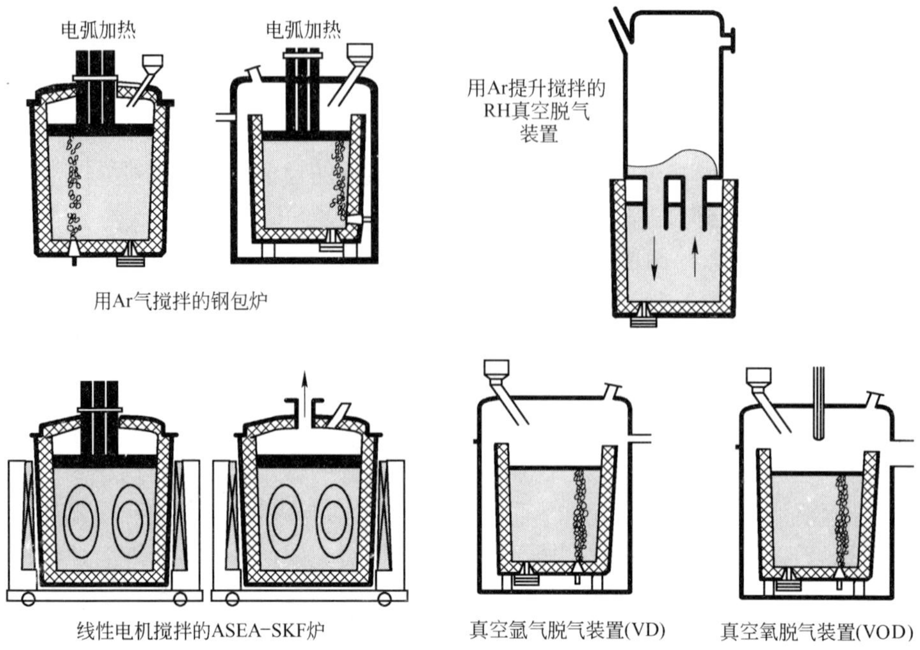

图 2.23　降低钢液杂质元素和夹杂物的典型二次精炼设备[1]

结晶器的过程中产生的。尤其是在非稳态操作期间，更容易发生钢液暴露空气，湍流卷吸钢渣。合理的中间包操作应该包括最大限度减小钢液暴露和卷渣的技术措施，在第 6 章中将对这些技术措施进行阐述与讨论。

2.5.3　宏观夹杂在中间包中的去除

2.5.3.1　夹杂物去除的主要机理

正如前所述，中间包去夹杂的主要目标是钢液经中间包流向结晶器的过程中能让宏观夹杂上浮到钢液的表面。除钢包注流冲击的小区域外，中间包其他区域的搅拌能密度耗散率均比较小。在中间包的钢包注流冲击区，湍流碰撞导致液态夹杂形成较大的球形夹杂，固体 Al_2O_3形成大的簇状夹杂，以及尖晶石夹杂物。而在中间包的其他区域，夹杂物的梯度碰撞占主导。正如式（2.17）所示，通过 Stokes 上浮的梯度碰撞受到两个因素的影响：

（1）夹杂物的比密度。它低于液态球形的二氧化硅夹杂，高于固体 Al_2O_3及含有部分钢液的 Al_2O_3簇状物；

（2）阻力系数（见式（2.26）和式（2.27））。比球形夹杂小，但可用于不规则夹杂和簇状物。

中间包中钢液三维流动的向上分量速度有助于提高夹杂物的上浮速度。

2.5.3.2 Al_2O_3簇状物形成和去除特征与模拟

Sawai 等开发了模拟中间包内三氧化二铝去除的模拟器（仿真软件）[35]。中间包三维空间被划分成许多个小单元。根据式(2.15)~式(2.17)和式(2.34)计算每个单元中夹杂物碰撞、聚合以及由此而引起的尺寸分布的变化。没有考虑簇状物的密度和阻力系数的影响。计算结果综合了各个单元与夹杂物通过上浮到钢液表面而去除的耦合扩散传输。在 $N_k = \varphi(N_i + N_j)$，$[0 < \varphi < 1]$ 中定义一参数 φ，作为拟合参数引入，用于表达夹杂物间碰撞的成功聚合率。也引入另一个拟合参数，即夹杂物卷入比，用于表达夹杂物到达熔池表面后再次被卷入熔池中而没有被表面渣吸收去除的比例。计算结果表明湍流碰撞聚合仅仅发生在中间包内小区域，即钢包钢液注流进入中间包的入口处。发现中间包内夹杂物的主要去除机理是 Stokes 上浮的梯度碰撞。如果夹杂物的成功碰撞参数取 0.1（10 次碰撞中有 1 次形成聚合物），卷入比取 0.7（上浮到熔池表面的 10 个夹杂有 7 个返回熔池），那么夹杂物去除的计算结果与中间包中取样分析的结果吻合得最好。这些取值还需要在今后的实验中作更进一步的验证。

细小 Al_2O_3夹杂颗粒聚合而形成粗糙或致密的树枝状或珊瑚状的簇状物，并有钢液包裹在其中。因此必须为这些簇状物的表观密度、尺寸和阻力系数而对 Stokes 上浮速度进行修正。Tozawa 等用分形理论估算夹杂物，做了一个很有意思的尝试[36]。这里对他们的模拟工作做一个比较详细的介绍。钢包钢液注入中间包前迅速取样，样品抛光截面上的 Al_2O_3簇状物见图 2.24。钢液和铸坯中的三氧化二铝簇状物直径 D 与组成直径为 d 的初始 Al_2O_3颗粒数 N 作图，见图 2.25。发现 N 等于 $N_A^{3/2}$，N_A为在抛光表面观测到的初始颗粒数（每个颗粒的平均直径为

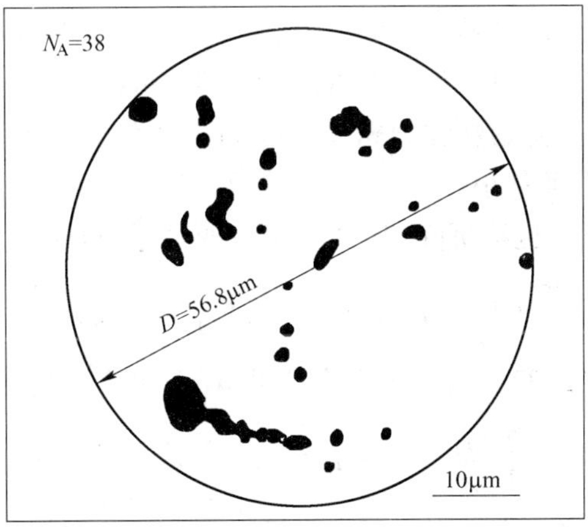

图 2.24 钢包 LCAK 钢液注入中间包前迅速取样的样品抛光截面上的 Al_2O_3簇状物[36]

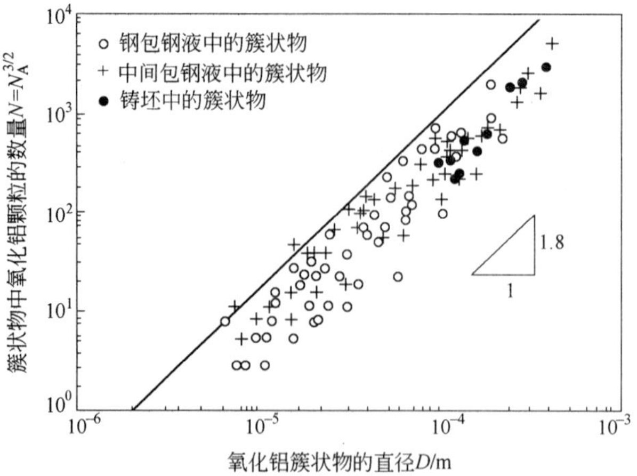

图 2.25　观测 LCAK 钢连铸过程所取样中构成氧化铝簇状物颗粒数的分布[36]

3μm)。图中的实线给出的应该是 D 与 N 的关系而不是 D 与 N_A，即：

$$N = XD^{1.8} \tag{2.25}$$

式中，X 因 N 为 1 时 D 等于 d 而与 $d^{1.8}$ 相等。这表明 Al_2O_3 簇状物的分形维数为 1.8，这与 Jullien 等用描述一般簇状物形成动力学的三维计算机仿真模型所获得的 1.78 ±0.05 值相当一致[37]。

在水中具有不同聚合度（$N_A \geqslant 10$，聚乙烯初始颗粒胶合在一起）的簇状物，其模型的阻力系数表示为：

$$C_D = \frac{15}{Re}, Re \leqslant 3；或 C_D = \frac{8}{(Re)^{1/2}}, 3 < Re < 100 \tag{2.26}$$

式中，Re 为雷诺数。对球形颗粒而言，这两个 C_D 值均比 Stokes 定律（$C_D = 24/Re$）和 Allen 定律（$C_D = 10/(Re)^{1/2}$）的要小。Tozawa 等推断簇状物的围绕部分（树枝的顶端部分）占初始颗粒数密度很少的一部分，几乎对阻力不产生影响，因此有效 D 变得比几何 D 小。

簇状物的终速度（也称沉降速度）v 可以通过浮力与阻力的衡算给出，即：

$$\frac{N\pi}{6}d^3(\rho - \rho_{Al_2O_3})g = C_D\left(\frac{\pi}{4}\right)D^2\left(\frac{1}{2}\rho v^2\right) \tag{2.27}$$

由式（2.26）和式（2.27）可获得含有超过 10 个初始颗粒簇状物的 v 值，即：

$$v = \frac{8}{5}(D^{0.8}d^{1.2})(\rho - \rho_{Al_2O_3})\frac{g}{18\eta}, Re \leqslant 3 \tag{2.28}$$

或　$$v = (D^{0.2}d^{0.8})(\rho - \rho_{Al_2O_3})^{2/3}\left(\frac{g}{6}\right)^{2/3}(\rho\eta)^{-1/3}, 3 < Re < 100 \tag{2.29}$$

式中，η 为钢液的黏度，Pa · s。

假设簇状物中初始三氧化二铝颗粒之间的空间充满着体积分率为 f_{Fe} 的钢液，则簇状物的表观密度 ρ_c 表示为：

$$\rho_c = \rho f_{Fe} + \rho_{Al_2O_3}(1 - f_{Fe}) \tag{2.30}$$

$$f_{Fe} = 1 - \left(\frac{d}{D}\right)^{3-D_f} \tag{2.31}$$

由式(2.28)～式(2.31)计算簇状物上浮的终速度，并与由 Stokes 或 Allen 定律获得的球形三氧化二铝的速度作比较，见图 2.26。直径为 100μm 的 Al_2O_3 簇状物以 1.2×10^{-3}m/s 的速度上升，这仅仅为相同直径固体球形 Al_2O_3 夹杂上升速度的 30%。终速度随簇状物的尺寸增加而变小的情况表明大尺寸的 Al_2O_3 簇状物从钢液中去除速度比尺寸相同的球形颗粒要慢得多。

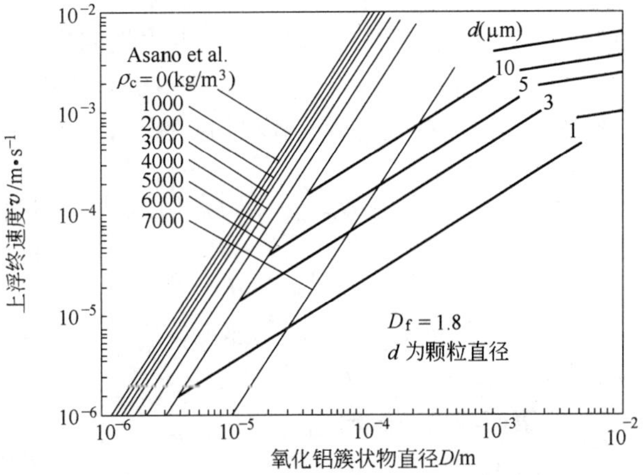

图 2.26　根据 Stokes 定律（细线，Asano 等）和由式（2.26）计算（粗线）得到的氧化铝簇状物上浮终速度[36]

对于梯度碰撞，碰撞频率函数变为：

$$\beta_{ij}^{\text{gradient}} = \pi(r_i + r_j)^2 |v_i - v_j| \tag{2.32}$$

中间包中宏观夹杂的形成可以不考虑细小夹杂物的布朗碰撞频率。正如前面所讨论的，对夹杂物聚合的贡献主要来自梯度碰撞和部分湍流碰撞。因此，总的碰撞频率函数可表示为：

$$\beta_{ij} = \beta_{ij}^{\text{gradient}} + \beta_{ij}^{\text{turbulent}} \tag{2.33}$$

当由 i 个初始颗粒组成的簇状物（群集度 i，后面简写为簇状物 i）与簇状物 j 碰撞形成簇状物 $k(=i+j)$，簇状物 k 形成的净速率可采用 Smoluchouski 导出的总体衡算方程给出，即：

$$\frac{dn_k}{dt} = \left(\frac{1}{2}\right)\sum_{i+j=k} N_{ij} - \sum_{i=1}^{\infty} N_{ik} = \left(\frac{1}{2}\right)\sum_{i+j=k} \beta_{ij}n_i n_j - n_k \sum_{i=1}^{\infty} \beta_{ik}n_i \tag{2.34}$$

式中，N_{ij}为单位时间簇状物 i 与 j 之间的碰撞数，n_i为簇状物 i 的数浓度。

簇状物 i 在钢液中浓度（C_i以质量百分数）可由下式近似给出：

$$C_i = 100i\left(\frac{4\pi}{3}r^3\right)\left(\frac{\rho_{Al_2O_3}}{\rho_{Fe}}\right)n_i \tag{2.35}$$

式中，密度 ρ 的单位为 kg/m^3，其下标表示不同的物质。式（2.33）和式（2.34）给出了簇状物 k 的生成析出速率$f(C_k)$，即：

$$f(C_k) = \left(\frac{3\rho \cdot 10^{-4}}{4\pi\rho_{Al_2O_3}}\right)\left(\frac{k}{r^3}\right)\left\{\frac{1}{2}\sum_{i+j=k}\beta_{ij}\left(\frac{C_i}{i}\right)\left(\frac{C_j}{j}\right) - \left(\frac{C_k}{k}\right)\sum_{i=1}^{\infty}\beta_{ik}\left(\frac{C_i}{i}\right)\right\} \tag{2.36}$$

中间包中的 Stokes 上浮受其内钢液三维流速的影响。钢液流动的控制方程包括连续性方程、动量衡算方程和热焓衡算方程。这些方程连同描述湍流的 k-ε 模型，每一聚合度簇状物浓度和上浮终速度的迭代，以及钢液的有效施密特数和有效普朗特数两者取 1 的近似等，经过某些处理后，簇状物 i 的浓度方程可表示为：

$$\frac{\partial(\rho C_i)}{\partial t} + \frac{\partial(\rho u C_i)}{\partial X_j} = \frac{\partial}{\partial X_j}\left(\rho D_{eff}\frac{\partial C_i}{\partial X_j}\right) + \rho f(C_i)\,,\ i = 1 \sim |i_{max}| \tag{2.37}$$

$$\rho k_{eff} = \rho D_{eff} = \eta_{eff} \tag{2.38}$$

式中，$u = u(u_1, u_2, u_3 + v_i)$ 为簇状物 i 的流动速度，它的上浮终速度为 v_i；$\eta_{eff} = \eta + \eta_t$ 为钢液的有效黏度，Pa · s；η_t 为湍流黏度。

式（2.37）右边的第二项由下式给出，即：

$$f(C_i) = \left(\frac{3\rho \cdot 10^{-4}}{4\pi\rho_{Al_2O_3}}\right)\left(\frac{i}{r^3}\right)\left\{\frac{1}{2}\sum_{j+k=i}\beta_{jk}\left(\frac{C_j}{j}\right)\left(\frac{C_k}{k}\right) - \left(\frac{C_i}{i}\right)\sum_{j=1}^{i_{max}}\beta_{ji}\left(\frac{C_j}{j}\right)\right\},$$
$$i = 1 \sim i_{max} - 1 \tag{2.39}$$

$$f(C_i) = \left(\frac{3\rho_{Fe}}{4\pi\rho_{Al_2O_3}}\right)\left(\frac{i}{r^3}\right)\left\{\frac{1}{2}\sum_{j+k\geqslant i_{max}}\beta_{jk}\left(\frac{C_j}{j}\right)\left(\frac{C_k}{k}\right)\right\},\ i = i_{max} \tag{2.40}$$

将70t 双流板坯中间包（船形，长3.85m，宽1.79m，高1.0m）的一半划分成26×46×20 单元作为计算网格。计算了中间包内钢流量为 4.1t/min 时的钢液流动速度。在计算中，采用了通过中间包包壁和表面热通量的观测值，即 21.90 和 47.11 $kJ/(m^2 \cdot s)$。自由表面处理成无摩擦平坦边界。图 2.27 表示的是中间包中心截面上的二维速度场。

计算了初始 $[O]_{total}$ 为 0.005%（50ppm）的超低碳铝镇静（ULCAK）钢液中簇状物的分布（i=1～29）。簇状物的尺寸和数密度用式（2.11）表示。假设簇状物不黏附包壁。同时，作为一拟合参数，到达自由表面的簇状物通量（$C_i v_i$）的 80% 被认为从钢液中去除，其余则卷吸返回钢液中。从中间包入口（长水口）

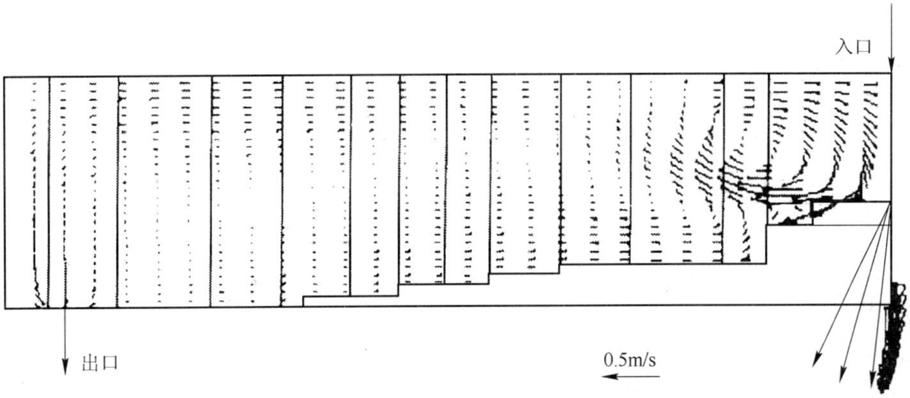

图 2.27 钢流量为 4.1t/min 时 70t 中间包纵向中心截面上的计算速度场[36]

附近液面下 400mm 处和出口（中间包水口）附近液面下 560mm 处分别取样观测簇状物的尺寸分布。计算结果与观测的结果吻合良好，见图 2.28。在钢液流过中间包的过程中，簇状物 $i(i=5\sim90)$ 从入口到出口有实质性的降低。对于簇状物 i 大于 90，这种趋势就不明显了，原因是这些大尺寸簇状物的数密度太小而无法辨别它们的差异。计算曲线在入口 $i\geqslant29$ 时有一个不正常的跳跃，这是由于在计算中仅考虑 29 个簇状物 i 的碰撞和聚合，簇状物 i 超过 29 则被忽略。

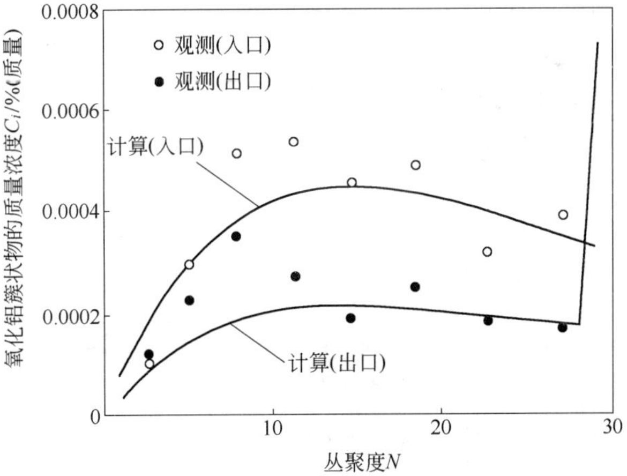

图 2.28 70t 中间包内 LCAK 钢液中氧化铝簇状物尺寸分布的计算结果与观测值比较[36]

2.5.3.3 钢液的流动和温度对氧化铝簇状物去除的影响

中间包内的宏观夹杂经受了梯度碰撞聚合和 Stokes 上浮，其内钢液的流动应对宏观夹杂的去除产生重要影响。最为关键的是要在中间包的大部分区域产生足够的向上速度分量。为了这个目标，中间包通常被分划分成两部分，即通过在中间包内安装夹板、堰和坝组合体或类似的组合体，将其分成入口区和出口区。这些装置的设计和功能将在第 6 章中作详细讨论。中间包内钢液的流动同时也受到其内钢液非等温分布的影响，即钢液从较热的入口处流向较冷的出口区，与自由表面和耐火材料接触的钢液就要承受冷却。第 5 章中将详细讨论中间包内钢液的温度梯度对流动所产生的影响。由非等温所产生的对流（热浮力）引起了钢液流动额外的改变，而原这部分是受控流装置控制的。这样的对流可以显著改变中间包内钢液的三维流动特征。

在中间包内流动、温度和夹杂物的模拟方面，Miki 等将中间包稳态和非稳态两种条件下钢液的流动和温度变化发展与夹杂物的去除耦合在一起，开发了一个令人感兴趣的三维模拟模型[38]。钢液的湍流流动描述，采用了 k-ε 模型，通过流场计算夹杂物的运动轨迹。与前面一节所描述类似，在时均湍流场的条件下获得夹杂物尺寸分布的变化进程，用一标量扩散模型计算夹杂物浓度场随时间的演变过程。本节的后面内容就是介绍 Miki 他们的模拟工作。

对于中间包三维计算区域中钢液的流动和传热，通过求解三维连续传输模型中的质量守恒方程和三个动量衡算方程以获取速度 u_i 和压力 p。

这些方程的求解对象为一 30t 中间包（约 4m 长，1m 宽），1853K 的钢液以 1.7t/min 的固定流量注入到 1.1m 深中间包内。这里的入口速度为 0.43m/s，湍动能为 0.003m^2/s^2，湍动能耗散率为 0.0003m^2/s^3，停留时间为 1060s。

用耦合的流动与温度模型计算得到了中间包中心截面上稳定的流场和温度分布。坝底部的出钢孔为边长 0.3m 的正方形。通过顶面、底面和侧壁的热通量取自 Chakraborty 和 Sahai 发表的论文[39]，即分别为 15kW/m^2，1.4kW/m^2 和 3.2 ~ 3.8kW/m^2。

中间包内钢液处于等温时，发现钢液沿着包底形成了一断路流。而非等温时，来自中间包入口区的钢液则因浮力的作用改向向上流动，如图 2.29 所示。

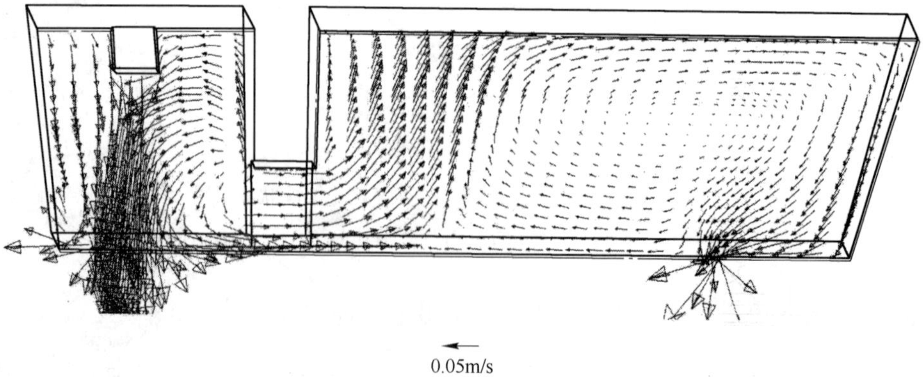

图 2.29 用流动与温度耦合模型计算得到的中间包纵向中心截面上稳态的钢液流场[38]

钢液流沿熔池表面运动直至到包壁的顶端转而向下流动，其中有部分并没有直接流向中间包的出口，而是沿包底向入口方向流动，并与来自通流孔的钢液流碰撞汇流，再次回流到表面。

采用 Lagrangian 粒子追踪法，即当每个夹杂物通过由数值计算获得的稳态流场时，求解夹杂物的传输方程计算出其运动轨迹。由阻力与浮力的衡算获得夹杂物局部的平均速度分量$\bar{u}_{ci}$，即：

$$\frac{\partial}{\partial t}\bar{u}_{ci} = \frac{18\eta_0 C_D Re}{24\rho_c D_c^2}(u_i - \bar{u}_{ci}) + \left(\frac{\rho_c - \rho}{\rho_c}\right)g_i \tag{2.41}$$

多数的夹杂物轨迹计算中应用了一分散随机行走模型以模拟湍流涡的随机性对夹杂物路径产生的影响。夹杂物通过钢液的每一时间步长中，计算的时间平均速度矢量$\bar{u}_{ci}$加上一随机速度矢量 u_i'，以得到夹杂物的速度 u_{ci}。根据式（2.42），夹杂物速度的每一随机分量与局部的湍动能水平 k 成正比，即：

$$u_{ci}' = \zeta_i(\bar{u}_i'^2)^{\frac{1}{2}} = \zeta_i\left(\frac{2k}{3}\right)^{\frac{1}{2}} \tag{2.42}$$

式中，ζ_i 为 -1 与 1 间分配的一随机数，每一时间步长其均在变。计算中，夹杂物在入口处以均匀分布的方式喷入中间包。通过稳态流场计算夹杂物的运动轨迹直至其被中间包顶表面捕获或流出中间包的出口。假设夹杂物接触中间包包壁后返回到钢液中。

计算夹杂物轨迹的过程中，氧化铝簇状物的圆周直径被作为一拟合参数，从而使计算结果与实测结果吻合。圆周直径取自分形理论定义的 D_c 与簇状物具有相同质量的固体球形氧化铝当量直径之间的值。非等温钢液流场中（见图 2.29）50μm 簇状物轨迹的计算例子见图 2.30。图中表明中间包入口区域复杂的循环回流和出口区域的上升流有助于夹杂物从顶表面去除。

计算了 200 个不同尺寸簇状物的运动轨迹，其去除比例表示在图 2.31 中。去除率随簇状物尺寸的增加而增加。非等温时的去除比例要高于等温，热浮力进

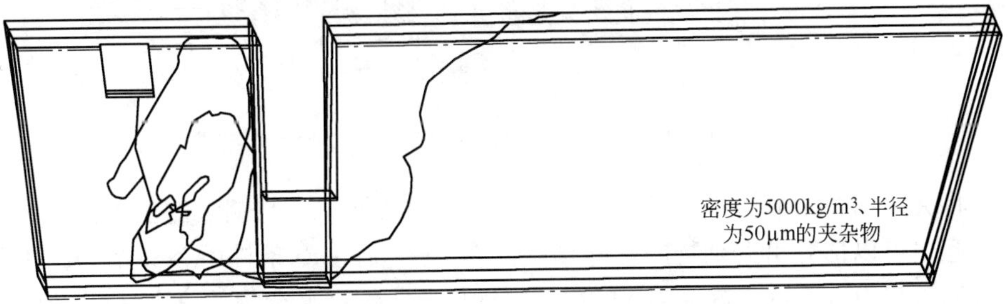

图 2.30 采用随机行走模型计算的典型夹杂物在中间包稳定非等温钢液流场中的运动轨迹[38]

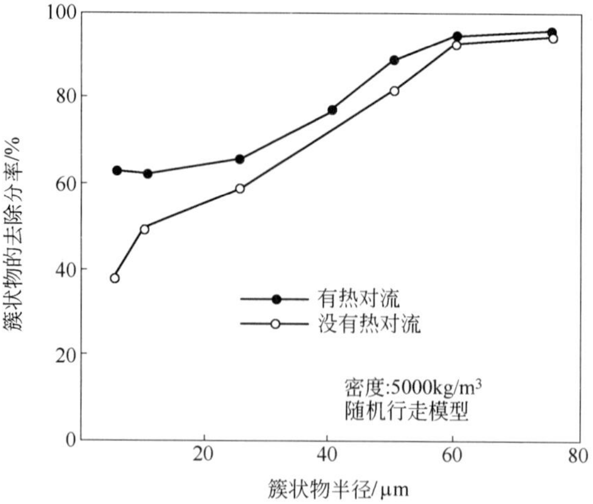

图 2.31　中间包等温和非等温条件下计算的簇状夹杂物去除率[38]

一步促进了较小尺寸簇状物的上浮。中间包入口区域与出口区域之间的簇状物去除率类似，但对大簇状物而言，入口区域的去除率要稍高些，见图 2.32。

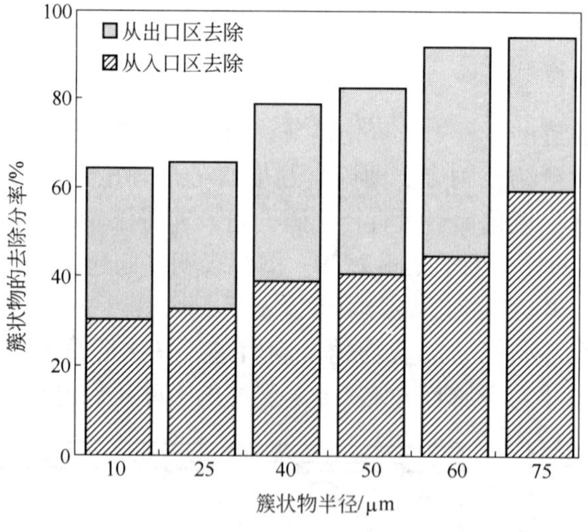

图 2.32　30t 中间包入口和出口区计算的夹杂物去除率[38]

将夹杂物在湍流涡中和 Stokes 上浮过程中的碰撞聚合与钢液的三维流动结合在一起也可以估算出夹杂物的去除情况。在 $r_{k-i}^3 = r_k^3 - r_i^3$ 条件下，夹杂物的去除包含通过自由表面的去除率（S）和二次氧化形成细小夹杂物的速率（G），即：

$$\frac{\mathrm{d}}{\mathrm{d}t}f(r_k) = \frac{1}{2}\sum_{i=1}^{i=k-1}f(r_i)f(r_{k-i})\beta_{i,k-i} - \sum_{i=1}^{i_{\max}}f(r_i)f(r_k)\beta_{i,k} - S + G \quad (2.43)$$

这里的 G 假设为每立方米每秒 2.5×10^9 个直径为 1μm 夹杂。β 与式(2.15)~式(2.17)给出的相同，且式（2.43）不比式（2.33）和（2.34）逊色。在三维的钢液流场模型计算基础上，假设中间包中平均湍动能耗散率为 $0.0004m^2/s^3$。

考虑上浮、碰撞和二次氧化的标定块状模型所计算夹杂物去除的结果以及随机行走夹杂物轨迹模型的结果（只有上浮，假设簇状物尺寸不变，密度为 $5000kg/m^3$）表示在图 2.33 中。夹杂物去除的实测结果取自一 30t 中间包出口上方离液面 500mm 处的分析样，也表示在图 2.33 中。虽然标定块状模型有许多假设，但其计算结果与实测结果的吻合程度要好于随机行走夹杂物轨迹模型。这些模型也已应用于预测中间包非稳态操作过程中夹杂物的去除并取得某些进展。

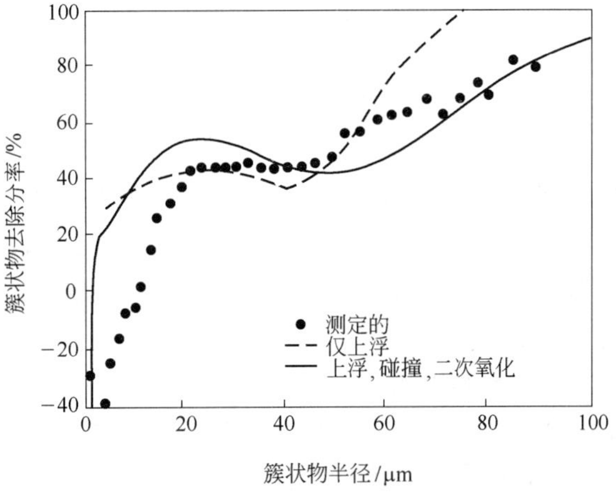

图 2.33　30t 中间包中夹杂物去除的计算值与实测值比较

2.5.4　中间包的设计和夹杂物的去除

2.5.4.1　夹杂物去除的设计准则

中间包就是安装在结晶器的正上方。任何的干扰都将引发二次氧化和卷渣并导致宏观夹杂的形成。这些宏观夹杂随后可以被带入结晶器中并有可能导致铸坯缺陷。此外，钢包与中间包之间可利用的空间通常是相当有限，因此，除了微合金化或防水口堵塞的钙处理外，中间包中通常不需要安装进行精炼和合金化的设施。中间包的目的是减少钢液的热量损失，将钢液平稳均匀输运给结晶器，减少宏观夹杂的形成，最大程度促使夹杂物的去除。

成本是需要考虑的另一个重要因素。正如在后面的第 8 章所阐述的，实施中间包热周转可以大幅度降低中间包耐火材料的消耗。装有控流装置结构复杂的中间包是不适合进行热周转操作的，而且中间包需要快速更换以配合多炉连浇。中间包耐火材料的使用寿命是一个必须要面对的问题而且是一个很重要的因素。中间包的外壳必须结实，不容许任何的变形。即使是小小的一点变形也有可能引发结晶器中水口的不对中，并导致结晶器中钢液的不对称流动，对夹杂物的去除产生不利影响并增加了保护渣卷入钢液的危险。

在中间包设计方面，上面所阐述的问题中有一些是相互抵触的。因此，有必要提出折中方案以减少宏观夹杂物。在有效降低中间包内宏观夹杂物方面，下面的一些因素尤其要予以关注：

稳定浇铸过程所要求的：

（1）中间包有一个合适的深度和宽截面以促进 Stokes 上浮；

（2）由中间包入口区向出口区流动的浮力流有助于夹杂物的上浮；

（3）中间包长度前半部分浮力流的体积分率要大；

（4）钢液流以较小的湍动沿中间包钢渣界面流动；

（5）从入口区到出口（中间包水口）没有钢液流的短路流；

（6）中间包内钢液的滞止体积小；

（7）钢液在中间包内有足够的停留时间以促进夹杂物上浮；

（8）钢包向中间包输运钢液时采用氩气保护套管或长水口；

（9）采用中间包包盖吹氩或中间包覆盖剂进行绝热保温和防止二次氧化；

非稳定浇铸过程所要求的：

（10）防止由旋涡和浇空引起的钢包渣带入中间包内；

（11）上述的带渣问题也同样会在中间包向结晶器输运钢液过程中出现，这是对中间包浇空深度的一个限制，不能太浅；

（12）钢包开浇时，抑制钢液流股在中间包内冲击引起的湍动；

（13）钢包开浇和换包时保持惰性气氛；

（14）积极补偿浇铸过程的温降。

贯彻实施以上这些技术措施很大程度上取决于当地的环境条件。每个浇铸车间已开发了他们自己防止宏观夹杂产生的优化操作方案和步骤。在第 6 章中将详细介绍一些成功的典型例子。在这些控制夹杂物的技术措施中，中间包的尺寸和形状已成为影响中间包设计最为重要因素之一。

2.5.4.2 中间包的尺寸和形状对夹杂物去除的影响

现代炼钢厂为适应大批量高质量钢生产的需要，板坯连铸机的技术发展已朝着高拉速、高生产率和低成本方向发展。这样就有可能将 1 个 BOF 大转炉、1 台 LF/RH 精炼站、1 台双流板坯连铸机和 1 个热轧板带厂组合成一起，可以以最少的投资和低运行成本进行生产。

精炼充分的钢液向中间包输运过程在得到应有保护的条件下，只要是涉及稳态浇铸，当前的中间包技术（在第 6 章和第 8 章中阐述）完全可以将钢液输运到结晶器而不被宏观夹杂污染。宏观夹杂污染钢液指的就是必须要进行的开包、空包等非稳态浇铸过程中不可避免发生钢液的二次氧化和卷渣。这种污染的一个源头是与中间包的尺寸有关。如果中间包较小，相应的钢流量较高，这样中间包熔池的液面深度下降得比较快，从而在换包期间中间包出口区引发旋涡。钢液深度的降低引发有害的中间包渣带入结晶器而成为宏观夹杂。污染的另一个源头是非稳态操作过程，钢包注流的氩封管常被折断，这样造成钢液飞溅或暴露而被二次氧化。同时，浮在钢液面上的钢包渣和中间包渣被推入钢液中。虽然有减少这种湍动的措施，但实际情况表明并不很成功。浇铸过程中一旦卷入夹杂物，容量小的中间包就不能为其上浮去除提供足够的停留时间。因此，中间包的设计应该重点考虑上述这些不利因素所产生的消极后果。

为了应对这些问题，中间包的容量和熔池深度随着连铸机生产能力的增加而不断增加，正如 Marique 在图 2.34 和图 2.35 所总结的那样[40]。此研究 10 年后，一些高生产率的连铸机中配备容量甚至超过 70t 的大中间包，而且已变得相当普

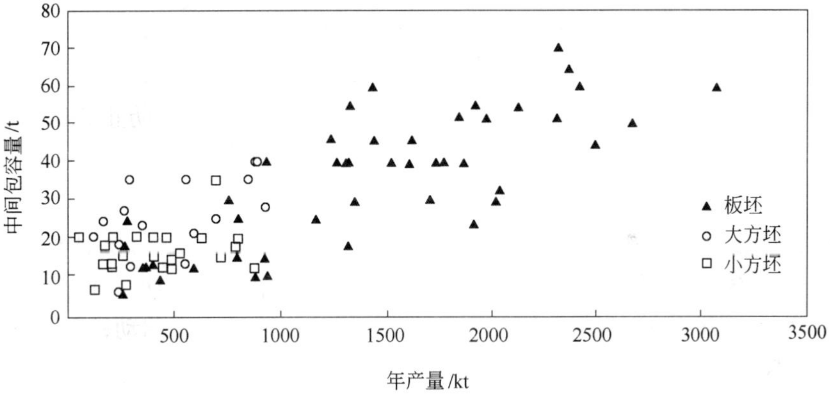

图 2.34　中间包的容量随欧洲连铸机年产量的增加而增大[40]

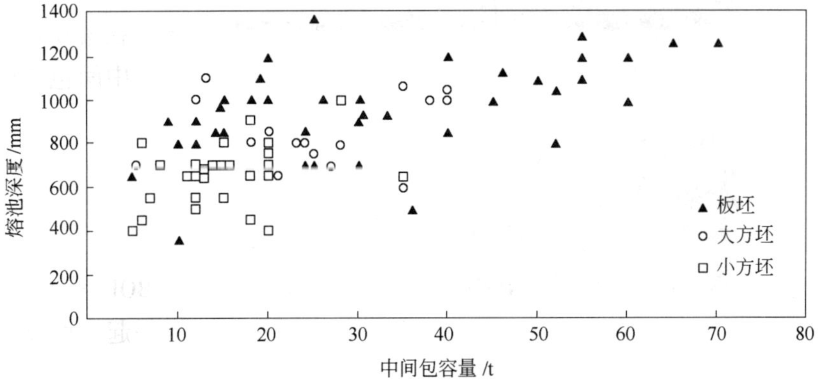

图 2.35　中间包熔池深度随欧洲连铸机中间包容量的增大而增加[40]

遍。减少换包时宏观夹杂的一个实例是中间包的容量由原来的 65t 增加到 85t，简要表述在图 2.36 中[41]。中间包容量的增加有可能使换包时保留在中间包内的钢液量从 35t 增加到 55t。稳态浇铸过程中，也可以使钢液的停留时间从 6min 增加到 8min，熔池深度从 1200mm 增加到 1400mm。非稳态浇铸时，对大容量中间包而言，其宏观夹杂的大幅度减少是显而易见的。

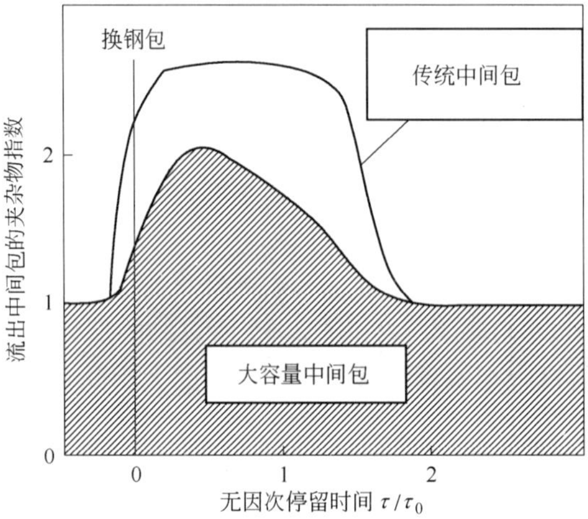

图 2.36　连铸高端 LCAK 薄板钢换包时出现的宏观夹杂通过增加中间包的容量而得到降低

也有必要讨论一下中间包宽高比的影响。浅熔池形状的中间包对 Stokes 上浮更有利。Nakaoka 等的模型计算表示在图 2.37（a）中，宽高比（*W/D*）为 0.44 的深中间包表明沿侧壁朝中间包出口方向形成一短路流[42]。计算结果与 1/3 几何比的水模型观测一致。短路流增加了宏观夹杂由中间包带入结晶器的比例，而

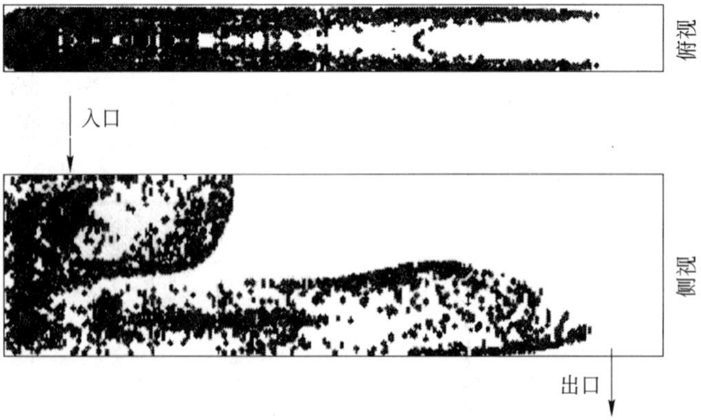

图 2.37　（a）宽高比（*W/D*）0.44 深中间包中夹杂物注入 30s 后计算的钢液流动方式[42]

这在相同容积的方形截面中间包（*W/D* = 1）中几乎看不到这样的短路流，见图2.37（b）。但 *W/D* 这样影响作用只有在容量小的中间包中才能得到明确的体现。正如图2.38中所反映的水模型实验结果，*W/D* 在1.0 ~ 2.0范围变化时，对大容量中间包而言，*W/D* 对夹杂物的去除率几乎不产生影响（比较中间包容积为0.12m^3和0.41m^3的两条曲线）。

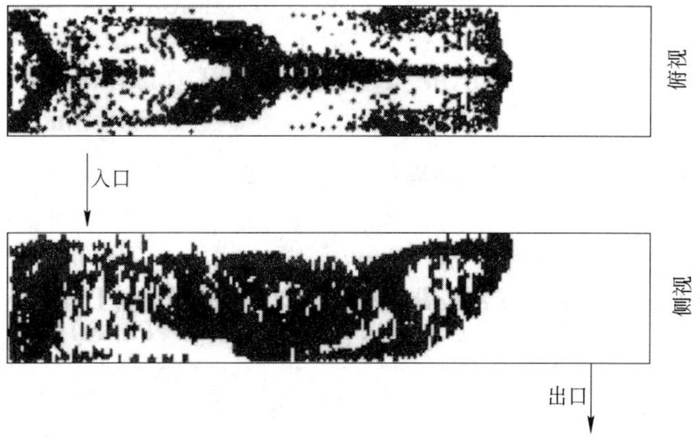

图2.37　（b）宽高比（*W/D*）1.0方形中间包中夹杂物注入30s后计算的钢液流动方式[42]

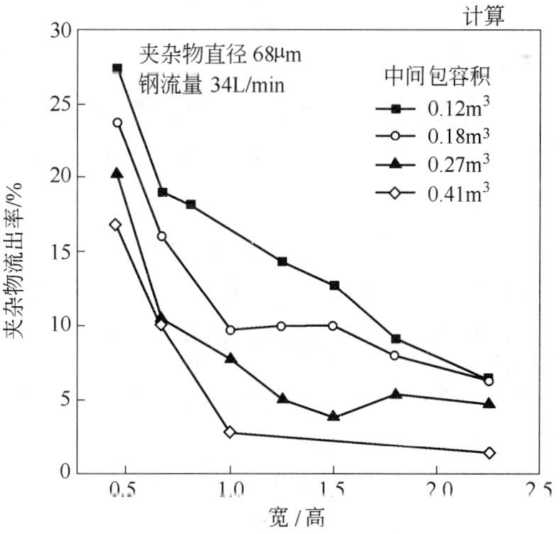

图2.38　夹杂物的流出率与中间包宽高比的函数关系[42]

上述的模型计算和水模型实验不包括温度梯度的影响。水模实验没有采用几何比为1∶1模型。因此，其结果还需通过更准确的计算和水模型实验进行某些修正。但从趋势上看，大容量中间包的 *W/D* 比对宏观夹杂物的去除并不敏感，这一点已在实际操作中得到证实，即验证了中间包通过维持其熔池足够深度来避免旋涡的产生从而朝扩容方向发展。事实上，对大容量中间包而言，增加 *W/D* 比并不是总是有益的，如增加更多的热损失，中间包的外壳结构变得更易变形，而且正如前面所述浅熔池有中间包渣卷入的危险。合理的中间包设计不应该用大 *W/D* 比冒这些风险去获取高的宏观夹杂物去除率。因此，在实际的中间包设计中，已经对这些因素进行了综合考虑。对高生产率板坯连铸机而言，中间包最终的深度控制在 1.1 ~ 1.4m，$W/D \leqslant 1$，容量 50 ~ 80t。

2.5.5 模拟要点

正如前所阐述，实际中间包的操作中宏观夹杂的一个重要来源并不仅局限于小颗粒夹杂生长成大尺寸氧化铝簇状物，宏观夹杂也产生于渣的卷入，极大部分是在中间包的入口区域换包期间带入的钢包渣和二次氧化产生的渣。也有一部分宏观夹杂物是在中间包长度方向的其它部位因中间包覆盖剂、钢包渣和二次氧化产物的卷入而产生的。大尺寸氧化铝簇状物也可以由滑板与 SEN、中间包盖与中间包的连接密封处漏气和氧化渣的二次氧化直接形成。这样的宏观夹杂是引发连铸生产问题和产品降级的主因。模拟和理解宏观夹杂的卷吸和形成机理十分重要，但更重要的是解决非稳态浇铸过程中的卷渣问题，极大部分的问题宏观夹杂是在此期间形成的。

中间包一个重要功能是让宏观夹杂物在钢液经过时能被去除。目前，已开发了用于预测中间包内宏观夹杂物去除的模型，一旦给定了中间包内夹杂物尺寸分布、数密度以及所进入中间包的位置就可以进行计算预测。关于中间包的流动特征和模拟更多的讨论见第 3 章、第 4 章和第 5 章。然而，前面的模型所采用的假设需要进行实验检验从而使模型具有更高可信度。宏观夹杂的产生、尺寸分布、数密度以及进入位置也是具有很大不可预测性，因为夹杂物的这些行为很大程度上取决于具体的操作条件。为了使模型对实际操作具有应用价值，模拟要求明确而可靠地采纳这种具体的操作条件。但是，防止中间包内卷渣产生的最重要因素是改进中间包的硬件系统和操作，在第 6 章中将对此进行讨论。

如果连铸车间的中间包比预想的要小，质量要求也并不很高，过钢量有限，操作技能也不先进，那么进行稳态浇铸中间包过程模拟就很有帮助。对于高质量钢的生产，一旦用接近理想的中间包设计和先进操作技能成功建立起洁净钢液稳态浇铸体系，那么留下的要解决的问题就是非稳态浇铸过程中所产生的宏观夹杂物。模拟还不能很好处理此类问题，应该在今后的模拟开发中给予特别关注。

参 考 文 献

1. T. Emi, *Process integration for making extra clean steels for stringent applications*, in "*Metal Sepa-*

ration Technologies beyond 2000", *eds. K. C. Liddel and D. J. Chaiko*, (TMS, Warrendale, 1999), 207-218.

2. M. Ikeda, in "*History of Continuous Casting Technology of Steel in Japan*", (1996, *ISIJ*, *Tokyo*), Chapter 6, 482.
3. Y. Yoshida and Y. Funahashi, *Tetsu-to-Hagane*, 1975, 61, 2489-2500.
4. Y. Habu, H. Kitaoka, Y. Yoshii, T. Emi, Y. Iida and T. Ueda, *Tetsu-to-Hagane*, 60 (1976), pp. 1803-1812.
5. H. Sakao, "*Fundamentals of Steelmaking Reaction-Oxidation Reaction*", *in Handbook of Iron and Steel* 3*rd. Ed.*, (1981, ISIJ, Tokyo), vol. 1, Fundamentals, 166 *based on data published in Recommended Equilibrium Values for Steelmaking Reactions*, *Japan Society for the Promotion of Science*, 19*th Committee for Steelmaking*, (*English version*, *Steelmaking Data Sourcebook*, *Gordon & Breach Science Publishers*, *New York*, 1988)
   [*cf. J. Chipman and J. F. Elliott*, "*Electric Steel Making*, *II*", Chapt. 16, (1963, AIME & Interscience. Publishers., N. Y.), 95.
6. C. R. Taylor and J. Chipman: *Trans. Metall. Soc. AIME*, 1943, 154. 228-247.
7. H. Rein and J. Chipman: *Trans. Metall. Soc. AIME*, 1965, 223, 415-425.
8. H. Itoh, M. Hino and S. Banya, *Metall. Mater. Trans. B*, 1997, 28B, 953-956.
9. M. Hino and S. Ban-ya, *14th PTD Conf. Proc.*, (1995, ISS, Warrendale), 47-52.
10. R. Dekkers, B. Blanpain and P. Wollants, *Metall. Mater. Trans. B*, 2003, 34B, 161-171.
11. R. Dekkers, "*Non-Metallic Inclusions in Liquid Steel*", *Ph. D. Thesis*, Katholieke Universiteit Leuven, June, 2002.
12. Y. Miki, Y. Shimada, B. G. Thomas and A. Denissov, *Iron & Steelmaker*, Aug. 1997, 31-38.
13. H. Yin, H. Shibata, T. Emi and M. Suzuki, *ISIJ Internat.*, 1997, 37 936-945, and 945-955.
14. T. Kirihara, K. Tozawa and K. Sorimachi, *CAMP-ISIJ*, 2000, 13, 120.
15. E. Steinmetz, H. -U. Lindenberg et al, *Arch. Eisenhuttenw.*, 1976, 47, 199-204; 1977, 48, 569-574; *Stahl u. Eisen*, 1977, 97, 1154-1159; and 1983, 103, 539-545.
16. T. Malkiewicz and S. Rudnik, *JISI.*, 1963, 201, 33-38.
17. P. J. H. Maunder and J. A. Charles, *JISI*, 1968, 206, 705-715.
18. R. Kiessling and N. Lange, *Non-Metallic Inclusions in Steel*, *Part-* I *to-*IV, *Publ. The Metals Soc.*, *London*, 1978, No. 194, R. Kiessling, *ibid.*, *Part-* V, *Inst. Metals. London*, 1989.
19. P. G. Saffman and J. S. Turner, *J. Fluid Mech.*, 1956, 1, 16-30.
20. K. Higashitani, K. Yamauchi, Y. Matsuno and G. Hosokawa, *J. Chem. Eng. Jpn.*, 1983, 16, 299-304.
21. U. Lindborg and K. Torssell, *Trans. Met. Soc. AIME*, 1968, 242, 94-102.
22. S. Taniguchi and A. Kikuchi, *Tetsu-to-Hagane*, 1992, 78, 527-535.
23. S. Linder, *Scand. J. Metall.*, 1974, 3, 137-150.
24. K. Nakanishi and J. Szekely, *Trans. ISIJ*, 1975, 15, 522-530.
25. O. Levenspiel, *Chemical Reaction Engineering*, *John Wiley & Sons*, *Inc.*, 1972.
26. S. Asai, T. Okamoto, J. C. He and I. Muchi, *Tetsu-to-Hagane*, 1982, 68, 426-434, also

Trans. ISIJ, 1985, 25, 43-50.

27. K. Mori and M. Sano, *Tetsu-to-Hagane*, 1981, 67, 672-695, also M. Sano and K. Mori, *Trans ISIJ*, 1980, 20, 668-674, 675-681, 1983, 23, 169-175.
28. Y. Sundberg, *Scand. J. Metall.*, 1978, 7, 81-87.
29. D. Mazumdar and R. I. L. Guthrie, *ISIJ Internat.*, 1995, 35, 1-20.
30. T. Sakuraya, N. Sumida, K. Onuma and T. Fujii, *CAMP-ISIJ*, 1988, 1, 225.
31. H. Sandberg, T. Engh, J. Andersson and R. Olsson, *Proc. 1st Japan-Sweden Joint Symp. on Ferrous Metallurgy*, *ISIJ*, *TOKYO*, May, 1971, 87-107.
32. T. Fujii Y. Oguchi, N. Sumida, T. Emi and K. Ishizaka, *Tetsu-to-Hagane*, 1982, 68, 1595-1603.
33. Y. Miki, B. G.. Thomas, A. Dennisov and Y. Shimada, *Iron and Steelmaker*, 1997, 24, No. 8, 31-39.
34. D. -Y. Sheng, M. Soder, Par Jonsson and L. Jonsson, *Proc. 6th Internat. Conf. on Molten Slags, Fluxes and Salts*, *Stockholm-Helsinki*, June, 2000 CD-ROM, paper No. 127.
35. T. Sawai, W. Yamada, S. Tanaka, T. Matsumoto, H. Takahashi and R. Takahashi, *CAMP-ISIJ*, 1996, 9, 766.
36. H. Tozawa, Y. Kato, K. Sorimachi and T. Nakanishi, Agglomeration and flotation of alumina clusters in molten steel, *ISIJ Internat.*, 1999, 39, No. 5, 426-434.
37. R. Jullien, M. Kolb and R. Botet, *J. Phys. Lett.*, 1984, 45, L-211.
38. Y. Miki and B. G. Thomas, *Metall. Mater. Trans. B*, 1999, 30B, 639-654.
39. S. Chakraborty and Y. Sahai, *Ironmaking and Steelmaking*, 1992, 19, 488-494.
40. C. Marique, *Proc. 7th Internat. Conf. on Refining Processes*, *Scanmet-Ⅶ*, Lulea, MEFOS, June, 1995, Part Ⅱ, 107-145.
41. Y. Akai, K. Yamada, M. Toyota, M. Hoteiya, K. Sekino and K. Takatani, *CAMP-ISIJ*, 1991, 4, 1322.
42. T. Nakaoka, T. Miyake, T. Mimura and H. Tai, *Tetsu-to-Hagane*, 2000, 86, 231-238.

3 流体流动和湍流概述

3.1 引言

由于流体力学定律决定了金属液的流动、气体和渣的卷吸以及非金属夹杂物的运动与上浮，因此流体流动对中间包的操作起到了十分重要的作用。在许多有关传输现象的教科书中均可找到对流体流动和湍流的详细论述（如参考文献[1]~[4]）。本章对这方面的内容做一个简要回顾。

3.2 流体流动类型

流体流动类型的划分有许多种方法，但最为重要的区分是层流类和湍流类。层流流动中，流体层越过另一层在垂直于流动方向没有任何的微观混合或流体间的相互掺杂。对于给定物理特性的流体流动而言，具有一定几何尺寸的管道中存在着一个临界速度，当流体的速度增加并超过这个临界值时，流动就变为湍流。湍流流动中，流体层与层之间发生了宏观混合或部分流体在比较长的距离内发生了宏观混合。Osborne Reynolds 是最早进行湍流研究的学者之一，他通过一无因次量即著名的雷诺数（Re）建立了由层流转变为湍流的一个准则，即：

$$Re = \frac{Lv\rho}{\eta} \tag{3.1}$$

式中，L 为体系的特征长度（如管的直径）；v 为流体的平均速度；ρ 和 η 分别为流体的密度和黏度。光滑圆管内 Re 约为 2100 时发生了流体流动的转变。由层流转变为湍流的雷诺数数值很大程度上取决于体系的几何形状，部分是由于特征长度 L 的不固定性，部分是因流场固有的差异。对于像中间包那样存在的管道自由表面流，由层流向湍流转变的 Re 约为 500，特征长度为中间包中流体的深度。

3.3 牛顿黏性定律

考虑两平行平板间的流体如图3.1 所示。上平板静止，下平板设置 $t=0$ 时刻以速度 v 水平运动。假设下平板与其接触的流体之间不发生滑移。同样，上平板与其接触的流体层之间也将保持静止。最底层流体逐渐将动量传递给其上层的流体。因此，在某一段时间内，存在非稳态流动的条件，即体系中某点的速度是随时间变化。经过充足的时间后流动处于稳态，两平板间建立起层流速度分布，因而在体系中某点的速度就不再随时间而变化。

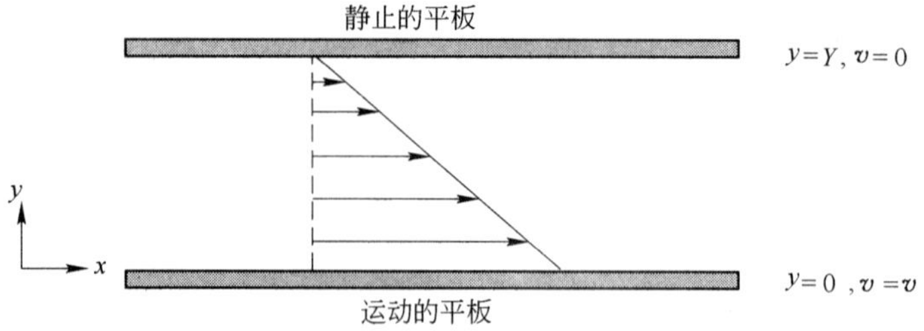

图 3.1　两平板间的层流流动

稳态流动时，必须在下平板上施加一力 F 以保持平板恒速 v 运动。牛顿发现平板单位面积上所受到的力与速度 v 成正比，与两板之间的距离 Y 成反比，即：

$$\frac{F}{A} \propto \frac{v}{Y} \tag{3.2}$$

式中，A 为平板的表面积。

$$\frac{F}{A} = \eta \frac{v}{Y} \tag{3.3}$$

式中，η 为比例系数。

单位面积上的力（F/A）是下平板与其相邻流体层间界面的剪切应力。式（3.3）中 y 方向的速度梯度可以用 $\mathrm{d}v_x/\mathrm{d}y$ 的微分形式表达，用 τ_{yx} 表示剪切应力。这样式（3.3）可写为：

$$\tau_{yx} = -\eta \frac{\mathrm{d}v_x}{\mathrm{d}y} \tag{3.4}$$

τ_{yx} 的第一个下标 y 指的是动量传递的方向，第二个下标 x 指的是流体速度的方向；η 为分子黏度系数或简称流体的黏度。在这种情况下，速度梯度 $\mathrm{d}v_x/\mathrm{d}y$ 为负，黏度总是正值。因此，式（3.4）中的减号使得剪切应力 τ_{yx} 为正。剪切应力 τ_{yx} 是单位时间、单位面积 y 方向的动量传输，或单位面积的动量传输速率。图 3.1 所表示的流动中，动量是在 y 的正方向传递。

式（3.4）就是牛顿黏性定律。根据式（3.4），剪切应力 τ_{yx} 对速度梯度 $\mathrm{d}v_x/\mathrm{d}y$ 作图应该是通过原点的一条直线，斜率就是流体的黏度。因此，在这样的体系中，如果剪切应力增加，速度梯度也按相同比例增加。遵循这一关系或牛顿黏性定律的所有流体称为牛顿流体。另一方面，也存在不服从此定律的另一类流体，如液态塑料、液态玻璃和料浆等，这些就被定义为非牛顿流体。

黏度：

SI 制中，τ_{yx} 的单位为 $\mathrm{N/m^2} = \mathrm{kg/(m \cdot s^2)}$。速度梯度 $\mathrm{d}v_x/\mathrm{d}y$ 使用的单位为 $\mathrm{(m/s)(1/m)} = 1/\mathrm{s}$。因此，黏度 η 的单位为 $\mathrm{kg/(m \cdot s)}$，也可以表示为：

$$\frac{kg}{m \cdot s} = \frac{N}{m^2}s = Pa \cdot s$$

在厘米克秒(cgs)制中,黏度的单位为 g/(cm · s),即所共知的泊(poise,P):

$$1P = 1g/(cm \cdot s)$$

$$1P = 0.1Pa \cdot s$$

厘泊单位(cP)有时对液体和气体而言更为方便,$1cP = 10^{-2}P$。常温下水的黏度约为 1cP 或 $10^{-3}Pa \cdot s$。

某些工程问题中,很方便将流体的黏度与密度之比定义为运动黏度 ν,即:

$$\nu = \frac{\eta}{\rho}$$

运动黏度是动量扩散性的一种量度,类似于热扩散性和质量扩散性。运动黏度的单位为 m^2/s 或 cgs 单位制中的 cm^2/s,称之为斯托克斯(stokes,St)。当黏度单位采用 cgs 制时,厘斯托克斯 cSt(0.01St)也就用得比较普遍。

3.4 流动的维数

任何流动已被普遍看作是一维、二维或三维。考虑图 3.1 所示的两平板内流动,正如上所述,流体流向是在 x 方向,黏性的动量传递是 y 方向。第三个方向(z 方向)与 x 和 y 方向垂直,因而垂直穿过这张纸平面。在任何体系中,如果速度仅仅是在任一坐标方向变化,那么可认为是一维流动。因此,图 3.1 中给定 x 和 z 的值,速度只是在 y 方向变化,或速度仅是 y 坐标的函数,这样的流动就是一维流动。

考虑流股速度为一恒定值 v_∞ 的流体流动,即流股速度与坐标 x,y,z 和时间无关。现在就可引入如图 3.2 所示的一水平平板流流动。经过足够的时间后,在边界层区域可获得稳定的速度分布。从中可以看出在平板的附近,给定 x 和 z 值,速度在 y 方向变化。同样,给定 y 和 z 值,速度在 x 方向变化。因此,边界层流动中,速度是 x 和 y 坐标的函数,因而流动是二维的。边界层理论更详细的

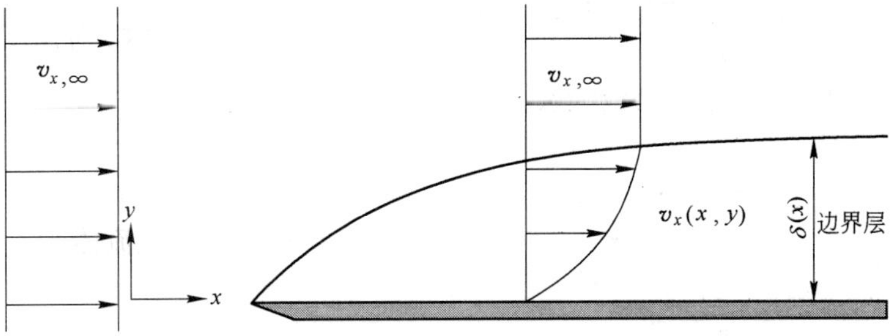

图 3.2 浸没在流动流体中一水平平板上的动量边界层

描述见文献［6］。

总之，一般中间包内的流动与三个坐标方向均有关，因此属于三维流动，可以是三维稳态流动或非稳态流动。

3.5 动量传输模式

参照图3.1，上面已对 y 方向为正从较高速度层向较低速度层的动量传输作了阐述。这样的动量传输就是所谓的黏性或扩散传输。其他的动量传输是因在流动方向流体本身的运动，被称为对流动量传输。

3.5.1 黏性或扩散动量传输

这种动量传输的机理可以通过考虑一平面或图3.1中 $y=y_1$ 时的流体层加以理解。$y=y_1$ 的流体层和与其相邻的其他两层及两侧示意在图3.3中。x 方向分子的平均速度为 v_x，但 y 方向的平均速度分量则为零。因此，分子以相同的频率从两个方向穿越这个面，但是由较快运动层穿过较慢运动层的 x 方向动量要高于由较慢层穿过较快层的量。其结果，在上部或 y 的正方向 x 方向的动量传输为净传递。这也可用单位面积的动量传输速率 τ_{yx} 表示。

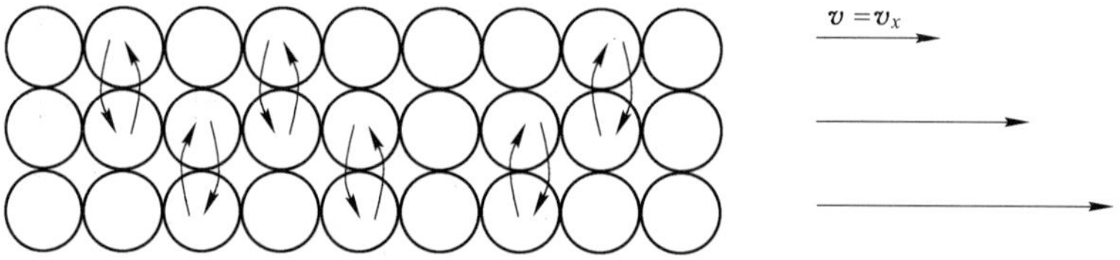

图3.3　分子穿越流体层并传递黏性动量

3.5.2 对流动量传输

对流动量传输缘由流体的运动并且是流动方向的传递。因此，对流传输速率为质量×速度/时间，等于 $\rho v_x^2 A$，式中 A 为垂直于密度为 ρ 流体流动方向的横截面积。黏性和对流动量传输的方向见图3.4。

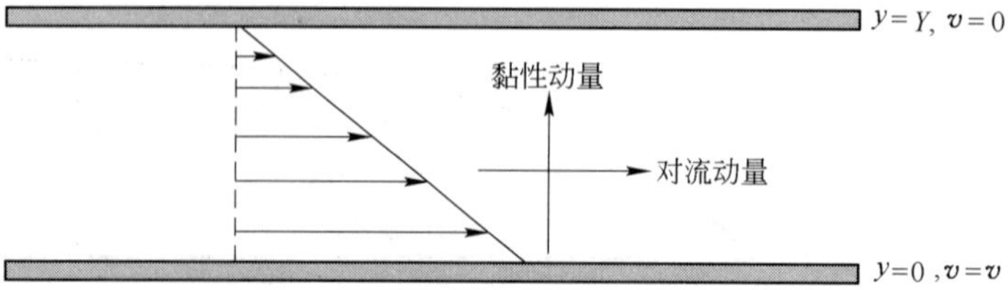

图3.4　黏性动量和对流动量的方向

3.6 连续和运动方程

本节将介绍连续方程和运动方程，但对详细的推导和讨论不作介绍。详细的推导和讨论可在有关传输现象的教材中找到如文献［1］。通过在流体流过的一静止体积单元上进行质量衡算，获得了连续性方程。方程的矢量形式为：

$$\frac{\partial \rho}{\partial t} = -(\nabla \cdot \rho \boldsymbol{v}) \tag{3.5}$$

对流体的密度为常数的连续方程，其特殊形式表示如下：

$$(\nabla \cdot \boldsymbol{v}) = 0 \tag{3.6}$$

类似的运动方程也可以通过一体积元上的动量衡算获得。因此，运动方程的矢量形式为：

$$\frac{\partial}{\partial t}\rho \boldsymbol{v} = -[\nabla \cdot \rho \boldsymbol{v}\boldsymbol{v}] - \nabla p - [\nabla \cdot \tau] + F_{\mathrm{b}} \tag{3.7}$$

式（3.7）的左边为单位体积的动量变化率。右边四项分别为单位体积的对流动量变化率，压力，黏性传递的动量变化率以及体积力。体积力可以是重力、自然对流（由温度梯度引起）或电磁力等。

对 ρ 和 η 为常数的流体，通过连续性方程（3.6）可将式（3.7）简化为：

$$\rho \frac{\mathrm{D}\boldsymbol{v}}{\mathrm{D}t} = -\nabla p + \eta \nabla^2 \boldsymbol{v} + F_{\mathrm{b}} \tag{3.8}$$

式中：

$$\frac{\mathrm{D}(\quad)}{\mathrm{D}t} = \frac{\partial(\quad)}{\partial t} + \boldsymbol{v} \cdot \nabla(\quad) \tag{3.9}$$

式（3.8）就是著名的 Navier-Stokes 方程。

3.7 斯托克斯定律

中间包中夹杂物比钢液轻，可以上升到熔池的自由表面并被中间包覆盖渣吸收。在静止的钢液中，一个夹杂物颗粒上升的终速度 v_t 可由下列的关系式给出，即斯托克斯定律：

$$v_{\mathrm{t}} = \frac{2R_{\mathrm{p}}^2(\rho_{\mathrm{s}} - \rho_{\mathrm{p}})g}{9\eta_{\mathrm{s}}} \tag{3.10}$$

式中，R_p 为颗粒的半径；ρ_s 和 η_s 分别为钢液的密度和黏度；ρ_p 为颗粒的密度；g 为重力加速度。严格讲，斯托克斯定律只适用于雷诺数 Re_p 小于 1 的颗粒。

$$Re_{\mathrm{p}} = \frac{D_{\mathrm{p}} v_{\mathrm{t}} \rho_{\mathrm{s}}}{\eta_{\mathrm{s}}} \tag{3.11}$$

式中的 D_p 为颗粒的直径。颗粒在中间包这样的钢液流中，其真正的上升速度必须是由 Stokes 定律计算的上升速度再加上钢液速度的向上分量。

3.8 湍流流动

前面的 3.1 节中已对流动在一临界雷诺数下发生从层流向湍流转变进行了阐述。式（3.1）所表达的 Re 是惯性力与黏性力之比。任何流动的特性与作用在其上的这两个力相对量密切相关。惯性力使得流体的流动变得杂乱无章，而黏性力则有助于稳定流体的流动且保持流线一致。速度较低，Re 比较小，黏性力占主导，其稳流的效果使得流动呈层流状态。但是，随着流体速度的增加，惯性力占主导，超过了临界 Re 数值，流动变为湍流。作用在流体单元上的惯性力为 $\rho L^2 v^2$，黏性力为 $\eta v L$。

$$Re = \frac{\text{惯性力}}{\text{黏性力}} = \frac{\rho L^2 v^2}{\eta v L} = \frac{L v \rho}{\eta}$$

这是式（3.1）给出的 Re 的定义。

在湍流充分发展的稳定流动中，任一点速度的波动是在其时间平均值的左右。因此，流体的瞬间速度 v_x 为它的速度时均值 $\tilde{v}_x$ 与波动量 v'_x 之和。因而瞬时速度为：

$$v_x = \tilde{v}_x + v'_x \tag{3.12}$$

式中时均速度定义为：

$$\tilde{v}_x = \frac{1}{t}\int_0^t v_x \mathrm{d}t \tag{3.13}$$

图 3.5 表示的是在水中通过一非接触式探头测得的瞬时速度。时均速度为 370mm·s^{-1}，但瞬时速度的波动范围约在 290～475mm·s^{-1}之间。

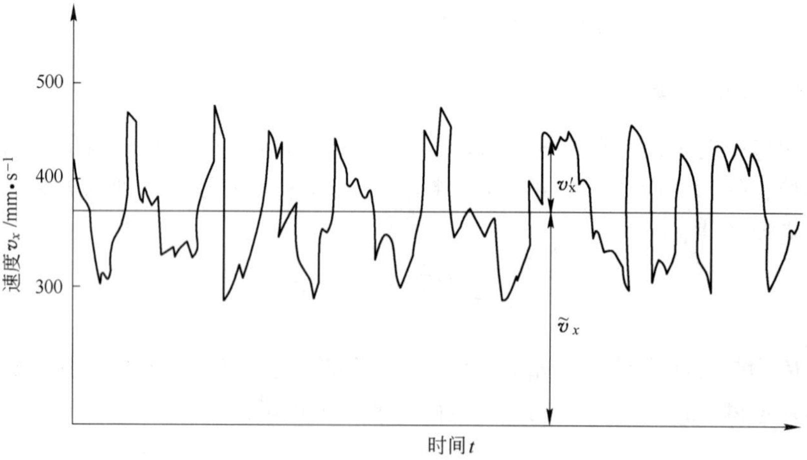

图 3.5　用激光测速仪测得的瞬时速度

因此，波动分量（或 v_x'）的时均值将为零。但波动分量均方的时均值$\overline{v_x'^2}$则不为零。事实上，$\overline{v_x'^2}/\tilde{v}_x$ 是湍动程度的一个量度，即所谓的湍动强度。在一无方向性（x 方向）的湍流流动中，y 和 z 方向可能存在速度波动，但 v_y'和 v_z' 的时均值也为零。当三个方向的波动分量也近似相同或不取决于方向时，这样的湍动就是所谓的各向同性。因此，在各向同性湍流中，有：

$$v_x' = v_y' = v_z' \tag{3.14}$$

3.8.1 涡流的尺谱

湍流产生的旋涡或涡流造成无规则的速度波动，这也是湍流本身固有的特性。图 3.6 和图 3.7 分别表示的是在敞开的管道中水流产生的涡流显示图和它们的示意图。图 3.6 和图 3.7 清楚表明在充分发展的湍流流动中存在着尺度不同的涡流，有尺寸比较大的也有很小的。

图 3.6 管道水流中的涡流

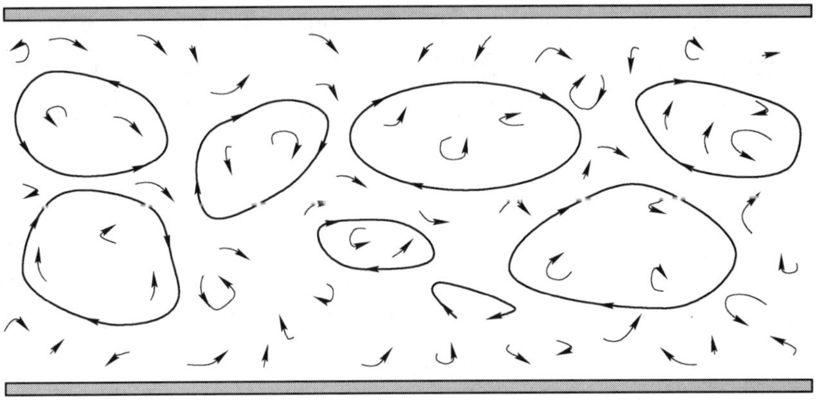

图 3.7 涡流分布的示意图

图 3. 8 表示的是湍动能与波数或涡流长度倒数之间所作的关系示意图。图表明湍流固有特征的最大涡流，其形成是取决于流动条件。涡流蕴含着从主流中获得的小量湍动能。这些大涡流之间的相互作用结果形成了中等尺寸的涡流，它们蕴含着比较大的能量，因此把它们称为能量涡。能量涡的平均尺寸为 l_e。它们把能量传给小涡，而小涡转而通过黏性耗散以热的方式将能量损失掉。这类小涡就是所知的“全平衡”类。

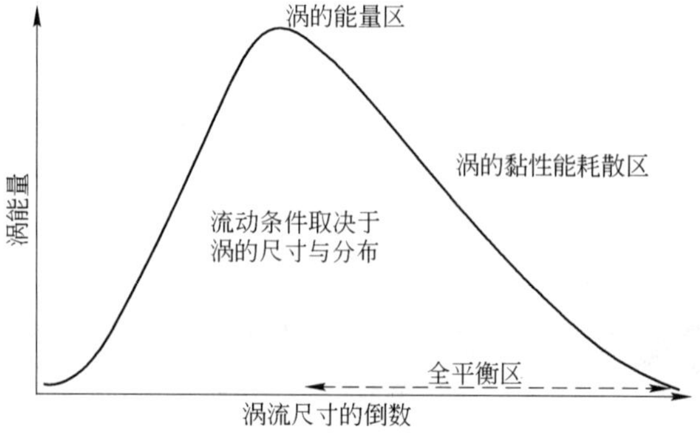

图 3. 8　涡流谱及能量

3. 8. 2　普朗特混合长度和有效黏度

Prandtl 考虑到因层流中相邻流体层分子交换的黏性动量传递与因涡流在较长距离上（即所谓的混合长度或涡流长度）的湍动量传递之间的类似性。因此，类似于牛顿黏性定律，Prandtl 提出：

$$\tau_{yx,t} = -\eta_t \frac{d\tilde{v}_x}{dy} \tag{3.15}$$

式中，$\tau_{yx,t}$ 为湍流剪切应力；比较层流中平均自由行程上的分子运动，η_t 为湍流黏度，它是涡流在较大距离（涡流长度）上运动的结果。因而，湍流黏度值比分子黏度甚至要高出 $10^3 \sim 10^5$ 倍。有效黏度项 η_{eff} 是分子黏度 η 与湍流黏度 η_t 之和。湍流中，η 与 η_t 相比，可以忽略不计，因此湍流黏度和有效黏度值几乎是一样的。

3. 8. 3　湍流剪切应力

湍流中的剪切应力（如流动阻力）要比层流的高得多，原因是流体微团以不同的速度从一个区域运动到另一区域过程中进行了连续交换。因此，这引起了动量的增加或损失，从而导致高的剪切应力。

考虑一管道中的湍流流动，靠近壁面的平均流速比较低，远离壁面的流速比较大，如图 3. 9 所示。如果一流体微团从较慢的运动层向较快的运动层运动，那

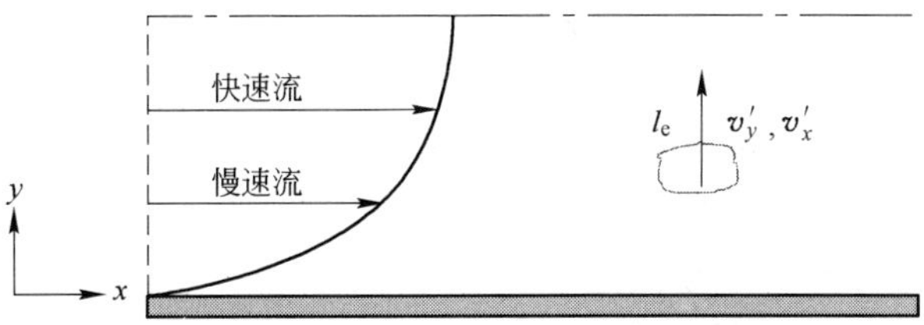

图 3.9 管中的湍流流动及相应的剪切应力

么在新位置 x 方向的动量将降低。如果任一时刻 y 方向的速度波动分量为 v_y'，那么在 y 的正方向单位体积上流体的动量传递将为 $\rho v_y'$。由于流体微团来自速度较低的运动层且满足动量守恒，这将引起动量的瞬间减少，从而引发流动相反方向的一速度波动 v_x'。因此，因这一传递而引起的单位面积上的动量变化率可以由 $\rho v_y' v_x'$ 给出。正如前面所解释的，v_y' 与 v_x' 的符号总是相反，因此，$-\rho v_y' v_x'$ 将为正，并等同于湍流剪切应力，即单位面积上动量的变化率。因此，任意时刻的湍流剪切应力表示为：

$$\tau_{yx,t} = -\rho v_y' v_x' \tag{3.16}$$

时均湍流剪切应力为 $-\rho\overline{v_y' v_x'}$，常称之为雷诺应力。将式（3.16）与式（3.15）联列，可得：

$$\tau_{yx,t} = -\eta_t \frac{d\tilde{v}_x}{dy} = -\rho\overline{v_y' v_x'} \tag{3.17}$$

3.9 湍流的连续方程和运动方程

通过将 $\tilde{v}_x + v_x'$ 代替层流方程（式（3.6）和式（3.7））中的速度可获得湍流的连续方程和运动方程。因此，可获得如下的时均方程：

$$(\nabla \cdot \tilde{\boldsymbol{v}}) = 0 \tag{3.18}$$

$$\rho \frac{D\tilde{\boldsymbol{v}}}{Dt} = -\nabla p + \eta_{eff} \nabla^2 \tilde{\boldsymbol{v}} + F_b \tag{3.19}$$

可以看出这些方程数学形式上与层流很相似，只是分子黏度被有效黏度替代，速度被时均速度替代。

3.10 传热与传质

湍流条件下的热通量和质量通量可以用下列方程表示，它们类似于式（3.15）的湍流剪切应力：

$$q = -k_{eff} \frac{dT}{dy} \tag{3.20}$$

$$J = -D_{\text{eff}} \frac{\mathrm{d}C}{\mathrm{d}y} \tag{3.21}$$

式中，q 和 J 分别为热通量速率和质量通量速率；k_{eff}和 D_{eff}为有效传输系数，即有效热传导系数和有效扩散系数，为分子分量和湍流分量两者之和；$\mathrm{d}T/\mathrm{d}y$ 和 $\mathrm{d}C/\mathrm{d}y$ 分别为温度梯度和浓度梯度。

热量和质量的湍流传输方程类似于湍流动量传输方程（式（3.19）），可用下列数学式表达。

传热：

$$\frac{\mathrm{D}T}{\mathrm{D}t} = \alpha_{\text{eff}} \nabla^2 T + S_{\mathrm{T}} \tag{3.22}$$

传质：

$$\frac{\mathrm{D}C}{\mathrm{D}t} = D_{\text{eff}} \nabla^2 C + S_{\mathrm{C}} \tag{3.23}$$

式中，T 和 C 分别为温度和浓度；α_{eff}和 D_{eff}分别为有效热扩散系数和质量扩散系数；S_{T}和 S_{C}分别为相应变量的源项。式（3.22）和式（3.23）中所有项与式（3.19）的类似，不同的是没有压力项。式（3.19）、式（3.22）和式（3.23）中有效传输系数是相应的分子和湍流特性之和。由于在湍流体系中，这些传输系数的分子分量与湍流分量相比可以忽略，因此，有效系数实际上与湍流分量相同。同时，在等效普朗特混合长度距离上因流体微团的运动发生了传输，因而可以假设湍流的普朗特数（$\nu_{\mathrm{t}}/a_{\mathrm{t}}$）和湍流的施密特（$\nu_{\mathrm{t}}/D_{\mathrm{t}}$）数等于 1，$\nu_{\mathrm{t}}$ 为湍流运动黏度。湍流传输系数必须从附加关系式即常说的湍流模型中推导获得，湍流模型有时会相当复杂。

3.11 湍流模型

已有许多湍流模型被用于流场的计算。Launder 和 Spalding 已对大多数模型做了很好描述，并对它们的优缺点进行了分析[8]。最简单的湍流模型，提供的是代数方程，用于计算区域中湍流黏度。湍流黏度可以是流动场位置的函数，甚至可以是常数（与时间和空间无关）。这样的模型对计算区域中流动迭代求解是非常有用的。有时使用这样的模型是为了获得流动体系的一个初步或粗略求解结果。在新模型开发和测试的早期阶段，这些模型也是非常有用的。按照计算时间，这种湍流模型的使用费用也是比较低的。

更复杂的模型涉及微分方程的求解。这些模型计算湍流的强度和长度尺度，它们是流场的位置函数。虽然这些模型中的多数模型已得到了发展，但是应用最广泛的是 Lanuder 和 Spalding 提出的所谓的“k-ε”双方程模型[9]。在这个模型中，k 是单位质量的湍动能，ε 为湍动能耗散率。因此：

$$k = \frac{1}{2}(\overline{v_x'^2} + \overline{v_y'^2} + \overline{v_z'^2}) \tag{3.24}$$

或在各向同性湍流中：

$$k = \frac{3}{2}(\overline{v_x'^2}) \tag{3.25}$$

从下面的微分方程可计算 k 和 ε。k 和 ε 传输方程的表达形式与给出传热和传质的式（3.22）和式（3.23）相同，即：

$$\frac{Dk}{Dt} = \frac{\nu_t}{\sigma_k}\nabla^2 k + G_k - \varepsilon \tag{3.26}$$

$$\frac{D\varepsilon}{Dt} = \frac{\nu_t}{\sigma_\varepsilon}\nabla^2 \varepsilon + \frac{\varepsilon}{k}(C_1 G_k - C_2 \varepsilon) \tag{3.27}$$

式中，G_k 为 k 的产生率，可由下式给出：

$$G_k = \nu_t\left(\frac{\partial v_i}{\partial x_j} + \frac{\partial v_j}{\partial x_i}\right)\frac{\partial v_i}{\partial x_j} \tag{3.28}$$

湍流黏度用下式计算：

$$\eta_t = \frac{C_\eta \rho k^2}{\varepsilon} \tag{3.29}$$

$$\eta_{eff} = \eta + \eta_t \tag{3.30}$$

以上各式中，C_1，C_2，C_η，σ_k，σ_ε 为模型常数，Launder 和 Spalding 建议了这些常数的取值[9]。

3.12 小结

本章简述了用于后面章节的一些流体流动基础知识。这些知识为研究现有中间包的设计或用优化流场方法设计新中间包奠定了基础。

参考文献

1. R. B. Bird, W. E. Stewart, and E. N. Lightfoot, *Transport Phenomena*, Wiley, New York, 1960.
2. J. T. Davies, *Turbulence Phenomena*, Academic Press, New York, 1972.
3. H. Tennekes, and J. L. Lumley, *A First Course in Turbulence*, The MIT Press, 1972.
4. J. O. Hinze, *Turbulence*, McGraw-Hill, New York, 1975.
5. O. Reynolds, *Phil. Trans. Roy. Soc. London*, 1883, 174A, 3, 935.
6. H. Schlichting, *Boundary Layer Theory*, McGraw-Hill, New York, 1979.
7. J. Szekely, *Fluid Flow Phenomena in Metals Processing*, Academic Press, London, 1979.
8. B. E. Launder, and D. B. Spalding, *Lectures in Mathematical Models of Turbulence*, Academic Press, New York, 1972.
9. B. E. Launder, and D. B. Spalding, *Comput. Meth. Appl. Mech. Engng.*, 1974, 3, 269.

4 流体流动特性

4.1 引言

连铸生产中，中间包是一釜式容器，是钢包与钢液连续流动的连铸结晶器之间的一个重要连接器。传统中间包充当着钢液储存器与分配器的角色。但在近二三十年间，中间包的功能已被大大扩展。因为中间包是钢液在结晶器中凝固之前的最后一个容器，其操作必须保证钢液以所要求的温度、洁净度和成分以及体积流量输运到结晶器中。因此，夹杂物的上浮与分离，以及钢液的成分调整已成为中间包的重要功能。这些工艺过程的效率和优化操作要求对中间包内钢液的流动实施更好的控制。如果中间包内的钢液流动得不到合理控制，那么钢包精炼后的钢液质量就得不到保证甚至会降低。本章将对连铸中间包系统相关的流体流动特性基础进行介绍。关于流体流动特性更详细的阐述可见 Levenspiel 的专著[1]。第 5 章将对中间包钢液流动的模拟中如何应用这些基本原理展开讨论。

4.2 刺激响应法

中间包或任何流动体系中钢液流动的详细特性需要从整体认识其流体流场。但由于存在着获取和解释这方面情况的实际困难，通常采用另一种方法。此方法只要求知道不同类型的流体在容器中停留多长的时间，这样就比较容易从实验中获取，也容易解释，所派生出的其他信息在许多情况下也足以对实际存在的流场作出满意的解释。不管是否使用流动模型，此方法还是成功地解决了所面临的问题。

揭示所关心的容器中流体停留时间分布的实验方法被称为“刺激响应法”。刺激或输入是简单地将示踪剂（如染料、盐、酸、放射性材料、溶质金属等）加到进入容器的流股中。示踪剂的加入方式或输入信号可以是任何一种类型：随机信号、周期信号、阶梯或跳跃信号、脉冲或不连续信号。然后可以检测出示踪剂离开容器时的响应或输出信号。虽然在研究中可以用示踪剂任何一种输入信号，但对示踪剂的注入更普遍采用阶梯法和脉冲法。响应的信号被制作成无因次浓度-时间曲线图，用于表达流体的停留时间分布（Residence Time Distribution, RTD）。

如果容器中流体的体积为 V，体积流量为 Q，则对于不可压缩流体，流体在反应器内的平均停留时间可由下式给出：

$$\bar{t} = \frac{V}{Q} \tag{4.1}$$

式中，$\bar{t}$ 就是所谓容器中流体的理论平均停留时间或名义占用时间。

无因次浓度对无因次时间作图得到容器中流体的 RTD。无因次时间 θ，表示停留时间的分数，由任一时间除以理论平均停留时间获得，即：

$$\theta = \frac{t}{\bar{t}} \tag{4.2}$$

对于阶梯加入的示踪剂，无因次浓度 F 可由下式给出：

$$F = \frac{c}{c_i} \tag{4.3}$$

式中，c 为容器出口处流体中示踪剂的浓度；c_i 为入口处流体中示踪剂的浓度。

对于脉冲加入的示踪剂，无因次浓度 C 可由下式给出：

$$C = \frac{c}{q/V} \tag{4.4}$$

式中，q 为示踪剂的加入量；q/V 为容器中示踪剂溶入体积为 V 流体的平均浓度。

4.2.1　阶梯输入和 *F* 曲线

考虑一流动体系，起初没有示踪剂。在给定某时刻（可以说在 $t=0$），将浓度阶梯变化的示踪剂加到流体流股中，将出口流股获得数据所作成的无因次浓度—时间曲线，称为 F 曲线。图 4.1 表示的是阶梯输入和 F 曲线，浓度从 0 上升到 1。由于示踪剂是连续注入，出口流股的示踪剂浓度将达到与入口流股一样的浓度。由于阶梯示踪剂输入法会造成产品过度污染而且示踪剂费用高，因此此法并不实用。

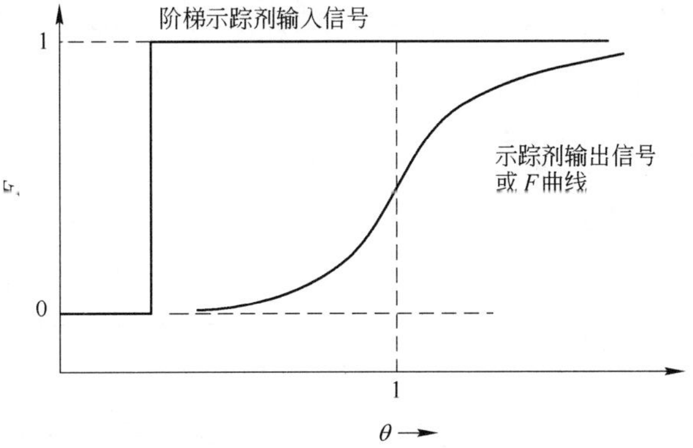

图 4.1　阶梯示踪剂输入法和典型的响应信号（称 F 曲线）

4.2.2　脉冲输入和 *C* 曲线

当示踪剂以一短脉冲方式注入入口流股时，将出口流股所获得结果作成的无因次浓度—时间曲线，称为 *C* 曲线。图 4.2 表示的是时间 t 或 $\theta=0$ 时的脉冲输入与所获得的 *C* 曲线。这样的输入也称为 δ 函数。输出的浓度上升到某一值后，随着所有的示踪剂流出容器后又降为零。以无因次量所作的曲线，其下的面积总是为 1。因而有：

$$\int_0^\infty C\mathrm{d}\theta = 1 \tag{4.5}$$

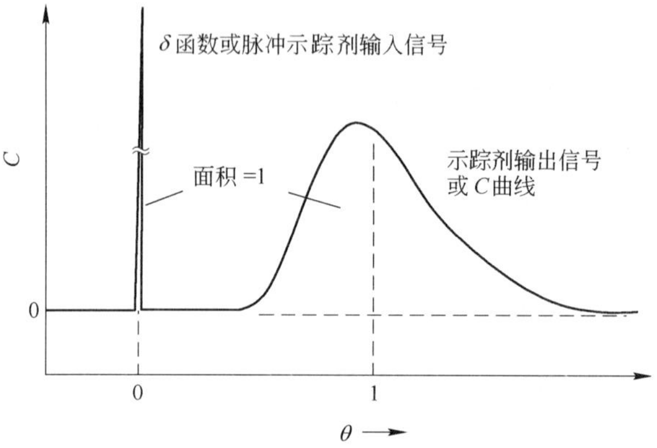

图 4.2　脉冲示踪剂输入法与典型的响应信号（称 *C* 曲线）

4.3　流动体系的流动特性

根据所出现的流动类型可对连续流动体系进行分类。两种极端或极限情况的流体流动，称为“活塞流”和“全混流”，可以认为是理想流动。实际的流动体系远远偏离了这两种极限情况，这样的流动称为非理论流动。

4.3.1　活塞流

理想流动体系中的这类极限流动，不存在轴向的混合。但在容器中存在横向某种程度的混合。形成活塞流体系的充要条件是在容器中所有的流体微团具有相同的停留时间（等于平均停留时间）。活塞流的示意图见图 4.3。

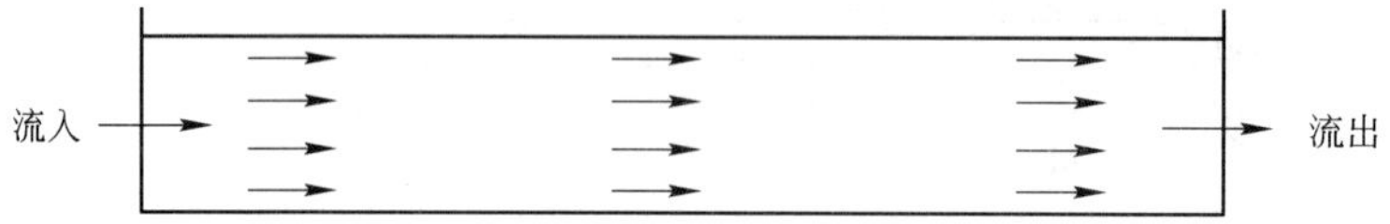

图 4.3　活塞流示意图

活塞流体系中脉冲输入的响应或输出 C 曲线见图 4.4。活塞流反应器中缺少轴向混合，输入的脉冲只是受平均停留时间做简单的变化。换言之，无因次时间 θ 为 1 后，注入的示踪剂脉冲出出口就存在了。类似，阶梯输入的响应 F 曲线与输出信号具有相同的形状，除非它也因平均停留时间而发生改变。正如图 4.5 所示，示踪剂流体经历平均停留时间之后完全代替了反应器中原有的流体。

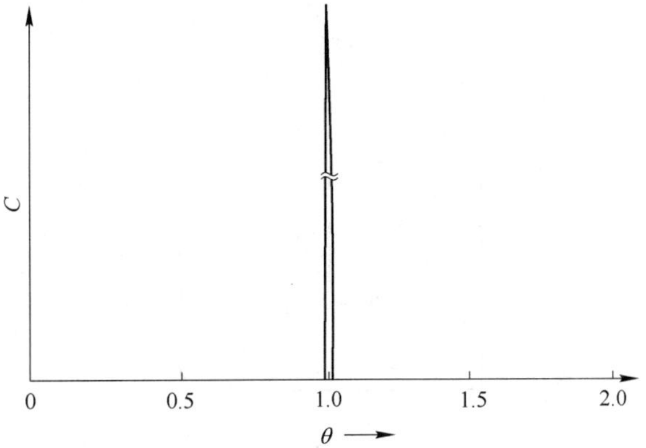

图 4.4 活塞流体系中的 C 曲线

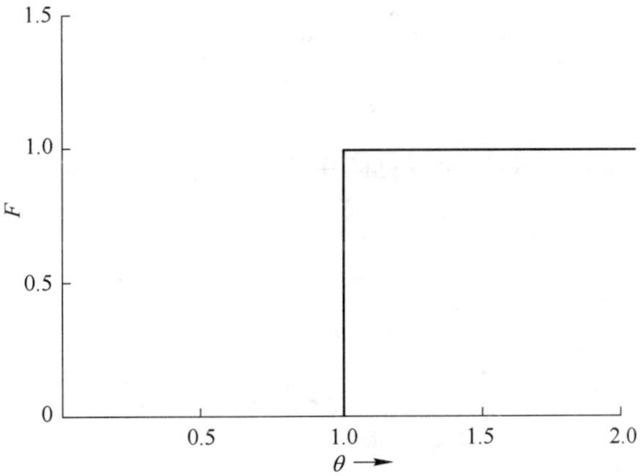

图 4.5 活塞流体系中的 F 曲线

4.3.2 全混流

这类理想流动表示了另一种极端混合，即在容器中流体最大可能的混合。其结果是出口的浓度与容器中本体的浓度相同。全混流的连续流动体系如图 4.6 所示。

体系中考虑示踪剂的质量衡算：

示踪剂的输入速率 - 示踪剂的输出速率 = 示踪剂的积累率

$$Q(0) - Qc = \frac{d}{dt}Vc \tag{4.6}$$

$$\frac{dc}{c} = -\frac{Q}{V}dt \tag{4.7}$$

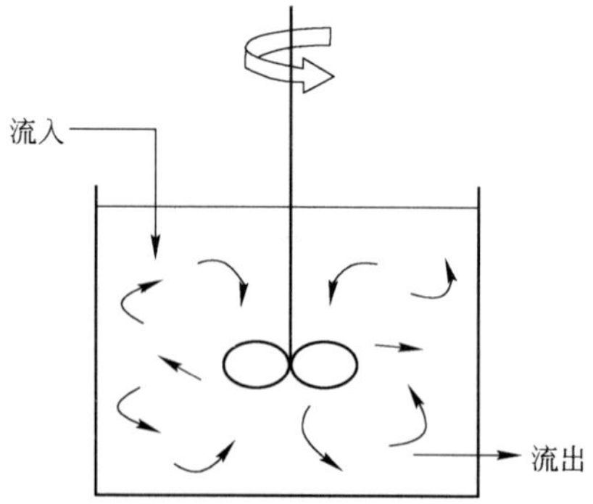

图 4.6　全混流示意图

对上式以边界条件 $t=0$，$c=q/V$；$t=t$，$c=c$ 进行积分，可得：

$$\ln\frac{c}{q/V} = \ln C = -\theta \tag{4.8}$$

$$C = e^{-\theta} \tag{4.9}$$

由式（4.9）给出的 RTD 曲线见图 4.7。

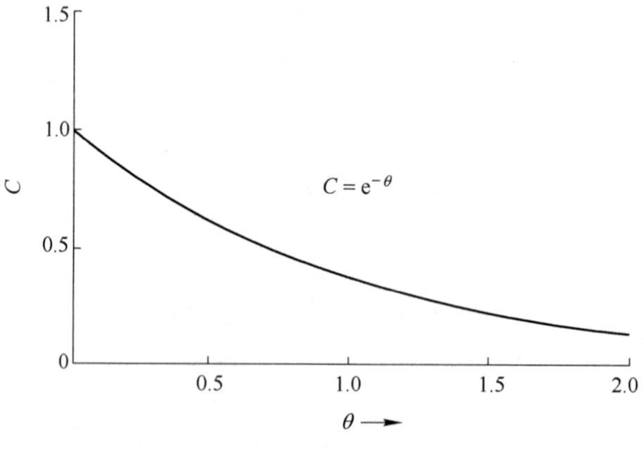

图 4.7　全混流体系的 C 曲线

图 4.7 表示的是示踪剂量为 q 溶解到反应器的整个流体体积后一全混流的 C 曲线。流体的停留时间分布服从指数衰减规律，出口流股的成分与混合釜内相

等。根据全混流的定义，首先流出容器的流体其平均浓度为 q/V。因此，C 曲线的起始无因次浓度为 1。出口流股的浓度随反应器中示踪剂量的减少而逐渐降低。

当全混流反应器的入口流股中施加示踪剂的阶梯输入，输出的 F 曲线逐渐从 0 增至 1，如图 4.8 所示。

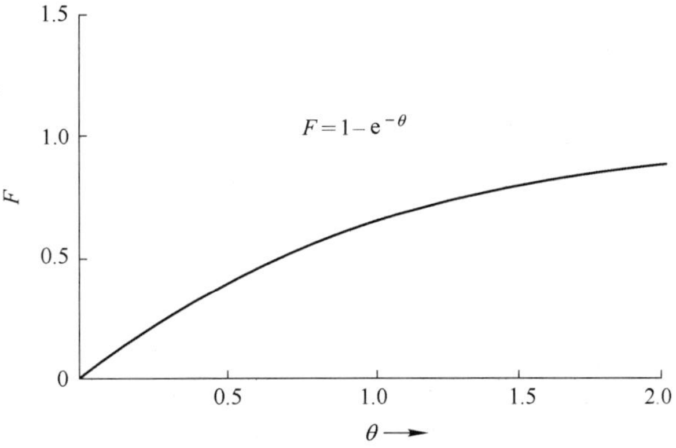

图 4.8　全混流体系的 F 曲线

考虑此系统示踪剂的质量衡算：

示踪剂的输入速率 - 示踪剂的输出速率 = 示踪剂的积累率

$$Qc_i - Qc = \frac{d}{dt}Vc \tag{4.10}$$

$$d\theta = \frac{dF}{1 - F} \tag{4.11}$$

对上式以边界条件 $\theta = 0$，$F = 0$；$\theta = \theta$，$F = F$ 进行积分，可得：

$$F = 1 - e^{-\theta} \tag{4.12}$$

由式（4.12）给出的 RTD 曲线见图 4.8。

4.4　实际体系中的流动特性

正如前面所阐述的，活塞流体系中不存在轴向混合，另一种极端情况就是在全混流体系中混合达到最大程度。所有的实际流动体系是介于两者之间。本节将描述用于定量分析实际流动体系中的流动特性模型。这些模型包含可以进行调整的某些参数以便使模型计算结果与实验数据相符。最佳的拟合参数数值大多能准确描述反应器中的混合过程。

4.4.1　轴向扩散模型

图 4.9 表示的是示踪剂在 $t = 0$ 时注入活塞流后不同时刻的位置。因为活塞

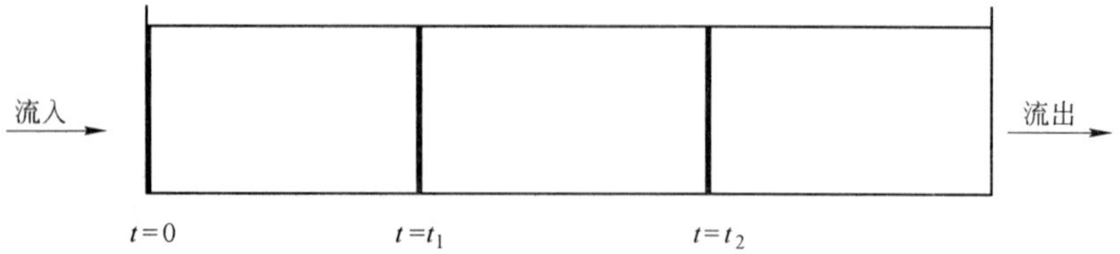

图 4.9　活塞流体系中不同时刻示踪剂位置示意图

流，示踪剂通过体系时没有任何轴向混合，在 t_1 时刻和 t_2 时刻运动了某一段距离。轴向扩散模型或扩散活塞流模型假设在此体系的活塞流中有一定程度的湍流涡流扩散发生。图 4.10 表示的是在活塞流上过度施加了轴向扩散。其结果，脉冲注入的示踪剂在 t_1 时刻弥散传播了一定距离，在 t_2 时刻示踪剂弥散传播的距离增加了。阶梯输入示踪剂的一个类似扩散见图 4.11。

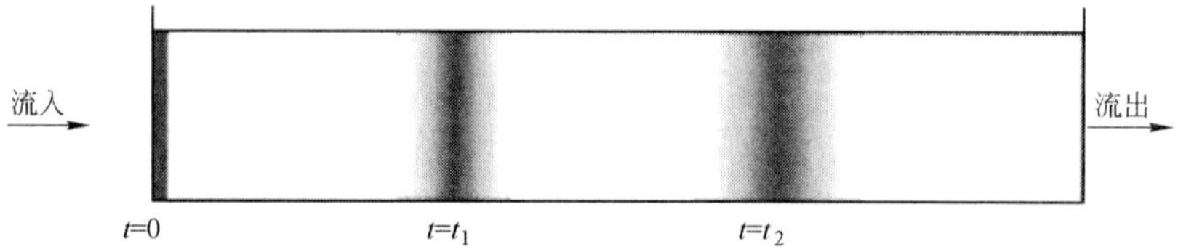

图 4.10　扩散活塞流体系中不同时刻的脉冲输入的示踪剂

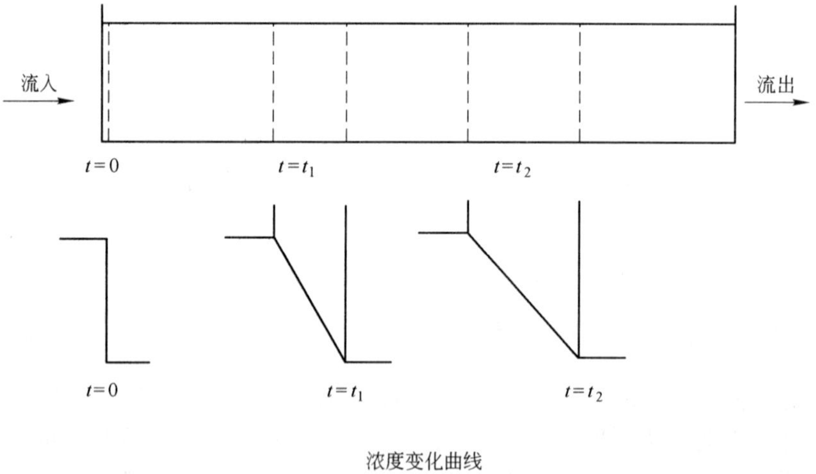

图 4.11　扩散活塞流体系不同时刻的阶梯输入的示踪剂

此模型通过类似于扩散菲克定律的一维方程将轴向混合特征化。方程中的比例常数就是涡流扩散系数或扩散系数 D_e。连续流动体系中的示踪剂消散是因涡流扩散和本体的流动。因此，非稳态浓度可表示为：

$$\frac{\partial c}{\partial t} = D_e \frac{\partial^2 c}{\partial x^2} - U \frac{dc}{dx} \tag{4.13}$$

式中，U 为本体流动速度；x 为距离坐标，从 0 到反应器长度 L 之间。式（4.13）可写为：

$$\frac{\partial c}{\partial \theta} = \frac{D_e}{UL} \frac{\partial^2 c}{\partial y^2} - \frac{\partial c}{\partial y} \tag{4.14}$$

式中，y 为无因次距离，即等于 x/L，$\theta = t/\bar{t} = tU/L$。

式（4.14）中的无因次组 D_e/UL，称之为反应器扩散数或简称为扩散数。这是贝克来数的倒数，是衡量轴向的扩散程度。涡流扩散系数 D_e 不是流体的分子特性，但很大程度上依赖于体系的流动条件。扩散数描述了流体微团（术语为涡）在称之为涡流长度的一段距离上的相互扩散。流体中涡流的运动构成了混合。扩散数表达了涡流扩散传输量与本体流动传输量的比例。当 $D_e/UL \to 0$ 时，扩散可以忽略，活塞流占主导，而如果 $D_e/UL \to \infty$，扩散达到最大程度，全混流占主导。

对于体系的流动特性，实验获得的停留时间分布曲线（F 曲线或 C 曲线）与理论获得的一组曲线比较，选出了其中最接近实验曲线的一条曲线。这条曲线的扩散数数值描述了体系中的流动特性。

4.4.1.1 阶梯输入和 F 曲线

对于阶梯输入，由下面的初始条件和边界条件可获得式（4.13）的解。

初始条件（$t=0$）：

$$x > 0,\ c = 0 \tag{4.15}$$

$$x = 0,\ c = c_i \tag{4.16}$$

边界条件：

$$x = 0,\ c = c_i \tag{4.17}$$

$$x = L,\ c = c \tag{4.18}$$

式（4.13）的解为：

$$F \equiv \frac{c}{c_i} = \frac{1}{2}\left[1 - \mathrm{erf}\left(\frac{1-\theta}{2\left(\frac{D_e}{UL}\right)^{1/2}}\right)\right] \tag{4.19}$$

对于一给定的扩散数，式（4.19）就为无因次时间 θ 与无因次浓度 F 之间的关系式。图 4.12 表示的是不同扩散数下的 F 曲线。可将实验获得的 F 曲线与理论曲线比较匹配以获取流动体系的扩散数数值。图 4.12 中的 F 曲线对扩散数的变化并不敏感。因此，一般用 C 曲线来反映流动体系的流动特性。

4.4.1.2 脉冲输入和 C 曲线

式（4.13）的求解取决于施加在容器上的边界条件。除了敞开容器，发现其

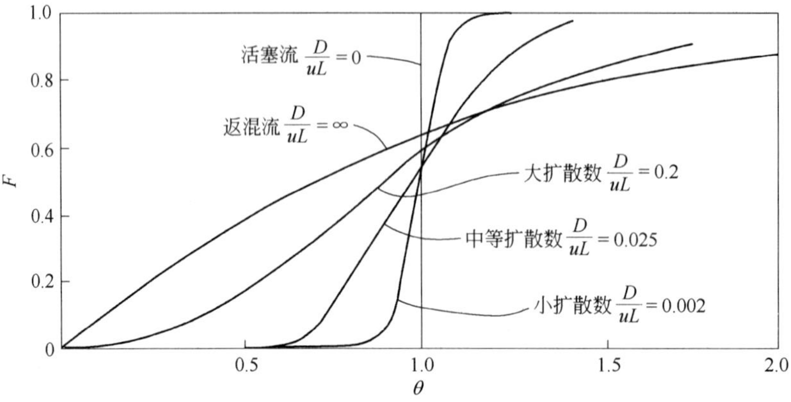

图 4.12　用轴向扩散模型计算不同扩散数下的 F 曲线

他任何边界条件均不能获得式（4.13）的解析解。但是，可以确定所有情况下的平均值和方差，而且以此来估算真实体系的扩散数数值。van der Laan 已报道了许多扩散数数值[2]。

4.4.1.3　封闭容器

如图 4.13 所示，有一有限长度为 L 的封闭容器，期间的示踪剂没有通过扩散进入或流出容器的边界。换言之，容器的入口和出口的涡流扩散系数为零。式（4.13）连同封闭容器的边界条件可获得数值解。发现这一组曲线的平均值 $\bar{\theta}$ 和方差 σ^2 为：

$$\bar{\theta} = 1 \tag{4.20}$$

$$\sigma^2 = 2\left(\frac{D_e}{UL}\right) - 2\left(\frac{D_e}{UL}\right)^2\left[1 - \exp\left(-\frac{UL}{D_e}\right)\right] \tag{4.21}$$

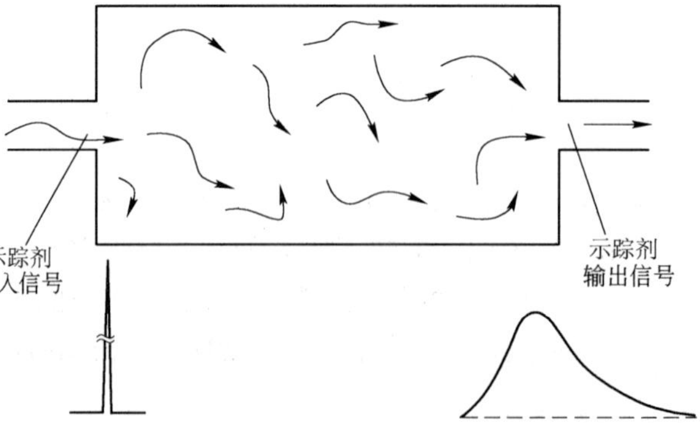

图 4.13　封闭体系中示踪剂的扩散

为了分析连铸中间包内的流动特性，就可以将其看作一封闭容器。示踪剂没有通过扩散从中间包的入口和出口流入或流出，这样可以应用式（4.20）和式（4.21）。对封闭容器，整条曲线的平均停留时间$\bar{\theta}$总为1。

4.4.1.4　敞开容器

如图4.14所示，一敞开容器在示踪剂注入或浓度测量位置流体不存在不连续性。在一无限大容器中选择一实验段，称之为敞开容器。因此，敞开容器中示踪剂注入和浓度测量点的涡流扩散系数不为零。只有这一种情况可以分析导出C曲线的方程，即：

$$C = \frac{1}{2\sqrt{\pi\theta\left(\frac{D_e}{UL}\right)}}\exp\left[-\frac{(1-\theta)^2}{4\theta\left(\frac{D_e}{UL}\right)}\right] \tag{4.22}$$

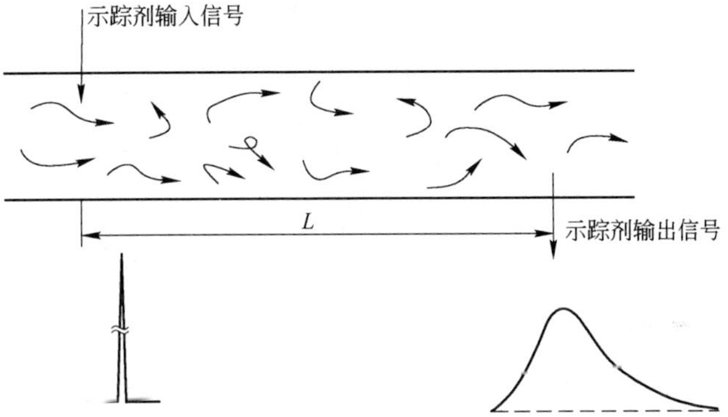

图4.14　敞开体系中的扩散

这组曲线的平均值和方差为：

$$\bar{\theta} = 1 + 2\left(\frac{D_e}{UL}\right) \tag{4.23}$$

$$\sigma^2 = 2\left(\frac{D_e}{UL}\right) + 8\left(\frac{D_e}{UL}\right)^2 \tag{4.24}$$

4.4.1.5　小程度扩散的扩散模型（对一封闭体系）

对小扩散数数值，C曲线具有高斯（Gaussian）型的RTD。此情况下，可以比较容易给出式（4.13）的近似解，即：

$$C = \frac{1}{2\sqrt{\pi\left(\frac{D_e}{UL}\right)}}\exp\left[-\frac{(1-\theta)^2}{4\left(\frac{D_e}{UL}\right)}\right] \tag{4.25}$$

平均值和方差可由下式给出：

$$\bar{\theta} = 1 \text{ 和 } \sigma^2 = 2\frac{D_e}{UL} \tag{4.26}$$

不采用式（4.13）的复杂精确求解，而用式（4.25）获取 D_e/UL 值，其误差是随扩散数的增加而增大。用式（4.25）估算 D_e/UL 的最大误差[1]：$D_e/UL<0.001$，最大误差小于0.5%；$D_e/UL<0.01$，最大误差小于5%。

图4.15和图4.16表示的是一封闭体系中扩散数为大值和小值时的计算 C 曲线。从图中可以看出，C 曲线对扩散数的变化很敏感。

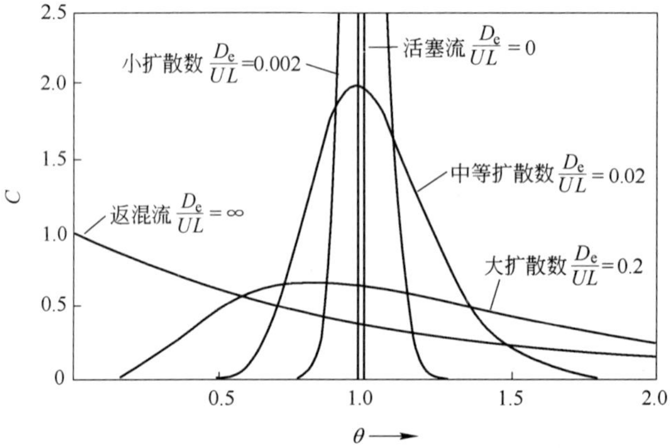

图4.15 封闭体系中扩散数为大值时的 C 曲线[1]

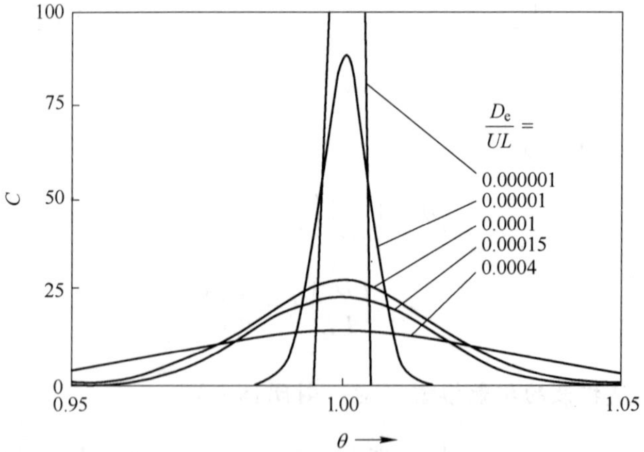

图4.16 封闭体系中扩散数为小值时的 C 曲线[1]

4.4.1.6 停留时间分布的平均值和方差

RTD 曲线的平均值即平均时间定义为：

$$t_{mean} = \frac{\int_0^\infty tc\mathrm{d}t}{\int_0^\infty c\mathrm{d}t} \tag{4.27}$$

如果示踪剂浓度在时间间隔为 Δt 进行测量，则：

$$t_{mean} = \frac{\sum_i t_i c_i \Delta t}{\sum_i c_i \Delta t} = \frac{\sum_i t_i c_i}{\sum_i c_i} \tag{4.28}$$

度量停留时间分布对平均停留时间扩展程度的统计学方差定义为：

$$\sigma_t^2 = \frac{\int_0^\infty (t - t_{mean})^2 c\mathrm{d}t}{\int_0^\infty c\mathrm{d}t} \tag{4.29}$$

对相同时间间隔的浓度测量值，上式可写为：

$$\sigma_t^2 = \frac{\sum_i (t_i - t_{mean})^2 c_i \Delta t}{\sum_i c_i \Delta t} = \frac{\sum_i t_i^2 c_i}{\sum_i c_i} - t_{mean}^2 \tag{4.30}$$

从 C 曲线，停留时间分布的无因次平均值可以用下式直接计算：

$$\bar{\theta} = \frac{\int_0^\infty \theta C\mathrm{d}\theta}{\int_0^\infty C\mathrm{d}\theta} \tag{4.31}$$

无因次方差由下式给出：

$$\sigma^2 = \frac{\int_0^\infty (\theta - \bar{\theta})^2 C\mathrm{d}\theta}{\int_0^\infty C\mathrm{d}\theta} \tag{4.32}$$

对相同时间间隔测量值，可表示为：

$$\bar{\theta} = \frac{\sum_i C_i \theta_i}{\sum_i C_i} \tag{4.33}$$

$$\sigma^2 = \frac{\sum_i \theta_i^2 C_i}{\sum_i C_i} - \bar{\theta}^2 \tag{4.34}$$

4.4.2 槽列（串联槽）模型

发现多个串联全混槽给出的示踪剂响应曲线形状与扩散模型有一定相似。因此，两种模型均可用于与实验获得的示踪剂数据建立关系。

对一全混流槽可给出下列的 C 曲线方程：

$$C = e^{-\theta} \tag{4.9}$$

n 个串联全混槽的 C 曲线方程为：

$$C = \frac{n^n \theta^{n-1} e^{-n\theta}}{(n-1)!} \tag{4.35}$$

这些曲线的方差为：

$$\sigma^2 = \frac{1}{n} \tag{4.36}$$

因此，用一合适的槽数所获得的理论 C 曲线可以与实验的 C 曲线数据进行匹配。这个槽数可以不是一个整数。这也就是一个仅含有槽数的单一参数模型。用槽列模型计算的 C 曲线见图 4.17，槽数大的 C 曲线接近于对称分布。由于槽列模型和扩散模型给出的 C 曲线形状基本相同，因此这两个模型的式（4.21）和

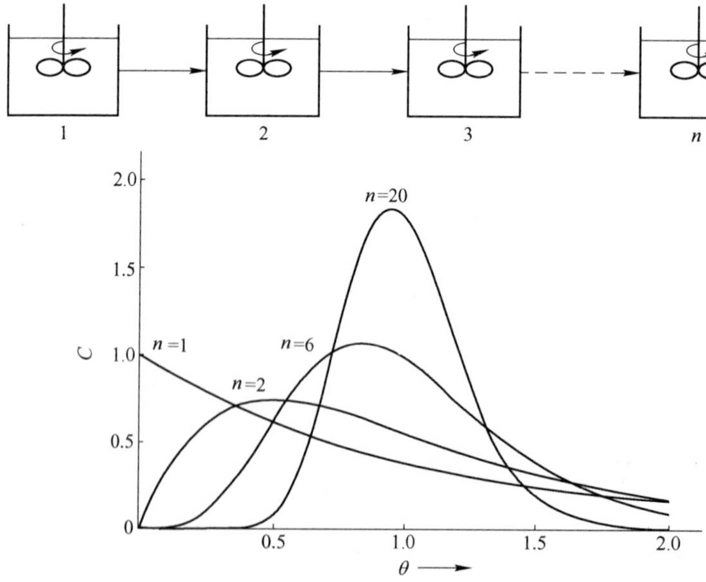

图 4.17　槽列模型中的 C 曲线

式（4.36）可以进行相互比较，对于一封闭容器，可给出：

$$\frac{1}{n} = 2\left(\frac{D_e}{UL}\right) - 2\left(\frac{D_e}{UL}\right)^2\left[1 - \exp\left(-\frac{UL}{D_e}\right)\right] \tag{4.37}$$

Levenspiel 和 Bischoff 为了比较这两个模型提出其他表达式[3]。已有研究者将槽列模型扩展到处理反应器内复杂的流动（参考文献［4～6］）。这些模型基本上是用背流或串联槽间的中间循环流来表达槽列模型的，同时也考虑了每个槽的不完全混合。Shah 等已对这类模型做了总结分析[7]。

4.4.3　组合或混合模型

除上述讨论的模型外，还有几个模型将反应器中的流体体积假设为由相互连接的流动区域组成。这样的模型称之为组合模型或混合模型。假设反应器中存在三种不同的流动区域：活塞流区、全混流区和死区。由这三个流动区域组成的最简单的混合模型已被广泛用于分析中间包内的钢液流动。模型中死区的计算需要做一些更深入的讨论，将在下面的其中一节对此进行阐述。

4.4.3.1　活跃区

活塞流与全混流的组合可以称之为活跃区，如图 4.18（a）和（b）所示。活塞流与全混流这两个区的顺序在两个模型的示意图中是相反的。对于一线性体系无论是脉冲输入或其他方式输入，这两个模型给出了相同的示踪剂响应。线性体系就是指输入或刺激信号的任意一点变化将导致输出或响应信号相应的线性变化。从图 4.19 所示的停留时间分布曲线可以看出，最小的停留时间对应于活塞

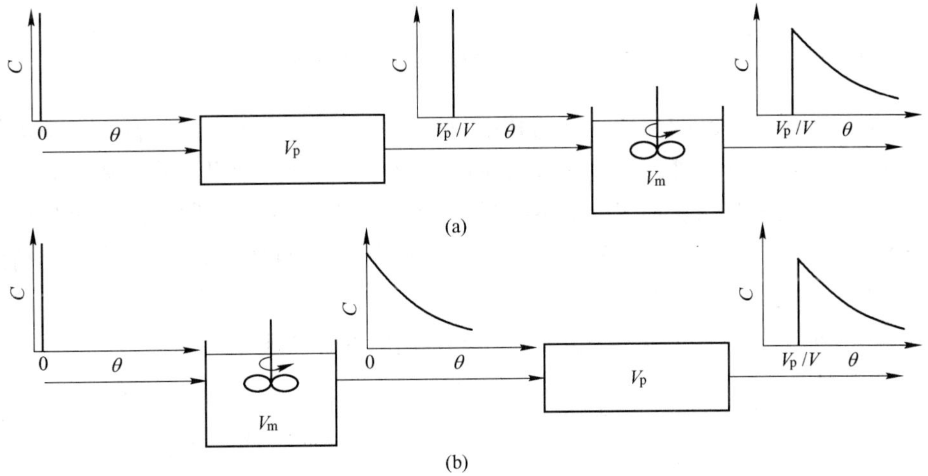

图 4.18　（a）和（b）表达活塞流和全混流体积的组合模型

流分数（V_p/V），最大浓度 C_{max} 与全混流体积分数的倒数（V/V_m）相等。图 4.19 给出了方程的指数衰减变化曲线。

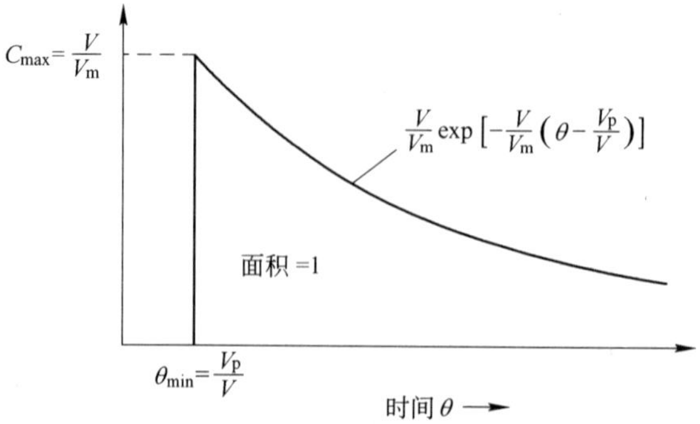

图 4.19　图 4.18 所介绍的组合模型 C 曲线

4.4.3.2　死区

考虑由活跃区（活塞流和全混流）和死区构成的组合模型。如图 4.20 所示，体系的总体积分为活跃体积 V_a 和死区体积 V_d。通过体系的总体积流量 Q 也分为通过活跃区的 Q_a 和通过死区的 Q_d。

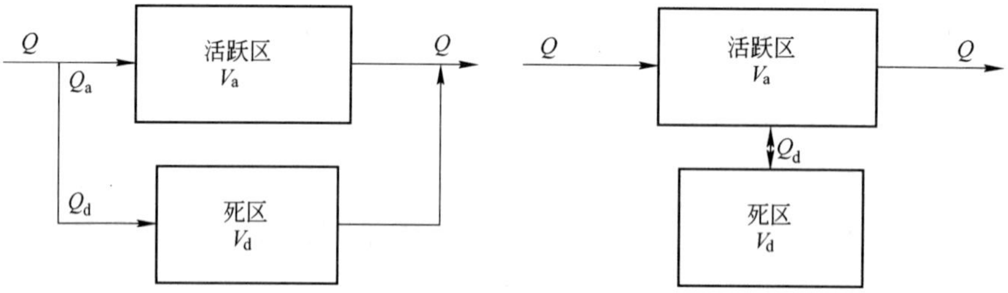

图 4.20　流动组合模型的活跃区和死区

死区可以是下面的两种类型的其中一种。它可以是完全滞止，甚至来流流体不进入该区域；另一种，在此区域的流体运动得相当慢，结果一些流体在容器中停留了相当长的时间。根据 Levenspiel 的定义，在容器中的停留时间超过理论停留时间两倍的流体可以认为是死区体积。对于流体流得很慢的死区，实验测得的 RTD 曲线见图 4.21 所示。

将 C 曲线的起点到 $\theta=2$ 切点的平均时间作为 $\bar{\theta}_c$，这样：

$$\bar{\theta}_c=\frac{\text{测量的}\,\bar{t}_c}{\bar{t}}\tag{4.38}$$

$$\bar{\theta}_c=\frac{\bar{t}_c}{\bar{t}}=\frac{V_a/Q_a}{V/Q}=\frac{V_a}{V}\frac{Q}{Q_a}\tag{4.39}$$

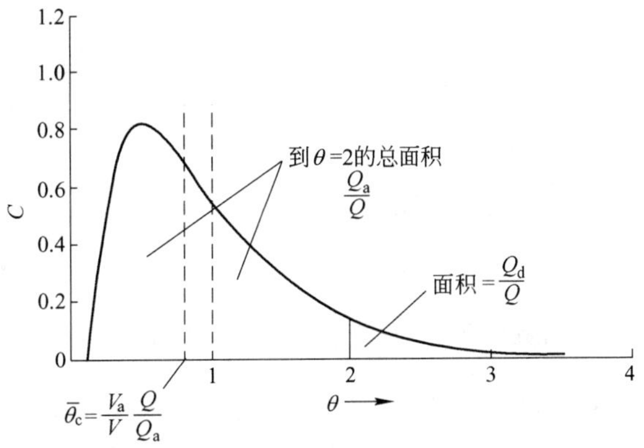

图 4.21　包含死区组合模型的 RTD 曲线

$$\frac{V_a}{V} = \frac{Q_a}{Q}\bar{\theta}_c \tag{4.40}$$

因而，死区体积分数变为：

$$\frac{V_d}{V} = 1 - \frac{Q_a}{Q}\bar{\theta}_c \tag{4.41}$$

Q_a/Q 项表示 C 曲线下面 θ 从 0 至 2 的面积。随着死区的出现，测定的平均无因次停留时间为：

$$\bar{\theta}_c < 1 \tag{4.42}$$

如果死区为完全滞止，以致流动流体不进入或离开此区域，则通过体系中流体流动的体系有效体积将为 V_a（或式（4.41）中的 Q_a/Q 为 1）。因此，死区的体积分数为：

$$\frac{V_d}{V} = 1 - \bar{\theta}_c \tag{4.43}$$

滞止体积的死区体积分数可由式（4.43）给出，而流得很慢流体的死区体积分数由式（4.41）给出。

除了上面描述的流动，下面几种类型的流动也可以在组合模型中表示：支流流动，循环流，错流。在文献［1］中可以找到这些流动所采用的模型。

4.4.3.3　组合模型在中间包钢液流动中的应用

组合模型已广泛应用于分析连铸中间包内的活塞流、全混流和死区的体积。在水模型或实际中间包中获得的典型实测 C 曲线表明在 $\theta=2$ 之后还有一条尾巴，这说明中间包存在着通过死区的慢流。如图 4.22 所示，在中间包坝和堰或端壁附近区域存在流体流动速度很慢的死区。在这些区域的流体不断与中间包内的主

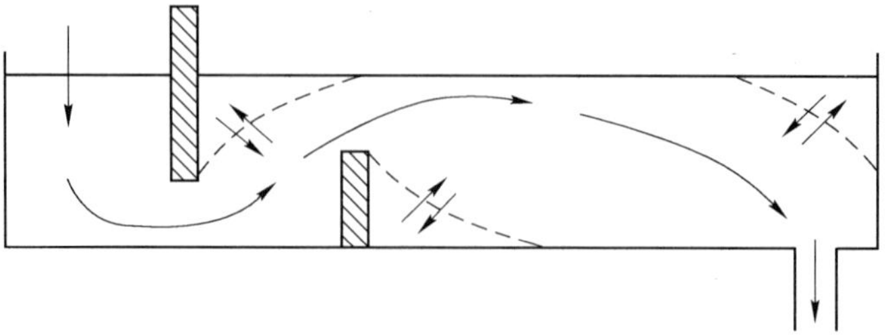

图 4.22 存在死区和活跃区流体交换的中间包内钢液流动示意图

流（以活跃体积表示）进行交换。不应该将这些区域考虑为滞止的死区体积区域。正如上面所述，中间包内的死区体积分数由式（4.41）给出。

发表的有关中间包模拟的文献表明了组合模型并没有得到正确解释和应用。这些不准确的方法中比较典型的有两种。第一种就是使用式（4.43），而且已被广泛使用（如文献［8，9］）。因而，模型假设图 4.21 中曲线下方从 $\theta=2$ 到∞的面积为零。在绝大多数中间包流动体系中，RTD 曲线在 $\theta=2$ 之后还要延伸许多。此面积表示了通过死区的体积流量分数（Q_d/Q）。在典型中间包设计的水模型实验中，常常存在主流（活跃体积）与所谓死区间的液体交换。完全滞止体积的假设就是活跃区与死区之间没有流体的交换，这将导致计算上的一些误差。

第二种方法（如文献［10］），目前还没有被普遍应用。其考虑是将死区体积分数与曲线下方从 $\theta=2$ 到∞的面积相等。事实上，此面积就是通过死区的体积流量分数（Q_d/Q）。从公开发表的文献还没有发现用式（4.41）来计算死区的体积。表 4.1 给出了用式（4.43）计算死区体积的计算误差。这里假设没有任何流动的死区体积占总体积的 10%。表 4.1 给出了通过死区的体积流量分数分别为 1%、5% 和 10% 时的死区体积。有 10% 流动通过死区时的计算误差高达 90%。

表 4.1 忽略 Q_d/Q 死区体积的计算误差

Q_d/Q	V_d/V	V_d/V 的误差	Q_d/Q	V_d/V	V_d/V 的误差
0	0.1	0	0.05	0.145	45%
0.01	0.109	9%	0.1	0.19	90%

死区体积计算后，留下的工作是计算中间包内的活塞流和全混流体积。为此建议两种方法进行计算。在已被许多研究者所采用的传统计算方法中，将中间包出口中首先出现示踪剂的响应无因次时间 θ_{min} 等于活塞流体积分数。流动体系中剩余部分就是由全混流体积组成。因此，可以使用下列方程：

$$\frac{V_p}{V}=\theta_{min} \tag{4.44}$$

$$\frac{V_m}{V} = 1 - \frac{V_p}{V} - \frac{V_d}{V} \tag{4.45}$$

第二种方法就是计算 RTD 的方差 σ^2。式（4.21）给出了方差与扩散数（D_e/UL）之间的关系。因而，对于给定的曲线就可以计算扩散数。扩散数数值提供了偏离理想活塞流的程度。活塞流的扩散数为零，全混流体系的扩散数为无穷大。因此，高的扩散数表明活塞流的比例比较小。

4.4.3.4 中间包钢液流动特性分析的一个例子

考虑中间包中实验测定的一典型钢液停留时间分布（RTD），RTD 曲线分布远超过 $\theta=2$ 的无因次时间。通过组合模型已对表示在图 4.21 中 C 曲线进行了体系各种流动区分析。

整条曲线下方的面积：

$$\sum_{\theta=0}^{\infty} C_i \Delta\theta = 1 \tag{4.46}$$

整条曲线的平均停留时间：

$$\bar{\theta} = \frac{\sum_{\theta=0}^{\infty} C_i \Delta\theta}{\sum_{\theta=0}^{\infty} C_i} = 1 \tag{4.47}$$

到曲线 $\theta=2$ 的平均停留时间：

$$\bar{\theta}_c = \frac{\sum_{\theta=0}^{2} C_i \Delta\theta}{\sum_{\theta=0}^{2} C_i} = 0.857 \tag{4.48}$$

到 $\theta=2$ 曲线下方的面积：

$$\frac{Q_a}{Q} = \sum_{\theta=0}^{2} C_i \Delta\theta = 0.9134 \tag{4.49}$$

从式（4.41）计算死区体积分数：

$$\frac{V_d}{V} = 1 - \frac{Q_a}{Q}\bar{\theta}_c = 0.217 \tag{4.50}$$

这个实例中，通过死区的流体流量估算约为 9%，由式（4.43）（忽略 Q_d/Q 的体积）计算得到的死区体积为 14.3%。准确的死区体积为 21.7%，比用式（4.43）计算的结果高出约 50%。中间包形状的任何一点改变如采用不同的流动控制装置，改变总的流量或改变中间包中的液体深度，都将引起 $\bar{\theta}_c$ 和 Q_d/Q 的变化。

4.5 小结

本章详细讨论了中间包中所涉及的流体流动特性。介绍了刺激响应技术和描述流体停留时间分布的各种模型。通过一个例子阐述了组合模型在中间包钢液流动特性描述方面的应用。

参 考 文 献

1. O. Levenspiel, *Chemical Reaction Engineering*, Wiley International, New York, 1972.
2. E. Th. Van der Laan, *Chemical Engineering Science*, 1958, 7, 187.
3. O. Levenspiel and K. B. Bischoff, *Ind. Eng. Chem.*, 1963, 4, 95.
4. H. A. Dean, *Soc. Petrol. Eng. J.*, 1963, 3, 49.
5. C. J. Hoogendoorn and J. Lips, *Can. J. Chem. Eng.*, 1965, 43, 125.
6. J. C. Mecklenburgh, *Trans. Inst. Chem. Engrs.*, 1974, 52, 180.
7. Y. T. Shah, G. J. Stiegel, and M. M. Sharma, *A. I. Ch. E. J.*, 1978, 24, 369.
8. F. Kemeny, D. J. Harris, A. McLean, T. R. Meadowcroft, and J. D. Young, *Proc. Steelmaking Conf.*, ISS, 1981, 2, 232.
9. J. Knoepke and J. Mastervich, *Proc. Steelmaking Conf.*, ISS, 1986, 69, 777.
10. L. K. Chiang: *Proc. Steelmaking Conf.*, ISS, 1992, 75, 437-450.

5 钢液流动模拟

5.1 引言

第3章和第4章着重介绍了流体流动基础和流动特性。本章将对这些原理方法在中间包中的应用进行分析和讨论。人们已经很好地认识到连铸中间包内合理的钢液流动对洁净钢生产的重要性。为了获得所希望的流动特性，中间包的合理设计和钢液体积流量的优化均是十分有必要进行的前期工作。发现许多情况下中间包内坝、堰、夹板和冲击板等控流装置的使用可以改善其流动特性。为了对这些控流装置的效果做出评估和优化中间包的设计，在实际生产的设计应用之前，研究人员通过物理模型和/或数学模型进行了钢液流动和夹杂物去除方面的模拟。设计的最终目标是钢液经过中间包时尽可能多去夹杂而不产生新夹杂，从而浇铸出洁净的钢。

在物理模拟中，通常用低温的水溶液模拟中间包中的钢液。透明中间包模型中的水流可以用来观测发生在实际中间包中的钢液流动。正如上面所述的另一种研究中间包流动的方法是数学模拟，用湍流的 Navier-Stokes 方程描述中间包内钢液的流动。用一组合理的边界条件求解该方程可获得体系中速度和湍流场的详细信息。可用这些信息进一步分析中间包内钢液流动的各个方面。随着计算机功能的不断增强与成本的不断降低，以及商用软件包用户友好界面的不断开发完善，数学模拟正在变得越来越普及，而且可以预见在不久的将来会有更大的发展。尽管几乎所有商用软件包都宣称用户界面友好，但是使用者为了能充分利用这些软件的优点而不得不接受高级培训。从这些软件包所获得的结果与其他的计算机程序一样取决于求解过程所采用的假设和边界条件。因而，任何不恰当的边界条件都有可能导致错误和误导的结果。甚至现在，使用这些软件来正确处理中间包中存在的自由表面和多相流还是比较困难，需要适当的培训和对软件包熟悉。因此，建议数学模型一开始的一些结果必须要通过实验，如水模拟或工业试验进行验证。

5.2 物理模拟

物理模拟中，用水模拟钢液，依据合适的相似准则（在后面阐述），可以设计尺寸相同或缩小比例的中间包模型。如果模型中水的流动真实再现了实际中间包中的钢液流动，那么中间包钢液流动的各个方面均可加以研究，包括：

（1）中间包注入钢液早期阶段来自钢包注流流股的钢液飞溅；

（2）敞开注流对空气/气体卷吸、渣乳化和卷入的影响，以及对中间包内流场的影响；

（3）自由表面波的形成和表面湍动；

（4）用示踪剂显示中间包不同区域的流体流动；

（5）采用激光测速仪或热线风速仪测定液体的速度和湍流特性；

（6）研究流体的停留时间分布（RTD）；

（7）模拟夹杂物的传输与上浮；

（8）浇铸后期中间包的旋涡形成和中间包渣的卷入。

利用水模型也很容易确定控流装置对流体流动各个方面的影响规律。

5.2.1 相似性

为了使中间包模型能真实反映实际的流动，模型和实际中间包之间一些相应量的比值应为常数。对于中间包内的钢液流动而言，通常所说的相似律包括几何相似、运动相似、动力相似和热相似。

5.2.1.1 几何相似

实际中间包和模型必须满足几何相似。中间包模型的所有长度尺寸与实际中间包相应的长度尺寸的比例应为定值。如图5.1所示，每个长度尺寸必须满足如下关系：

$$L_m = \lambda L_p \tag{5.1}$$

式中的下标m和p分别代表的是模型和原型（实际中间包）；λ为长度比例因子。

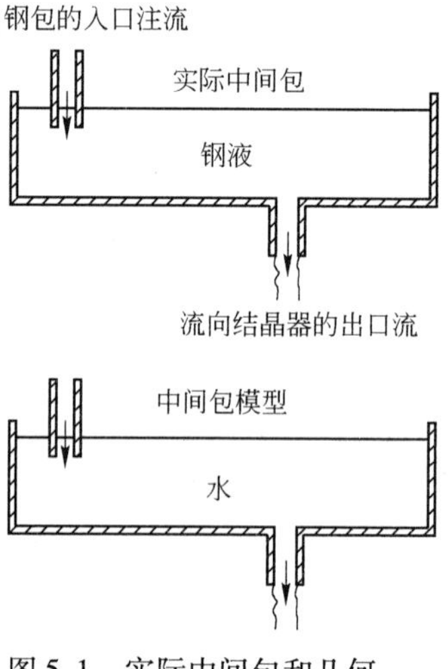

图5.1 实际中间包和几何相似模型的示意图

5.2.1.2 运动相似

此相似性要求两个体系中每个相应的流体微元必须服从几何相似，而且两个体系中所对应现象间的时间间隔比值也应该为定值，这个比值就是所谓的时间比例因子。

5.2.1.3 动力相似

此相似性涉及作用在两个体系上的力，这些力加速或减缓体系中的流体运动微元。根据这一相似性，在所对应的时间和地点作用在中间包模型中的力与作用在实际中间包中的力的比值必须是固定不变的。因此，以控制中间包内液体流动的力为例，惯性力、黏性力和重力可表达为：

惯性力：

$$F_i = \rho v^2 L^2 \tag{5.2}$$

黏性力：
$$F_\eta = \eta v L \tag{5.3}$$

重力：
$$F_g = \rho g L^3 \tag{5.4}$$

因而，在模型和原型中所对应的时间和位置，应满足：

$$\frac{F_{i,m}}{F_{i,p}} = \frac{F_{\eta,m}}{F_{\eta,p}} = \frac{F_{g,m}}{F_{g,p}} = \text{常数}, \lambda_f \tag{5.5}$$

考虑上式关系式中头两项，即模型和原型中惯性力与黏性力的比：

$$\frac{F_{i,m}}{F_{i,p}} = \frac{F_{\eta,m}}{F_{\eta,p}} \tag{5.6}$$

$$\left[\frac{\rho v^2 L^2}{\eta v L}\right]_m = \left[\frac{\rho v^2 L^2}{\eta v L}\right]_p \tag{5.7a}$$

$$Re_m = Re_p \tag{5.7b}$$

同样，模型和实际中间包中惯性力与重力的比将给出弗劳德数相等：

$$\frac{F_{i,m}}{F_{i,p}} = \frac{F_{g,m}}{F_{g,p}} \tag{5.8}$$

$$\left[\frac{v^2}{gL}\right]_m = \left[\frac{v^2}{gL}\right]_p \tag{5.9a}$$

$$Fr_m = Fr_p \tag{5.9b}$$

5.2.1.4 热相似

在进行中间包有热损失的水模拟中，很重要的一点要考虑热相似性。热相似要求模型和实际中间包中所对应的温度差的比值必须相同，还要求模型中在给定的时间和地点以热传导、对流和辐射传热方式的传热速率与实际中间包中所对应的热损失速率比值为定值。

5.2.2 相似准则

上述定义并阐述了有关中间包模拟相似性的四个方面。如果模型与实际中间包之间这四个方面的相似性都能得到保证的话，那么模型将提供实际中间包内流体流动真实而准确的模拟。但有时往往是不可能做到上述所有方面的相似。在这种情况下，重要的是要认识被模拟所忽略的如力对中间包模型中流体流动所产生的相应影响。因为这也许是物理模拟最为重要的方面，所以将对此做更为详细阐述。

确定相似准则的方法之一是依据描述体系行为的方程。考虑层流等温流动，可以用式（3.8）给出的 Navier-Stokes 方程描述，即：

$$\rho \frac{\mathrm{D}\boldsymbol{v}}{\mathrm{D}t} = -\nabla p + \eta \nabla^2 \boldsymbol{v} + \rho g \tag{5.10}$$

上式中的体积力为重力。通过采用下列的无因次量可将式（5.10）写成无因次形式：

$$v^* = \frac{v}{V};\ x^* = \frac{x}{L};\ t^* = \frac{tv}{L};\ p^* = \frac{p - p_0}{\rho v^2} \quad (5.11) \sim (5.16)$$

$$\nabla^* = L\nabla;\ \nabla^{*2} = L^2\nabla^2$$

将上述的无因次量代入式（5.10）可得：

$$\frac{\mathrm{D}\boldsymbol{v}^*}{\mathrm{D}t^*} = -\nabla^* p^* + \left(\frac{\eta}{Lv\rho}\right)\nabla^{*2}\boldsymbol{v}^* + \left(\frac{gL}{v^2}\right) \tag{5.17}$$

上式括号中出现的两个无因次数为雷诺数（Re）和弗劳德数（Fr）的倒数。这些无因次组也出现在式（5.7）和式（5.9）中，惯性力、黏性力和重力已被认为是控制中间包内流动最为重要几个力。因此，保持模型与实际中间包之间 Reynolds 相似和 Froude 相似将意味在这两个中间包中流动流体的惯性力、黏性力和重力之比为常数。

模型（m）和实际中间包（p）之间的 Reynolds 相似，意味着：

$$\left[\frac{vL\rho}{\eta}\right]_{\mathrm{m}} = \left[\frac{vL\rho}{\eta}\right]_{\mathrm{p}} \tag{5.18}$$

由于室温下水运动黏度（η/ρ）与 1600℃ 钢液的基本相同（差别在 10% 范围内），上式可以表示为：

$$v_{\mathrm{m}} \approx \left(\frac{1}{\lambda}\right)v_{\mathrm{p}} \tag{5.19}$$

式中，λ 为长度比例因子，可由式（5.1）给出。同样，模型和实际中间包之间 Froude 相似也意味着：

$$\left[\frac{v^2}{gL}\right]_{\mathrm{m}} = \left[\frac{v^2}{gL}\right]_{\mathrm{p}} \tag{5.20}$$

因而：

$$v_{\mathrm{m}} = \sqrt{\lambda}v_{\mathrm{p}} \tag{5.21}$$

式（5.19）和式（5.21）清楚表明要同时满足室温水模型中的 Reynolds 和 Froude 相似准则，唯一的可能是采用全比例模型（即 $\lambda = 1$）以保持模型与原型中速度相同。由于在缩小比例模型（$\lambda < 1$）中只有这两个准则中一个得到满足，因此研究者通常选择 Froude 相似准则，即依据式（5.21）在缩小比例模型中使用一缩小的速度。缩小比例模型中忽略 Reynolds 相似所产生的影响将在下面的章节中讨论。

5.2.3 等温体系

考虑到水模型模拟中间包钢液流动并没有空气或气体的卷吸，而且钢液的流动不受因钢液温差而引起的热浮力的影响，这样的流动可以用室温的水来模拟，即所指的等温体系。通过考虑作用在等温流动中间包模型体系上相关的力，可以确定 Reynolds 和 Froude 模拟准则的重要性和有效性。涉及这种流动体系相关的力是惯性力、黏性力和重力。

雷诺数为作用在流体上的惯性力与黏性力之比。惯性力引起对流流动或对流动量传输，黏性力引起黏性或扩散动量传输。在层流流动中，流体的分子黏性引起了相邻流体层之间的交换导致扩散动量传输。但是，中间包内的流动通常为湍流流动。在湍流流动中，扩散动量传输不仅仅是分子交换，而且也有较长距离上（与分子平均自由路径比较而言）即涡流长度上的涡流交换。在这样的流动中，由涡流交换所引起扩散动量传输的贡献率比由分子黏性所引起分子交换的贡献率要高出好几个数量级。因此，与因分子交换引起动量传输的分子黏度一样，湍流黏度决定了由涡流交换引起的动量传输。“有效黏度”指的就是分子黏度与湍流黏度之和。需要再次强调的是分子黏度是流体的一个特性，而湍流黏度取决于流体的流动（这已在第 3 章做了阐述）。在湍流流动中，扩散动量传输取决于有效黏度而不是分子黏度。因此，雷诺数的相似在层流流动中是非常重要，但湍流流动的模拟中它就变得不重要。

惯性力与重力之比的弗劳德数对于有惯性力和重力两者同时作用的流体是很重要的。由于中间包模型中的水为等温，重力对流体的流动不产生影响。因此，对于钢液流动的单一模拟就没有必要采用弗劳德数相似准则。但是，正如后面要讨论的，弗劳德数相似给出了实际中间包与根据不同比例因子而缩小比例模型之间的关系式。同时，对于在熔体中密度较轻的夹杂物上浮过程模拟，弗劳德数相似提供了模拟中间包内钢液流动、夹杂物聚合与上浮等方面一个非常方便的方法。

考虑 3.9 节中给出的动量衡算方程（式（3.19）），对于中间包内等温液体的湍流流动，稳态动量衡算方程可以写为以下的形式：

$$\frac{\partial(\rho v_i v_j)}{\partial x_j} = -\frac{\partial p}{\partial x_i} + \frac{\partial}{\partial x_j}\left[\eta_{\mathrm{eff}}\left(\frac{\partial v_i}{\partial x_j} + \frac{\partial v_j}{\partial x_i}\right)\right] \tag{5.22}$$

式中，$\eta_{\mathrm{eff}} = \eta + \eta_{\mathrm{t}}$。

式（5.22）的无因次形式将产生下面的无因次数 Re_{T}，它可以认为是湍流雷诺数，即：

$$Re_{\mathrm{T}} = \frac{VL\rho}{\eta_{\mathrm{eff}}} \tag{5.23}$$

因此，为了保持两个湍流流动中间包流动的相似性，湍流动量衡算方程（5.22）中无因次形式的每项值在两个体系中要相同，这一点很重要。因此，很显然两个等温中间包中流动的相似性只有在几何相似和湍流雷诺数数值相同的情况下才能得以维持。

为了验证这些论点，Sahai 和 Emi 报道了水模拟和数学模拟方面的研究结果[1]。对于水模拟，采用了两个实验室比例的中间包模型，其尺寸见表 5.1。模型 A 的尺寸是模型 B 的 60%，模型 A 和模型 B 两者保持几何相似。实验中，水流过中间包模型的时间足够长以保证建立起稳态流动。将一定量的染料溶液以脉冲的方式注入到入口注流中，从出口流股中记录染料的浓度随时间变化的情况。将无因次浓度对无因次时间作图这样获得了不同水流量下的 RTD 曲线。

表 5.1　水模拟中的中间包模型尺寸（m）

中间包模型	长　度	液体深度	宽　度	相对比例
A	0.81	0.24	0.34	0.6
B	1.35	0.40	0.54	1.0

图 5.2 表示的是模型 A（小模型）的结果，水流量在 0.13L/s 至 0.76L/s 间变化。每一条曲线表示的是同一流量下至少两次实验结果的平均值。可以看出所有的 RTD 曲线均比较接近。中间包模型 B 类似的实验结果见图 5.3，体积流量在 0.13L/s 至 0.88L/s 间变化。除了最小的流量（0.13L/s）外，其他流量下的 RTD 曲线甚至比模型 A 还要接近。

图 5.4 所画的曲线分别为中间包模型 A 和中间包模型 B 所有 RTD 曲线的平均值（最小流量 0.13L/s 除外）。很显然在比较宽的流量范围内，两个中间包模型 A 和 B 的 RTD 曲线的差异很小，而且这一点微小的差异有可能是实验误差所

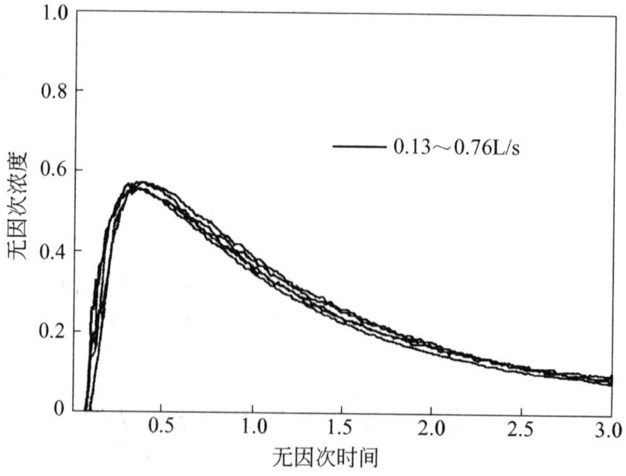

图 5.2　不同水流量下中间包模型 A（小模型）中停留时间分布曲线[1]

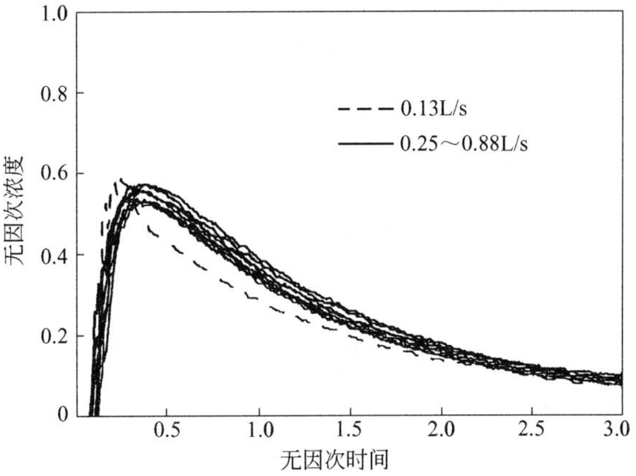

图 5.3 不同水流量下中间包模型 B（大模型）中停留时间分布曲线[1]

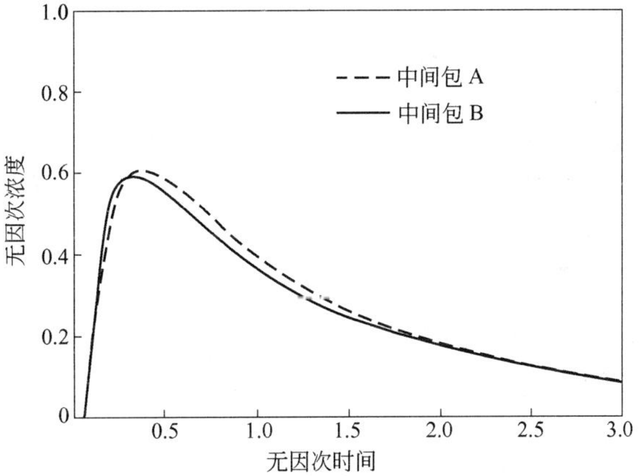

图 5.4 宽的流量范围内中间包模型 A 和中间包模型 B 平均停留时间分布曲线

造成的。因此，雷诺数和弗劳德数两者在一个较大的范围内变化，发现其 RTD 曲线几乎没有变化。大中间包模型中流量 0.13L/s 的 RTD 曲线与其他不同。这样的流量对大模型而言是太小了以致流动区域没有什么湍流。换言之，层流流动占据流体的绝大部分。在这种情况下，大部分流体体积是由层流黏性力控制，而且成为需要满足层流雷诺数（依据分子黏性）的这类流体。

通过求解三维湍流的 Navier-Stokes 方程，可以获得中间包模型 A 和 B 以及实际中间包中液体的流场和 RTD 曲线。实际中间包的所有尺寸是比模型 B 大 3 倍。模型 A 和 B 流动求解的流体为水，而实际中间包 C 中钢液和水两种流体的流动均进行了求解。在模型 A 和模型 B 以及实际比例中间包 C 中所获得的理论计算

RTD 曲线表示在图 5.5 中。可以看出所有的这些曲线相互之间没有实质性的区别。水模拟与数学模拟的 RTD 比较也表明两者从定量上吻合良好，见图 5.4 和图 5.5。

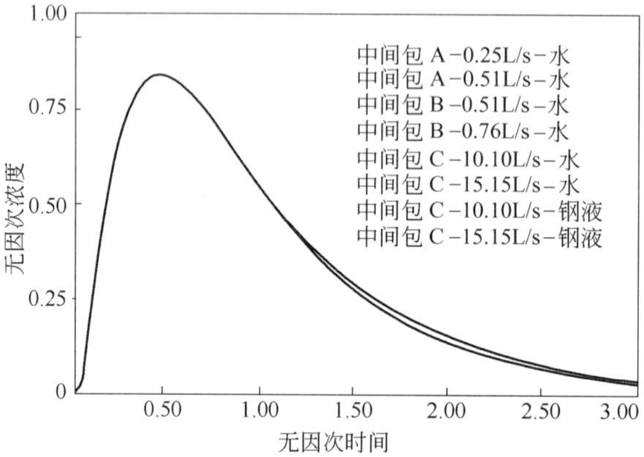

图 5.5 不同流量和不同中间包尺寸用数学模型计算的水和钢液的停留时间分布

因此，水模拟和数学模拟的结果已证明了，在由湍流占主导的等温流动体系中，层流雷诺数或弗劳德数的匹配并不重要；分析也表明保持湍流雷诺数（式(5.23)）为常数，这一点很重要。对于钢液的流动，湍流雷诺数表示的是造成对流流动的惯性力与引发涡流流动或扩散流动的有效（涡流）黏性力之比。

Sahai 和 Burval 的研究[2]已表明在湍流流动的中间包体系中，在一个大的水和钢液的流量和中间包尺寸范围内，$VL\rho$ 项与有效黏度 η_{eff}成正比。换言之，对给定的流体和中间包尺寸，有效黏度与流体的速度以相同的比例增加以保持湍流的雷诺数不变。

总之，对于模拟中间包内钢液湍流流动的等温水模型，必须保证几何相似，并且模型要在保证湍流范围的流量下操作。如果在湍流的范围进行实验，湍流的雷诺数相似准则也就自然得到满足。在缩小比例模型中，钢液流动的模拟没有必要满足 Froude 相似准则。然而，正如下面要讨论的，Froude 相似准则提供了模型与原型中间包之间有关钢液流动和夹杂物行为参数的关系式。因而，在缩小比例中间包模型中普遍使用 Froude 相似准则。

5.2.4 非等温体系

实际的连铸生产中，钢液流动的条件完全有可能变成非等温。流动的非等温属性是因为浇铸过程中发生了通过中间包表面、墙和底面的热损失，而且更有可能是来自不同炉次的钢包钢液注流温度发生变化或同一炉次的钢液温度随时间发生变化。因此，就存在这样的情况，即钢包钢液注流的温度与中间包钢液温度存在差异。实际连铸生产中，这种情况就比较普遍。Chakraborty 和 Sahai 的研究已表明在这种情况下的钢液流动与等温条件下的有很大的差异[3]。因此，如果水模拟能够说明发生在实际连铸中间包中非等温流体流动现象的各个方面，那将是十分有用的。Damle 和 Sahai[4]确定了非等温中间包体系必要的模拟准则。对于非等温流动，除几何相似和动力相似外，满足热相似也很有必要。

为了建立相似准则，描述流动的控制方程转换成无因次形式。非等温湍流流动的动量衡算方程为：

$$\frac{\partial(\rho v_i)}{\partial t}+\frac{\partial(\rho v_i v_j)}{\partial x_j}=\frac{\partial}{\partial x_j}\left[\eta_{\mathrm{eff}}\left(\frac{\partial v_i}{\partial x_j}+\frac{\partial v_j}{\partial x_i}\right)\right]-\frac{\partial p}{\partial x_i}+(\rho-\rho_{\mathrm{ref}})g_i \tag{5.24}$$

式（5.24）中的最后一项为因流体密度差引起的单位体积的浮力。如果β为流体的热膨胀系数，那么：

$$\beta=-\frac{1}{\rho_{\mathrm{ref}}}\left(\frac{\partial\rho}{\partial T}\right)_p \tag{5.25}$$

这样，密度的变化可表示为：

$$\rho-\rho_{\mathrm{ref}}=-\rho_{\mathrm{ref}}\beta\Delta T \tag{5.26}$$

式中，ρ_{ref}为参考密度。Navier-Stokes 方程可以改写为：

$$\frac{\partial(\rho v_i)}{\partial t}+\frac{\partial(\rho v_i v_j)}{\partial x_j}=\frac{\partial}{\partial x_j}\left[\eta_{\mathrm{eff}}\left(\frac{\partial v_i}{\partial x_j}+\frac{\partial v_j}{\partial x_i}\right)\right]-\frac{\partial p}{\partial x_i}-\rho_{\mathrm{ref}}\beta\Delta T g_i \tag{5.27}$$

湍流流动体系中的温度分布可由热量衡算方程确定：

$$\frac{\partial\rho C_p T}{\partial T}+\frac{\partial(\rho C_p T v_j)}{\partial x_j}=\frac{\partial}{\partial x_j}\left(k_{\mathrm{eff}}\frac{\partial T}{\partial x_j}\right) \tag{5.28}$$

式中，k_{eff}为有效导热系数，是流体的分子导热系数与湍流导热系数之和。通过式（5.27）中的浮力项将温度场与速度场耦合在一起。式（5.27）和式（5.28）共同控制了体系中的流动动力学。入口的边界条件为钢包注流温度，即：

$$T=T_{\mathrm{inlet}} \tag{5.29}$$

式（5.27）写成无因次形式为：

$$\frac{\partial(\rho^* v_i^*)}{\partial t^*}+\frac{\partial(\rho^* v_i^* v_j^*)}{\partial x_j^*}=\frac{\partial}{\partial x_j^*}\left[\frac{\eta_{\mathrm{eff}}}{\rho_{\mathrm{ref}}vL}\left(\frac{\partial v_i^*}{\partial x_j^*}+\frac{\partial v_j^*}{\partial x_i^*}\right)\right]-\frac{\partial p^*}{\partial x_i^*}-\frac{\beta\Delta TL}{v^2}g_i \tag{5.30}$$

式（5.28）的热量衡算方程式的无因次形式为：

$$\frac{\partial\rho^* T^*}{\partial t^*}+\frac{\partial(\rho^* T^* v_j^*)}{\partial x_j^*}=\frac{\partial}{\partial x_j}\left(\frac{k_{\mathrm{eff}}}{\rho_{\mathrm{ref}}C_p VL}\frac{\partial T^*}{\partial x_j}\right) \tag{5.31}$$

式中，无因次温度：

$$T^* = \frac{T - T_0}{T_{\text{inlet}} - T_0} = \frac{T - T_0}{\Delta T_0} \tag{5.32}$$

从上述无因次方程引出的无因次组为：

$$\frac{1}{Re_{\text{T}}} = \frac{\eta_{\text{eff}}}{\rho_{\text{ref}} vL} \tag{5.33}$$

$$Tu = \frac{\beta \Delta T_0 L g_i}{v^2} \tag{5.34}$$

$$\frac{1}{Pr_{\text{T}} Re_{\text{T}}} = \frac{k_{\text{eff}}}{\rho_{\text{ref}} C_p vL} \tag{5.35}$$

5.2.1 节中等温体系模拟已表明湍流流动条件下 Re_{T}保持不变。式（5.35）给出的无因次数是湍流雷诺数和湍流普朗特数乘积的倒数。湍流流动条件下，普朗特数可以假设为常数，因而式（5.35）给出的无因次组也为常数。由于这是在考虑流动的条件下从热量方程中引出的唯一的无因次组，因此，热相似也就得到了满足。

因此，也只有由式（5.34）给出这么一个无因次组才得以满足热相似。这个无因次数类似于修正的弗劳德数。由于这个无因次组涉及中间包流动的模拟，并且定义无因次组的所有量均与中间包的条件有关，因此，Damle 和 Sahai 决定将此数称为中间包 Richardson 数（Tu）。Tu 表示浮力与惯性力之比，即：

$$Tu = \frac{Gr}{Re^2} = \frac{gL\beta\Delta T_0}{v^2} = \frac{\text{浮力}}{\text{惯性力}} \tag{5.36}$$

中间包中钢液温度的不均匀分布导致了浮力的产生。非等温条件下，浮力、惯性力等这些力的作用所形成的中间包内流场与等温条件的不同。要保持模型与原型的 Tu 为常数必须要保证两个体系中浮力与惯性力之比相同，这样才能满足模型与原型之间的动力相似要求。

Damle 和 Sahai 通过改变中间包中温差 ΔT、特征长度 L 和流体速度 v，但保持 Tu 为常数，用水模拟和数学模拟进行了验证中间包 Tu 的试验[4]。他们发现对于不同条件下的 RTD 曲线所反映的流体流动行为并没有差别。因此，保持 Tu 常数是模拟非等温体系的充要条件。

5.2.5　夹杂物去除的模拟

已有许多采用表面涂或不涂乙烯硅烷的空心玻璃球或尺寸在 20 ~ 150μm 聚乙烯粒子在水模型中模拟非金属夹杂物去除的研究。这些粒子采用连续式加入来流中或脉冲式注入。采用几种不同的方法来分析中间包模型出口水中粒子的尺寸和重量。这些分析方法包括：对过滤后的粒子进行称重或在显微镜下进行观测；

采用 Coulter 计数器确定粒子的尺寸和数密度。Sahai 和 Emi 已分析讨论了中间包中合理模拟非金属夹杂的聚合与上浮行为的相似准则[1]。

5.2.5.1 夹杂物的上浮

钢液中的非金属夹杂物要比钢液轻，因此能上升到熔池的表面。考虑到夹杂物在中间包中的尺寸范围，可以假设夹杂物以 Stokes 速度上升。参照图 5.6，夹杂物是被速度为 $v_{f,p}$的流体携带并以 $v_{r,p}$的 Stokes 速度上升。在中间包模型中，相应的速度分别为 $v_{f,m}$和 $v_{r,m}$。为了粒子轨迹的相似与合理模拟，有必要满足下列条件：

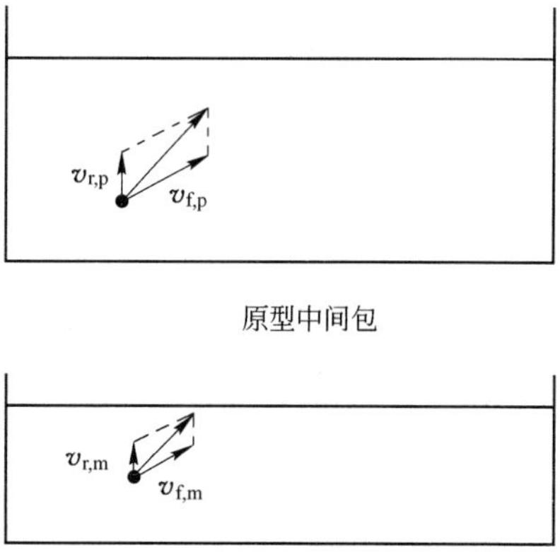

图 5.6 原型和中间包模型中夹杂物颗粒和相对速度的示意图

$$\frac{v_{f,m}}{v_{f,p}} = \frac{v_{r,m}}{v_{r,p}} \tag{5.37}$$

为了便于讨论，假设 1∶1 的水模型满足了 Reynolds 和 Froude 相似准则，比例缩小模型的操作满足 Froude 相似。夹杂物上浮的模拟中采用 1∶1 的水模型，情况就变得比较简单，原型和模型中的长度、速度、体积流量以及不同情况下的相应时间均保持相同。可选用合适的材料来模拟夹杂物。模型中夹杂物的尺寸必须与钢中的夹杂物保持一样，并且模型和原型中夹杂物与液体的密度之比也必须保持相同。这就能满足式（5.37）所定义的准则，而且希望通过这样的模拟实验所获得夹杂物上浮的信息是对实际情况的真实再现。

现在设想一下缩小比例模型的实验设计是依据 Froude 相似准则。式（5.21）和式（5.1）给出了模型和实际中间包之间速度和长度的关系：

速度：
$$v_m = \sqrt{\lambda} v_p \tag{5.21}$$

长度：
$$L_m = \lambda L_p \tag{5.1}$$

在这样的实验中，模拟夹杂物的选择必须使其与水的密度比与实际的比例相同。现在重要的问题是夹杂物的尺寸。依据严格的 Froude 相似，可以建议模型中的夹杂物尺寸（直径）减少 λ 倍以满足式（5.1）。现可依据作用在颗粒上的相对速度解决模型夹杂物的尺寸问题。正如前述，为了在模型中所获得的夹杂物上浮/去除率与原型的相同，两者中的流体流动速度与 Stokes 上升速度之比必须相同。式（5.21）给出了模型和原型中液体本体流动的速度比，即：

$$\frac{v_{f,m}}{v_{f,p}} = \sqrt{\lambda} \tag{5.38}$$

水模型和原型中的夹杂物 Stokes 上升速度为：

$$v_{r,m} = \frac{2R_{inc,m}^2 g(\rho_w - \rho_{inc,m})}{9\eta_w} \tag{5.39}$$

$$v_{r,p} = \frac{2R_{inc,p}^2 g(\rho_{st} - \rho_{inc,p})}{9\eta_{st}} \tag{5.40}$$

因此，对于原型和中间包模型中夹杂物轨迹的相似性（由式（5.37）），由式（5.39）除以式（5.40）所获得的两个 Stokes 上升速度的比值应与式（5.38）给出的模型与原型中液体本体流速之比相同。假设室温下水的运动黏度与1600℃钢液基本相同，则：

$$\frac{v_{r,m}}{v_{r,p}} = \frac{R_{inc,m}^2\left(1 - \frac{\rho_{inc,m}}{\rho_w}\right)}{R_{inc,p}^2\left(1 - \frac{\rho_{inc,p}}{\rho_{st}}\right)} = \sqrt{\lambda} \tag{5.41}$$

如果：

$$\frac{\rho_{inc,m}}{\rho_w} = \frac{\rho_{inc,p}}{\rho_{st}} \tag{5.42}$$

$$\frac{R_{inc,m}^2}{R_{inc,p}^2} = \frac{D_{inc,m}^2}{D_{inc,p}^2} = \sqrt{\lambda} \tag{5.43}$$

或

$$R_{inc,m} = \lambda^{0.25} R_{inc,p} \tag{5.44}$$

因此，由式（5.44）给出的关系式提供了水模型和原型中夹杂物轨迹之间的相似性，从而可以准确模拟夹杂物的上浮。例如，在一个比例为 1∶3 的模型中，夹杂物的尺寸必须是钢液中夹杂物的 0.76 倍。图 5.7 表明了钢液中夹杂物尺寸

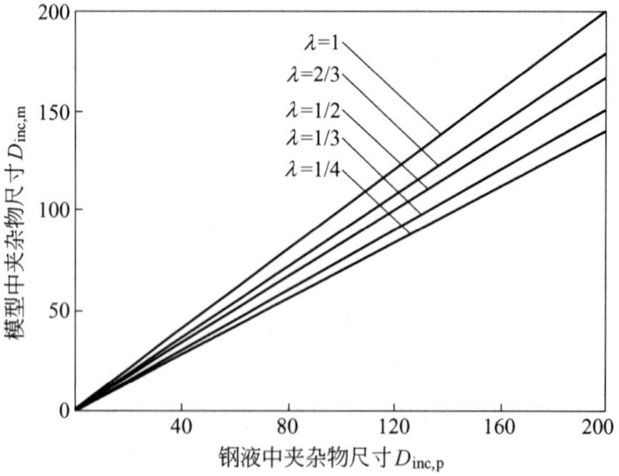

图 5.7 钢液中夹杂物尺寸与不同几何比例因子水模型中夹杂物尺寸之间的关系

与不同几何比例因子水模型中夹杂物尺寸之间的关系。

有时要找到模拟的夹杂物与水的密度比与原型的相同是比较困难，即：

$$\frac{\rho_{inc,m}}{\rho_w} \neq \frac{\rho_{inc,p}}{\rho_{st}} \tag{5.45}$$

因此，将式（5.41）变为：

$$\frac{R_{inc,m}}{R_{inc,p}} = \lambda^{0.25}\left[\frac{\left(1 - \dfrac{\rho_{inc,p}}{\rho_{st}}\right)}{\left(1 - \dfrac{\rho_{inc,m}}{\rho_w}\right)}\right]^{0.5} \tag{5.46}$$

这样式（5.46）可以用于与实际密度比不同的模拟夹杂物尺寸选择。图5.8表示的是不同的 γ 值钢液和1/3 比例水模型中夹杂物尺寸的关系，γ 由下式定义：

$$\gamma = \frac{1 - \dfrac{\rho_{inc,p}}{\rho_{st}}}{1 - \dfrac{\rho_{inc,m}}{\rho_w}} \tag{5.47}$$

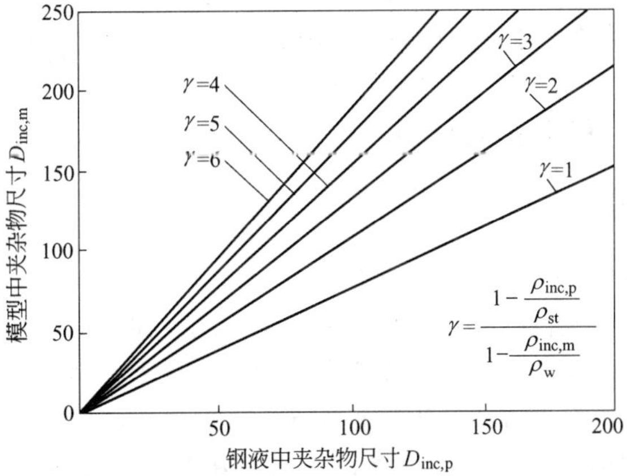

图5.8　不同的 γ 值钢液与1/3 比例水模型中夹杂物尺寸的关系

图5.9表示的是不同的 γ 值下模型与原型夹杂物的尺寸比与不同长度比例因子之间的函数关系。对于1/3 比例模型（$\lambda = 0.33$），如果原型中夹杂物与钢液的密度比为0.6，那么 γ 为2 的模型中密度比为0.8，即：

$$\frac{\rho_{inc,p}}{\rho_{st}} = 0.6 \tag{5.48}$$

$$\frac{\rho_{inc,m}}{\rho_w} = 0.8 \tag{5.49}$$

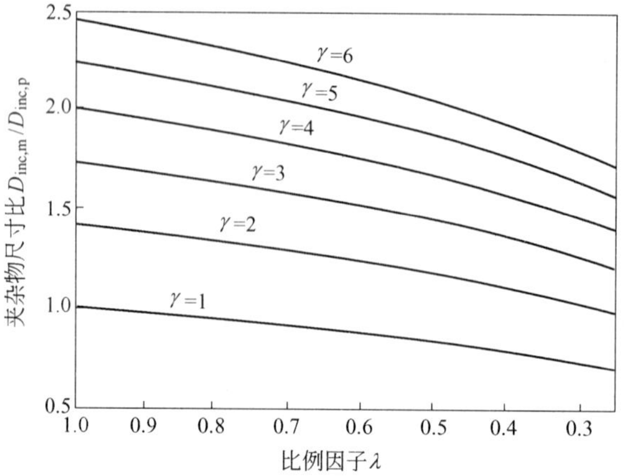

图 5.9　不同 γ 值下模型与原型夹杂物的尺寸比与不同长度比例因子之间的函数关系[1]

这样由式（5.46）或图 5.9 可得：

$$\frac{R_{inc,m}}{R_{inc,p}} = \frac{D_{inc,m}}{D_{inc,p}} = 1.07 \tag{5.50}$$

换言之，这个结果简单地表明如果模型中颗粒与水的密度之比大于原型中相应的比值，这样模型中颗粒上升将比较慢。因此，要求比较大的颗粒尺寸以弥补实际密度的差别。通过这种途径，可以获得夹杂物尺寸与不同颗粒与液体密度比之间的关系。这样颗粒在水模型中可以真实模拟实际中间包钢液中夹杂物的运动。

5.2.6　水模拟步骤

必须设计或制作 1∶1 或缩小比例模拟实际中间包的透明有机玻璃模型。正如前面章节所讨论的，保持中间包模型与原型之间的几何相似是相当重要的。可以通过安装在中间包模型上方的钢包模型向中间包注入水，也可以从管道以所要求的体积流量向中间包模型直接注入（见图 5.10）。从中间包出口流出的水既可以通过储水箱循环到中间包的入口，也可以直接排放。为了获得动力学相似，如 5.2.1 节和 5.2.2 节所阐述的，对于非等温体系，中间包 Richardson 数 Tu 的相似性必须得到满足；对于等温体系，弗劳德数相似性可提供如下很便利的关系式：

速度：$$v_m = \sqrt{\lambda} v_p \tag{5.21}$$

长度：$$L_m = \lambda L_p \tag{5.1}$$

时间：$$t_m = \sqrt{\lambda} t_p \tag{5.51}$$

体积：$$V_m = \lambda^3 V_p \tag{5.52}$$

体积流量：$$Q_m = \lambda^{2.5} Q_p \tag{5.53}$$

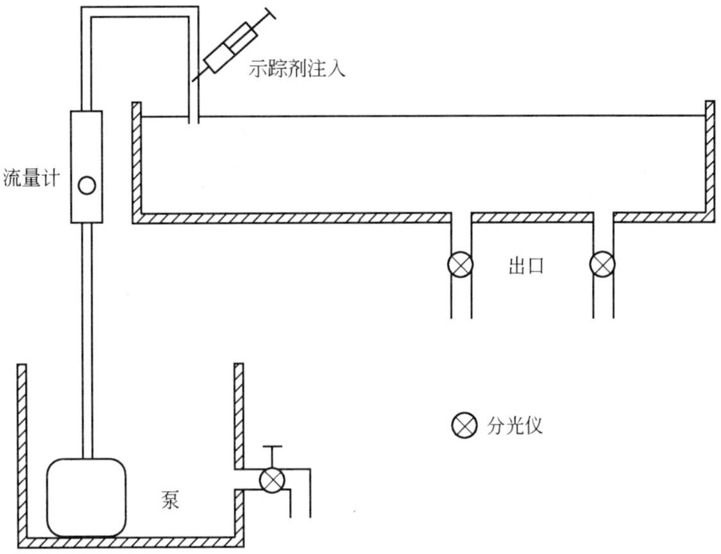

图 5.10 中间包水模拟典型装置示意图

一旦实验模型体系建立，且水可以设定的流量在体系内循环，这样就可以很容易模拟实际中间包稳态和非稳态操作过程中的流体流动特性。利用水模型已研究了 5.2 节所列出的流动的各个方面。中间包中流体的停留时间分布（RTD）是被研究最多、最普遍的内容，而且 RTD 较好地反映了中间包内整体的流动行为。这里要比较详细介绍 RTD 的研究步骤。为了进行 RTD 研究，中性、有浮力的示踪剂溶液被注入到入口附近的来流流股中。对于稳态的液体流动，实验开始前必须要保证水流有足够的时间通过模型，这样在示踪剂注入之前模型中已建立了稳态的流体流动。对于 RTD 研究，研究者已采用了几种不同的示踪剂，包括酸、盐溶液、染色溶液（如亚甲基蓝）、高锰酸钾和食品颜料等。采用浓度探头来测量中间包出口示踪剂的浓度变化。可以采用 pH 值测量仪、电导率仪或比色计分别在线测定酸、盐或颜料浓度的变化。示踪剂溶液的密度与水保持一致这一点十分重要，否则将对液体的流动和 RTD 产生不正确和误导的信息。下面将讨论示踪剂密度对流场的影响。

如果示踪剂以脉冲方式注入，所作的无因次时间-浓度曲线就是 C 曲线。在第 4 章中已对刺激响应技术做了讨论。无因次时间 θ 由式（4.2）给出，无因次浓度由式（4.4）给出。在式（4.4）中，q/V 为溶解于中间包体积 V 中的示踪剂平均浓度。有时不能精确确定示踪剂量 q，这就成为 RTD 研究中产生误差的主要来源。因此，另一种更精确的方法是从 C 曲线下方的面积计算示踪剂的量。以无因次量作图，C 曲线下方整个面积总是为 1。因此，如果实验进行得足够长，示踪剂全部流出中间包，那么曲线下方归一化的面积应该为 1。由于不存在无因次时间含糊不清的问题，在 C 曲线为 1 的归一化过程，不得不通过改变平均浓度 q/V 的值来调整无因次浓度。因而，可精确反算出所注入示踪剂的量。

可应用第 4 章所表述的轴向扩散模型、槽列模型或组合模型中的任意一个模型来分析 C 曲线。因此，这样可以测算中间包设计任何一点的改变或控流装置的使用对包内混合特性、死区或其他方面所产生的影响。

5.2.7　示踪剂密度对钢液流动特性的影响

Damle 和 Sahai 采用数学模拟和水模拟方法研究了示踪剂密度对钢液流动特性的影响规律[5]。在一个双流中间包的水模拟中，他们使用了中性有浮力的及饱和 KCl 溶液两种示踪剂。水模拟的试验装置示意图见图 5. 10。图 5. 11 和图 5. 12

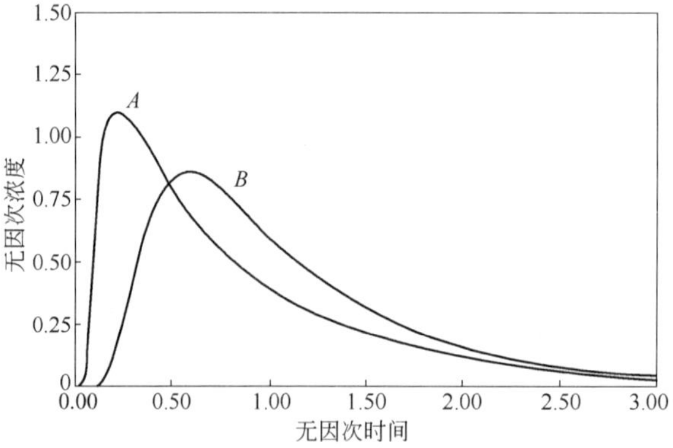

图 5. 11　脉冲注入中性、有浮力示踪剂所获得的计算停留时间分布曲线[5]

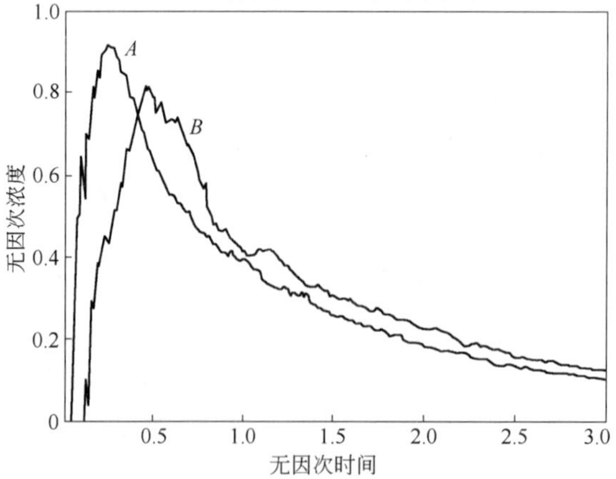

图 5. 12　脉冲注入中性、有浮力示踪剂所获得的实验停留时间分布曲线[5]

分别表示的是在中间包两个出口所获得的计算和实验的 RTD 曲线。曲线 *A* 表示的是靠近注流的中间包出口的 RTD，*B* 曲线则是远出口的 RTD。中间包的体积为 $0.187m^3$，体积流量为 $1.9\times10^{-4}m^3/s$。他们发现 $50cm^3$ 饱和 KCl 溶液（密度 $1163kg/m^3$）的加入随时间不断改变中间包中的整个流动形态。相应的计算和实验的 RTD 曲线分别表示在图 5.13 和图 5.14 中。可以看出用 KCl 溶液做示踪剂获得的 RTD 曲线与中性、有浮力的示踪剂所获得的有很大的差别。从数学模拟中所获得的 RTD 曲线同样也表明了示踪剂密度所产生的影响。

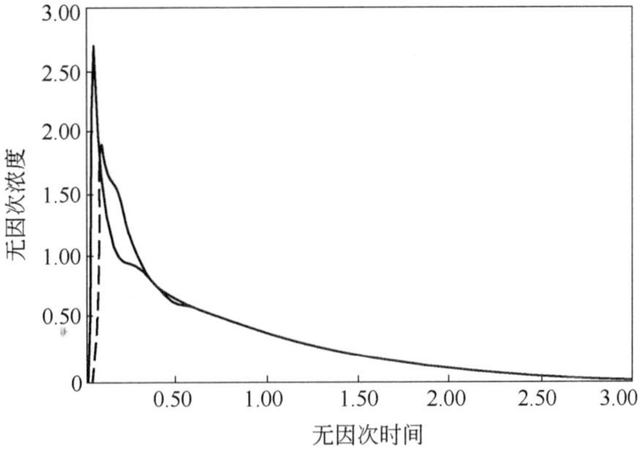

图 5.13 脉冲注入饱和 KCl 溶液示踪剂所获得的计算停留时间分布曲线[5]

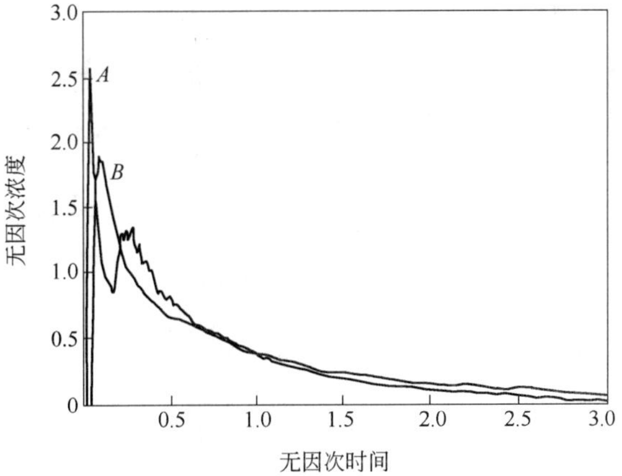

图 5.14 脉冲注入饱和 KCl 溶液示踪剂所获得的实验停留时间分布曲线[5]

在实际中间包的 RTD 研究中，常常将铜作为示踪剂。Damle 和 Sahai 也用数学模型计算了 35t 双流中间包中的 RTD 曲线。1600℃时铜和钢液的密度分别为 $7599kg/m^3$ 和 $6984kg/m^3$。图 5.15 表示了用中性、有浮力示踪剂时计算的停留时间分布曲线。在中间包中加入不同数量铜的计算 RTD 曲线表示在图 5.16 中。因此，很显然使用与中间包流体密度不同的示踪剂将会使 RTD 曲线严重失真，而且会引发对流动的曲解。当然，失真的程度取决于密度差和所加入示踪剂的量。

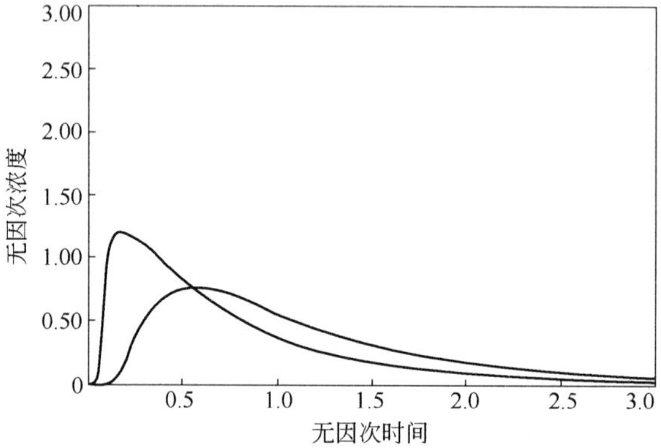

图 5.15　实际中间包中脉冲注入中性、有浮力示踪剂所获得的计算停留时间分布曲线[5]

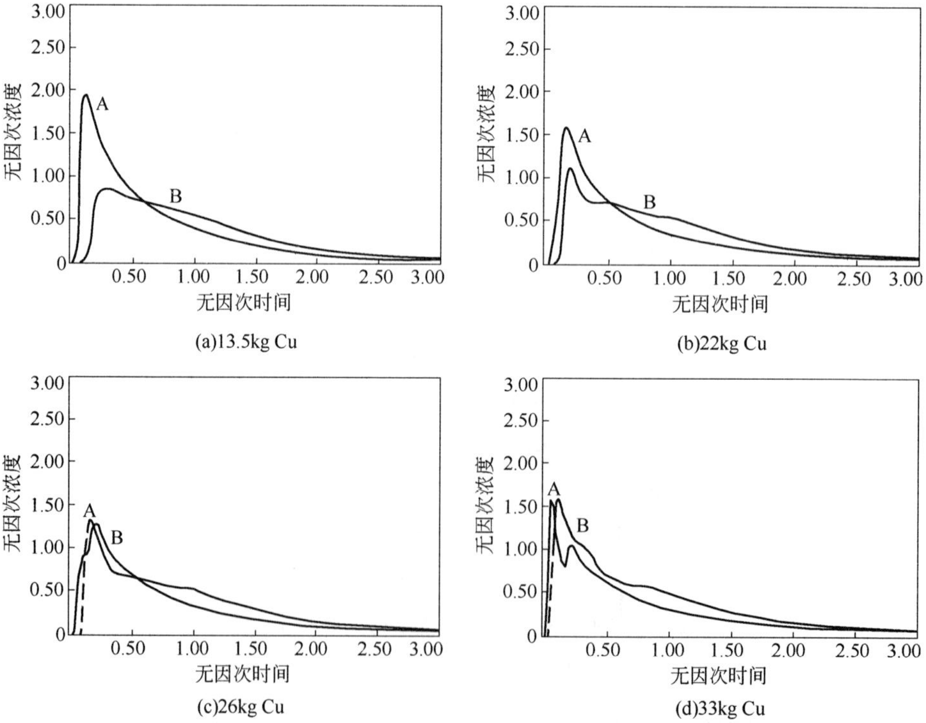

图 5.16　实际中间包中脉冲注入不同量的铜示踪剂所获得的计算停留时间分布曲线[5]

5.3　数学模拟

5.2 节所描述的水模拟是了解认识中间包中流动行为一种便捷而有效的方法。它可以快捷揭示中间包中诸如短路、死区等不正常或不希望出现的流动特性，也很容易研究各种控流装置在改善中间包内流动特性方面的效果。事实上，水模型中可以模拟流动的许多方面，而对数学模拟而言仍然是相当困难和麻烦。但是，数学模拟可以提供不同位置和时间更为详细的速度场、湍流场、温度场图形，而且对建立水模型与实际中间包的联系也十分有用。一旦数学模型的结果被用缩小或1∶1 水模型结果验证，可以很容易将此模型用于实际中间包的研究。中间包内腔某些结构上的改变如控流装置的位置和尺寸，也容易在数学模型中得到实施。而且与相应的水模拟相比，数学模拟获得结果所需时间要短得多。因此，应该考虑两种模拟技术的互为补充和扬长避短。

5.3.1　湍流场和传热

第 3 章中已给出了描述流体流动和传热的方程。这些方程的扩展形式可以在有关传输现象的教材中找到。取决于所研究的问题，可以求解非稳态或稳态方程。对于考虑传热的三维稳态湍流流动问题，需要求解下列方程：

（1）连续性方程（式（3.18））；

（2）动量平衡方程（3 个方程）（式（3.19））；

（3）计算湍流黏度的 k 和 ε 方程（式（3.26）和式（3.27））；

（4）传热方程（式（3.22））。

5.3.2　边界条件和假设

边界条件的确立取决于所研究的具体问题，这里给出的是最常用的边界条件。靠近固体壁面包括坝和堰的流体，其流动特性的变化程度要比本体流体大得多，因此动量（v_1，v_2，v_3）和标量（k 和 ε）传输特性的模拟采用壁函数。Launder 和 Spalding 对方法做了详细的阐述[6]。同时，固体壁面上通常采用无滑移边界。在通常假设成平面的自由表面和对称面上，面的法向速度分量和其他变量（动量和标量传输特性）的法向梯度假设为零。中间包注流入口，垂直自由表面的速度可由液体的体积流量和水口的面积计算得到。由于注流流股处于高湍流区域，因此可假设注流入口液体的速度平坦分布，即均相同。类似的边界条件也可以设置在中间包的出口。

来流射流的温度可以看作恒定。为了模拟通过中间包顶面和每个壁面的热通量，通常是对热通量赋值或估算。Chakraborty 和 Sahai 已对应用中间包模拟的传热边界条件做了详细的描述[7]。

5.3.3　数值求解方法

现在有许多种对微分传输方程离散化的方法。这里简述的是 Patankar 已做详细阐述的方法[8]。采用称之为 SIMPLE（Semi-Implicit Method for Pressure Linked Equations，压力耦合方程的半隐式法）的隐式有限差分方法，从上述所列的传输方程中导出有限差分方程。现在有一些商用计算软件包可以用于这些传输方程的求解。这些软件包的名字将在下一节列出。

所计算的区域被划分成三维非均匀网格。测试所求解的问题对网格数的依赖程度，这是一种很好的常规做法。当然，细网格所用的计算时间更多，但计算的结果通常会更准确。因此，必须在求解的精度和计算时间之间进行权衡。

5.3.4　示踪剂的扩散

用下列质量传输方程描述示踪剂加入液体流后在中间包内的扩散过程：

$$\frac{\partial}{\partial t}(\rho C) + \frac{\partial}{\partial x_i}(\rho v_i C) = \frac{\partial}{\partial x_j}\left(\rho D_{\text{eff}} \frac{\partial C}{\partial x_i}\right) \tag{5.54}$$

这是与时间有关的方程，C 表示示踪剂的浓度，D_{eff}为有效扩散系数。有效扩散系数取决于流体流动场，正如第 3 章所说明的那样，D_{eff}通过湍流施密特数与有效黏度发生关联，即：

$$\frac{\eta_{\text{eff}}}{\rho D_{\text{eff}}} \approx 1 \tag{5.55}$$

求解式（5.54）所需的边界条件必须采用这样的强制条件，即所有的边界表面不受示踪剂的影响。从数学角度将所有边界表面的示踪剂通量表达为零。对给出的流动条件，求解式（5.54）得到停留时间分布曲线。这可以与实验获得的 RTD 曲线进行比较。

5.3.5　夹杂物传输

第 2 章已对夹杂物传输和去除模式的复杂性做了部分阐述。这里所介绍的处理方法很简单。颗粒的传输方程与式（5.54）类似，颗粒的传输包括以流动方式的对流和以有效扩散系数体现的扩散。由于颗粒的密度比液体轻，它们在液体中以式（3.10）给出的 Stokes 速度上升。这个上升速度加到稳态液体流动的竖直向上的速度分量上。因此，中间包中的颗粒随液体流动的同时以 Stokes 速度上升。第 2 章中已讨论了夹杂物颗粒的碰撞与聚合。计算的聚合率作为源项加到传输方程中。此方法更为详细地阐述了可见 Sinha 和 Sahai 的论文[9]，他们模拟了连铸中间包中夹杂物的传输与去除。在他们的研究中，考虑了夹杂物颗粒的碰撞与聚合，以及颗粒上浮到自由表面被中间包渣吸收去除和固体表面的黏附去除。

5.3.6 商用软件

有不少商用软件可以用来对中间包内传输过程进行计算。下面列出了一些 CFD 计算软件的名称：

（1）FLUENT；

（2）FLOW3D；

（3）CFX；

（4）STARCD。

5.4 研究实例

这一节挑选了应用本章介绍的模拟方法所进行研究的几个例子，而且发现对改善连铸坯质量的确很有效。采用改进设计的中间包后，连铸坯质量均好于改进前。

5.4.1 研究实例 1

Harris 和 Young 为了优化 Stelco's Lake Erie 厂的连铸机，进行了大量的水模拟研究[9]。他们采用 1∶1 的水模型，并且保持与实际生产连铸机相同的体积流量。因此，保证了模型与原型的 Reynolds 和 Froude 相似性。在水模拟实验中，他们将高锰酸钾示踪剂注入来自钢包的注流中，记录了示踪剂出现在结晶器的第一时间，并以此作为最短的停留时间。中间包模型中进行了无流动控制、设一堰和设一坝及一堰三种类型的实验。通过实验优化了控流装置的位置和尺寸。优化是依据最小停留时间的最大化来进行的。图 5.17 给出了有无流动控制装置时中间包内流动方式的示意图。优化的流动控制装置应用于实际连铸机后，大幅度下降了因氧化铝的出现而导致连铸坯降格的情况。中间包没有流动控制时的废品率为 2.9%，用一堰的废品率降到 2.1%，而用一坝和一堰组合的废品率仅为 0.3%。因此，作者得出这样的结论，即水模拟是进行中间包优化设计非常有用的手段。

5.4.2 研究实例 2

Lowry 和 Sahai 研究了 Armco Kansas 城钢厂的六流 T 型连铸机[11]。考察了中间包内设一挡坝、堰和带孔夹板对钢液流动的影响。采用一个三维计算软件求解

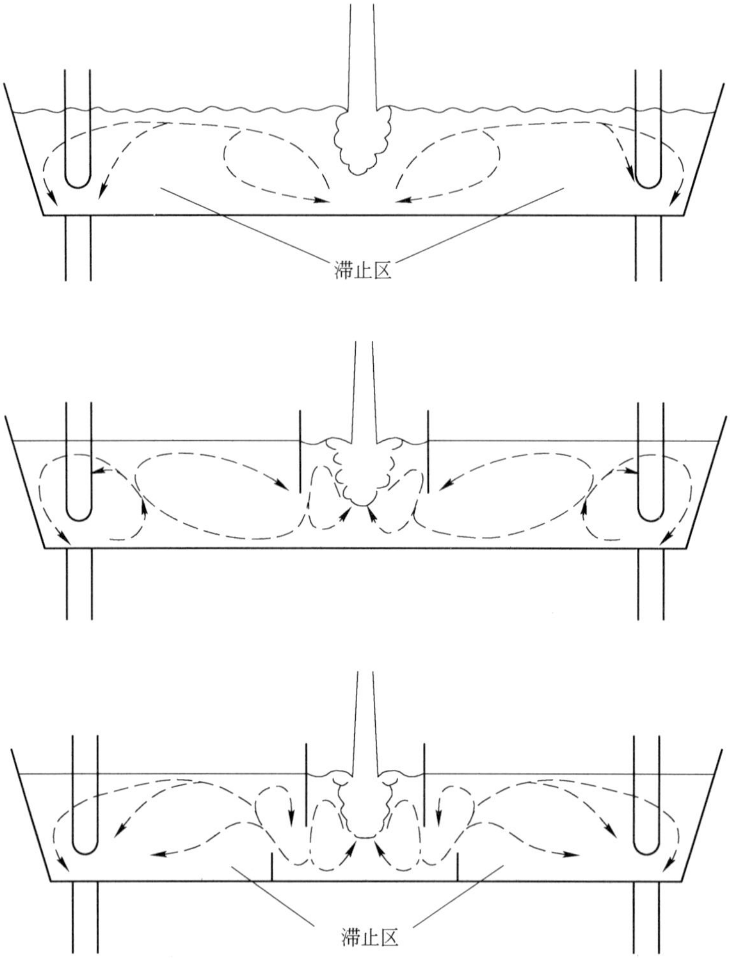

图 5.17　有无流动控制中间包中流动方式的示意图[10]

湍流 Navier-Stokes 方程计算了有无流动控制时中间包内的流场。

图 5.18 和图 5.19 表示的是对称中间包一半的不同水平截面上速度分布。这些中间包的水平截面图中，（a）为靠近熔池表面的截面并且也是最大的，（e）为靠近中间包底部所以截面也是最小的。在截面图（e）中可以看出钢液流入结晶器的三个出口位置。截面（a）、（b）和（c）表明了中间包的短臂顶部安装一挡渣墙（堰），截面（c）和（d）中则表明了底部安装的一挡坝。

图 5.19 表明除了在中间包的短臂安装挡渣墙和挡坝外，在其长臂也装有一带孔的夹板。来自钢包的钢液注入到挡渣墙的流股区域内。从图 5.18 可以看出控流装置对流体流动的影响，即钢液主要是朝中间包外壁、顶部至少三分之二区

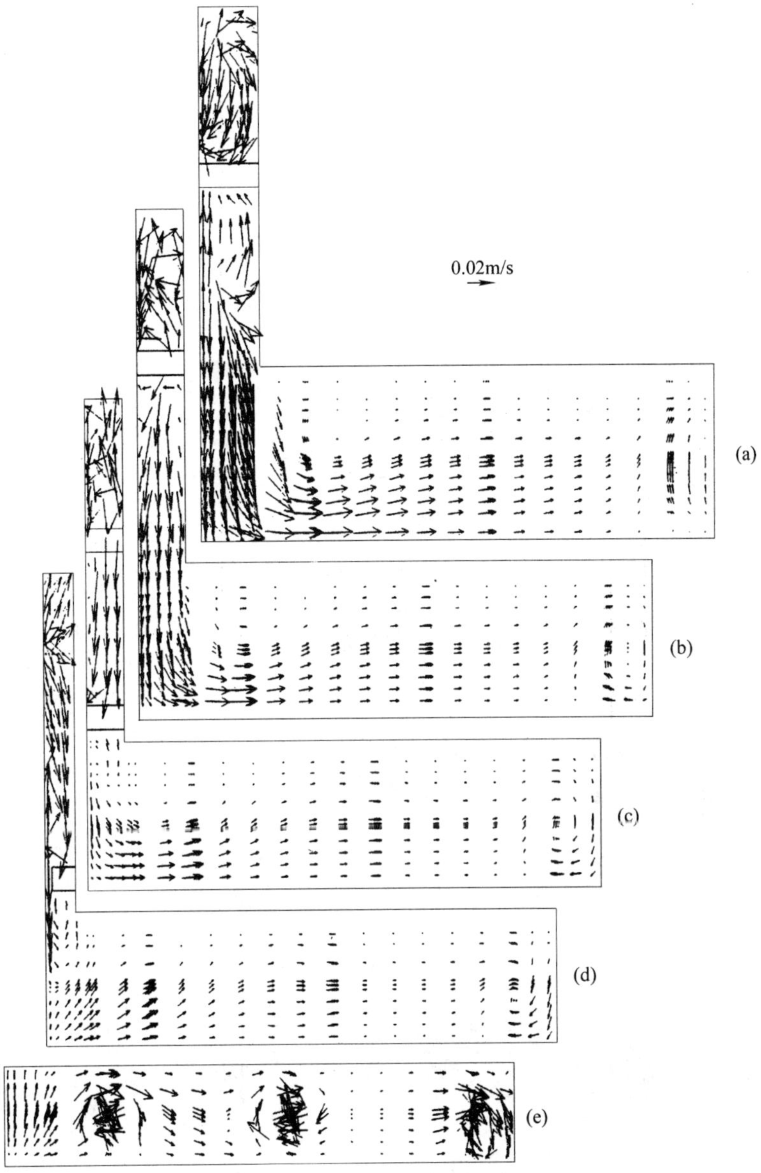

图 5.18 中间包中有一挡坝和一挡渣墙（堰）时不同水平截面上的计算流场[11]
（a）靠近熔池表面；（e）靠近中间包底面

域流动的。中间包安装带孔的夹板，钢液的流动有很大的改变。正如图 5.19 所看到的，整个横截面上的流速变得更加均匀。有无夹板时中间包内流和外流的数学模拟计算 RTD 曲线表示在图 5.20 中。有夹板后内流的停留时间增加。

同时也进行在水模型中加饱和 NaCl 溶液示踪剂和实际中间包加铜示踪剂的

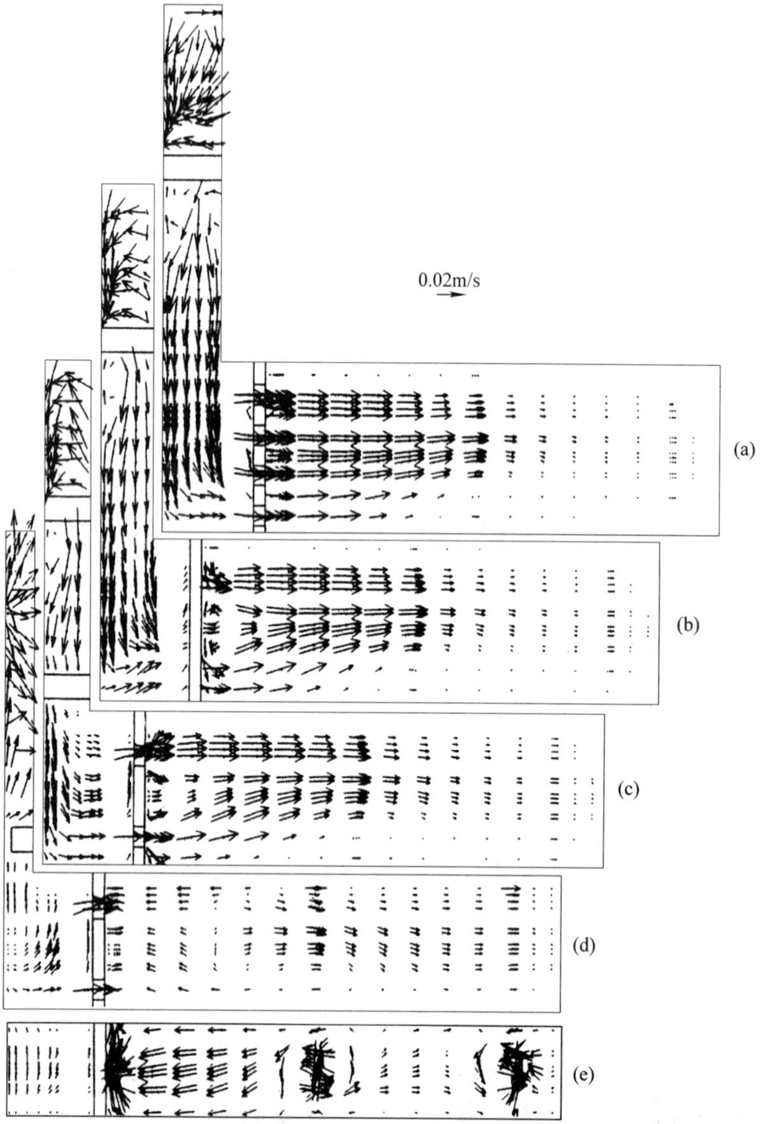

图 5.19　中间包中有一挡坝、一挡渣墙（堰）和
一夹板时不同水平截面上的计算流场[11]
（a）靠近熔池表面；（e）靠近中间包底面

RTD 研究。图 5.21 和图 5.22 比较了水模型研究和实际中间包加铜以及用数学模型计算所获得的内流和外流的 RTD 曲线。前面已讨论了铜和饱和盐溶液均不是中性有浮力的示踪剂，使用时应该考虑其密度差的影响，它们作为示踪剂使用有可能对结果产生误导。图 5.22 可以看出数学模拟的 RTD 曲线与其他两条曲线有

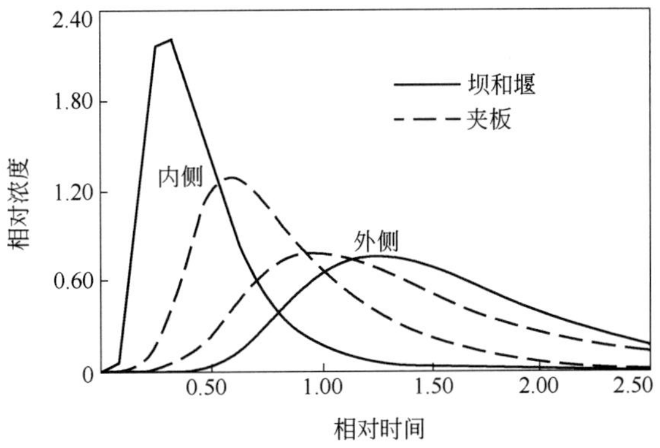

图 5.20　中间包中有无夹板时用数学模型计算的停留时间分布[11]

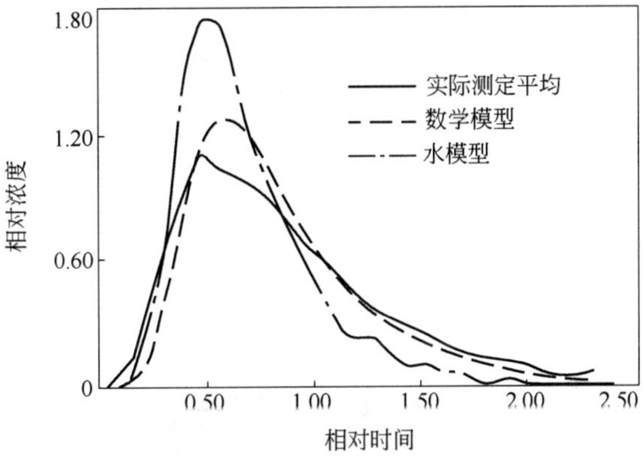

图 5.21　实际和模型中间包内安装夹板时内流停留时间分布的比较[11]

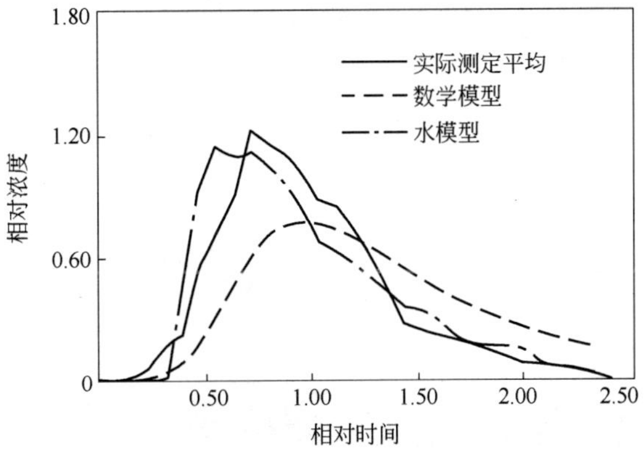

图 5.22　实际和模型中间包内安装夹板时外流停留时间分布的比较[11]

差别。优化的中间包结构已在工厂应用，而且看到了产品质量得到了改善。在后来的中间包模型研究中，Lowry 和 Sahai 采用了热水和冷水[12]，并且发现浮力对改变钢液的流动状态起到了很重要作用。因此，在中间包流动特性的研究中，示踪剂密度和热梯度的影响必须给予认真考虑。

5.4.3　研究实例 3

Mukhopadhyay 等研究了不同控流装置对中间包内流动、湍动及最终夹杂物上浮的影响[13]。他们用数学模型模拟了中间包内装有带孔夹板和冲击板或冲击板与一挡坝时的流动。中间包的三维结构表示在图 5.23 中。在图 5.23 以及后面的

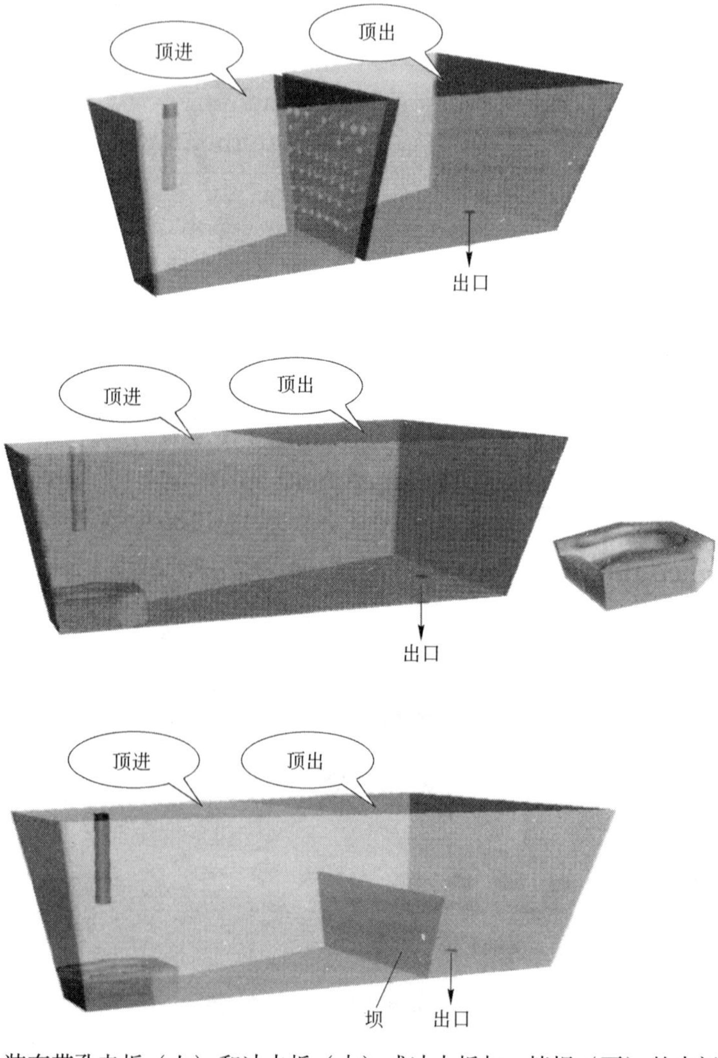

图 5.23　装有带孔夹板（上）和冲击板（中）或冲击板与一挡坝（下）的中间包[13]

图5.26中的顶进和顶出指的是夹杂物上浮到中间包表面的内侧和外侧，即夹板位置左右的向上流股和向下流股。装有夹板中间包内用颜色表示速度矢量的大小和湍动能等值面，分别表示在图5.24和图5.25中。也进行了中间包其他两种结构相同的计算。作者研究了尺寸为10～500μm夹杂物的上浮情况。

图5.24 装有夹板中间包内用颜色表示大小的速度矢量[13]

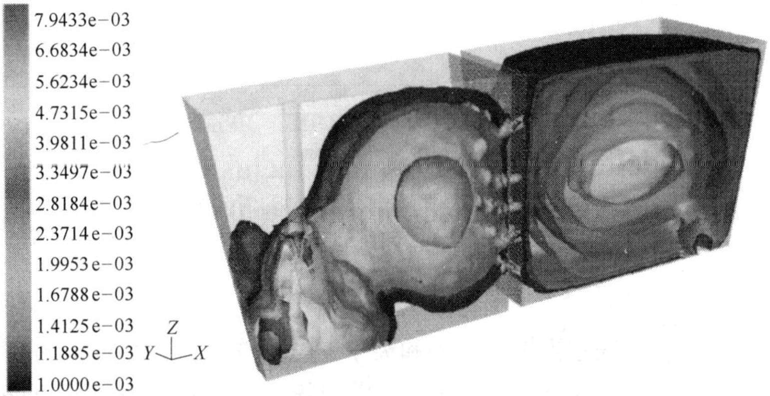

图5.25 装有夹板中间包内湍动能的等值面图[13]

图5.26表示了夹杂物上浮到表面和通过出口离开进入浇铸钢液的百分比。从中可以看出，尺寸大于100μm的夹杂物完全被表面捕获而不再流出中间包的出口。进一步分析图5.26中的数据以揭示与停留时间数据之间的联系，结果见图5.27。表明细小的夹杂物受流体的湍动影响最大，停留时间在1200～150s范围内变化。夹杂物颗粒尺寸增大，停留时间降低，但当尺寸超过200μm时停留时间的变化就变得不明显。本研究中湍流钢液熔池中夹杂物的不稳定行为得到了很好模拟。因此，采用CFD的数学模拟可以很有效地应用于中间包的设计和优化。

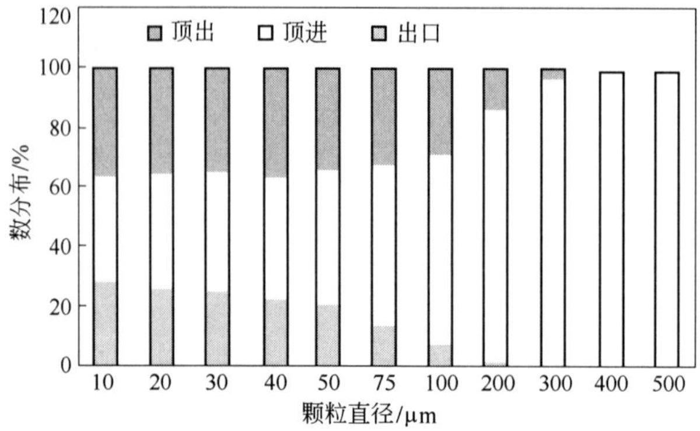

图 5.26　中间包的顶面和出口流中的夹杂物颗粒分布[13]

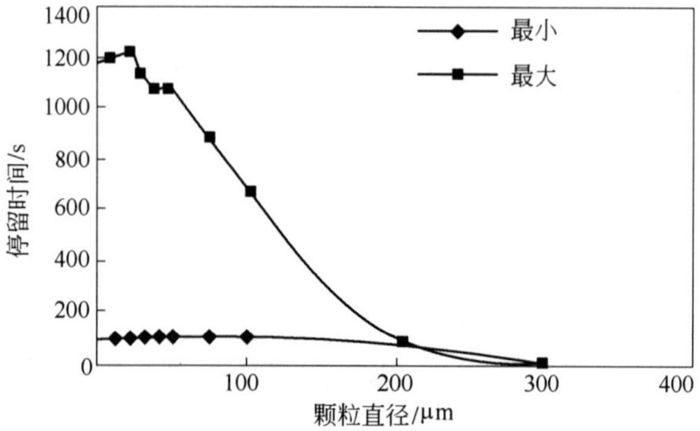

图 5.27　装有夹板中间包内颗粒停留时间分布[13]

5.5　小结

这一章涵盖了中间包内钢液流动和夹杂物去除物理和数学模拟的各个方面。详细阐述了中间包模型在确定比例所需考虑的各个因素和相似准则。对钢液流动的数学模拟做了简要的介绍。最后，选择介绍了几个采用水模拟和数学模拟进行中间包研究和设计的例子。

参 考 文 献

1. Sahai, Y. and Emi, T.: *ISIJ International*, 1996, 36, 1166-1173.

2. Sahai, Y. and Burval, M. D.: *Electric Furnace Conference Proceedings*, I. S. S. Publication, 1992, 50, 469-474.

3. Chakraborty, S. and Sahai, Y.: *Metall. Trans.*, 1992, 23B, 152-167.

4. Damle, C. and Sahai, Y.: *ISIJ International*, 1996, 36, 681-689.

5. Damle, C. and Sahai, Y.: *ISIJ International*, 1995, 35, 163-169.

6. Launder, B. E. and Spalding, D. B. : *Computer Methods Appl. Mech. Eng.* , 1974, 3, 269-289.

7. Chakraborty, S. and Sahai, Y. : *Sixth International Iron and Steel Congress*, ISIJ Publications, 1990, 3, 189-196.

8. Patankar, S. V. : *Numerical Heat Transfer and Fluid Flow*, Hemisphere Pub. Corp. , New York, NY, 1980.

9. Sinha, A. K. and Sahai, Y. : *ISIJ International*, 1993, 33, 556-566.

10. Harris, D. J. and Young, J. D. : *Proc. Steelmaking Conference*, ISS Publication, 1982, 65, 3-16.

11. Lowry, M. L. and Sahai, Y. : *Steelmaking Proceedings*, I. S. S. Publication, 1989, 72, 71-79.

12. Lowry, M. L. and Sahai, Y. : *Transactions of the ISS*, published in Iron & Steelmaker, March 1992, 81-86.

13. Mukhopadhyay, A. , Gilles, H. L. , and Kocatulum, B. : *Electric Furnace Conference*, I. S. S. Publication, 2002, 60, 343-351.

6 中间包操作

6.1 引言

正如第1章所介绍的中间包最重要的功能之一是将符合成分、温度和洁净度的钢液以一定的流量由钢包连续向一个或多个结晶器输运。如果在中间包工作期间操作不当，那么由钢包向中间包输运钢液和钢液通过中间包的过程中有可能使通过各种钢包精炼操作提高钢液质量的努力前功尽弃。这些输运过程给钢液与空气、中间包渣和耐火材料接触提供了很多机会。

如第2章所讨论那样，这些接触和相互作用可以在钢中产生额外的宏观非金属夹杂，如果其尺寸超过临界值将会损害钢的质量。中间包中的夹杂被分为外来夹杂和内生夹杂两类。有害的宏观夹杂大部分来源于外来夹杂，有一部分是由内生夹杂聚集形成的。外来夹杂是由空气和氧化钢包渣的二次氧化、钢包渣和中间包渣的卷入和钢包或中间包耐火材料内衬的侵蚀引起的。中间包向结晶器输运钢液过程的二次氧化、结晶器卷渣和浸入式水口中积聚的氧化铝脱落也是宏观夹杂的来源。

钢液在中间包中的停留时间比较短，反映出中间包操作连续性的特征。因而，像脱氧和脱硫这样重要的精炼反应是在钢包中进行的。因此，设计中间包操作的目的是消除或最大程度减少宏观夹杂形成的来源，并促进宏观夹杂的去除。本章将阐述这方面的内容。

6.2 钢包向中间包输运钢液过程的二次氧化

钢液由钢包注入中间包过程中注流的二次氧化现象以及消除此现象的优点，有关文献对此已做了很好的阐述（如文献［1~6］）。从图6.1可以看出二次氧化现象在大颗粒夹杂生成方面所起的突出作用。Ohno等发现钢包与中间包之间因钢液注流二次氧化所增加的大型夹杂的数量需要乘上一个2.5的因子，而且二次氧化产物的尺寸大于100μm[4]。通过用由耐火材料制成的浇注管或氩封对钢液注流实施保护从而避免大气的二次氧化，这两种方法常常组合在一起使用。图6.2示意了在耐火材料套管内充氩气和采用长水口的浇铸技术[5]。

钢液注流保护浇铸所产生的作用是双重的。Demasi和Hartmann观测到钢包注流保护后中间包熔池中平均氧含量的降低以及最终铝镇静钢液中三氧化二铝夹杂数量的减少[6]。同时也发现一旦阻止了空气氧化钢液，铸坯的表面质量确实得到了提高。惰性气体保护浇铸也使结晶器保护渣的实际使用效率得到了提高，因

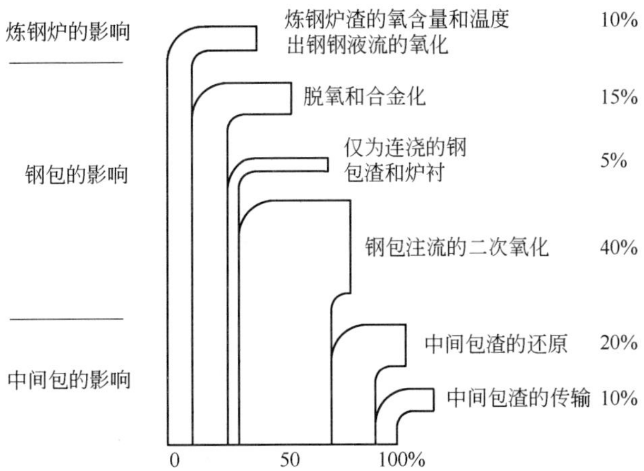

图 6.1　引起钢中夹杂物各因素所占的相对比例[4]

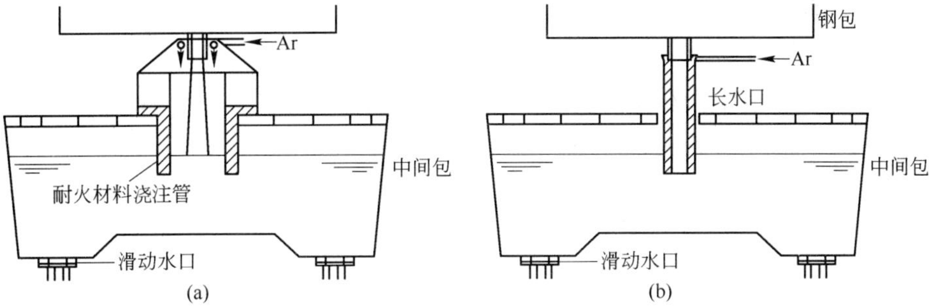

图 6.2　钢包注流的保护

（a）氩封；（b）长水口

为这减少了保护渣吸收三氧化二铝夹杂的量。低三氧化二铝含量结晶器保护渣具有更好的流动性，这样给结晶器提供了更好的传热条件，从而减少了连铸坯的表面裂纹和漏钢事故；三氧化二铝夹杂物量的减少也将降低中间包水口堵塞的频率；保护浇铸也将减少钢液的增氮量。采用保护浇铸的另一个亮点是从钢包到中间包的钢液温降损失减少了 5～8℃，这样就容许钢包中要浇铸的钢液温度可以适当低一点。

当然钢液注流的保护浇铸也存在一些不足。如果钢包渣带渣进入到惰性气体保护套管码砖位置，那么钢包注流流股的冲击会使钢包带渣乳化并形成宏观夹杂。如果中间包在其内钢液深度不恰当的条件下进行浇铸操作，那么使用长水口会增加冲击板的侵蚀速度，从而导致钢液中大尺寸复合氧化物夹杂的增加。换包期间，由长水口浸没初期所引发的钢液湍流也将促使宏观夹杂的产生。已发现在某些情况下中间包长水口的使用确实不能令人满意。浸入式长水口的使用降低了引流砂的去除，而且影响了用肉眼判断钢包渣带入中间包。但是通过改进引流砂的组成，一定程度上可缓解引流砂转变为宏观夹杂的危险。当前，下渣监测装置的应用显著提高了中间包中钢包渣的下渣控制，已不需要像以前那样依靠肉眼观测下渣。

6.3 卷渣与检测技术

带入中间包中的钢包渣，其含有的 FeO、MnO 和 SiO_2氧化物与钢液中的铝反应形成了铸坯中三氧化二铝簇状物。部分钢包渣进入结晶器后，会被凝固坯壳捕获导致铸坯中形成宏观夹杂或渣斑。有一些研究（如文献［3］，［8］～［10］）清楚地表明中间包熔池深度，尤其是在换包期间，对中间包内流向结晶器的钢液流的渣卷吸速率有重要影响，6.4 节将对此做详细讨论。中间包浇铸后期，低液位熔池会发生旋涡，从而把部分中间包渣通过中间包水口带入结晶器中。Cramb 和 Byrne 从他们的水模型研究和现场试验中也得出了类似的结论[11]。他们把 CeO_2作为示踪剂加到中间包渣中，然后在结晶器渣中分析是否含有这种示踪剂的成分，从而检测出是否有中间包渣的卷入。图 6.3 给出了试验的结果，表明换钢包期间确实发生了卷渣。不同操作条件下渣/钢界面的湍动状况已成为判断是否卷渣的主要依据。中间包用新包浇铸和后续的换包操作时，要把钢包水口全部插入中间包罩内是不可能的。

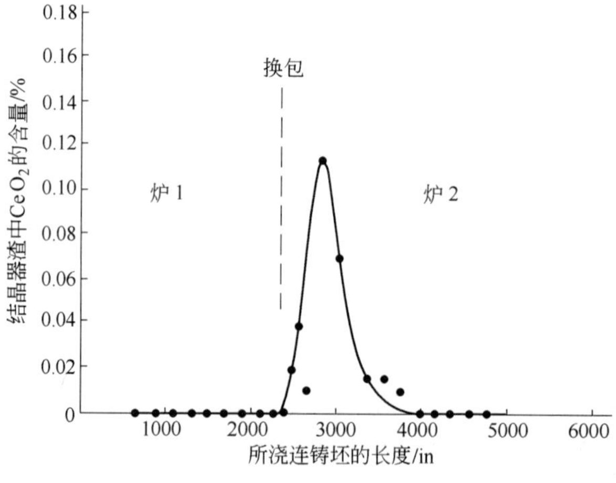

图 6.3 两炉次换包期间进入结晶器的钢包渣示踪剂浓度[11]

（1in = 25.4mm）

下渣检测装置可安装在中间包上方钢包的出钢口，用于检测钢包向中间包输运钢液过程的下渣。已采用如下技术进行下渣检测：

（1）电磁法；

（2）目视观测；

（3）光学检测法；

(4) 振动技术；

(5) 重量检测技术；

(6) 渣浮塞。

电磁法是用传感器发出的电磁来检测注流中是否含有渣，这是十分有效的方法，在钢铁工业中应用很普遍。这项技术最早是由名为 AMEPA（Angewandte Messtechnik und Prozessautomatisierung，即应用仪表与过程控制）的公司开发的。目前许多国家使用了 AMEPA 的渣检测传感器。

传感器由两个线圈构成，见图 6.4，安装在钢包底部的水口周围。当电流通过一次线圈时，流经水口的钢液流中产生感应电磁场，此电磁场转而在二次线圈中产生涡流。由于渣的电导率比钢液要低得多，因此含渣流股所产生的感生电流要比金属液的小。传感器连续检测涡流，这样可以鉴别出渣流和金属流。图 6.5 示出了传感器的布置、设备的测量和控制以及记录等。

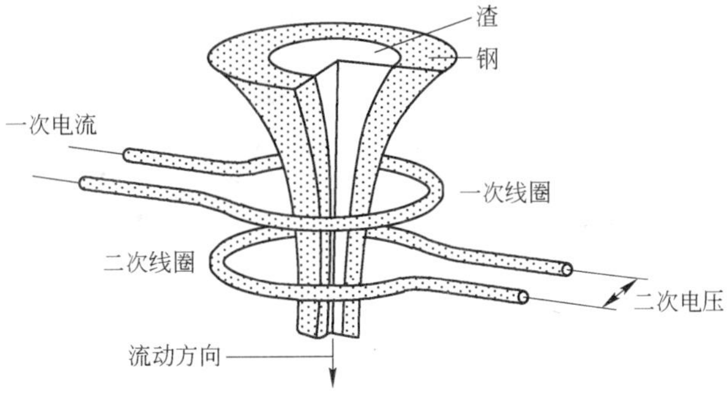

图 6.4 电磁传感器中一次线圈和二次线圈

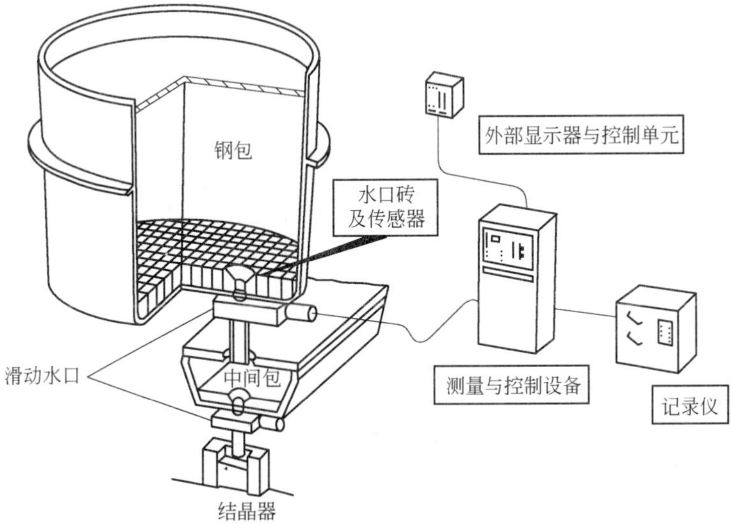

图 6.5 电磁传感器的测量和控制设备及记录布置图

传感器的信号可以直接操作滑动水口，因而可以使带渣量最小化。图 6.6 表示了用 AMEPA 传感器检测到的渣信号。图表明传感器用了不到 2s 的时间激活滑动水口启动关闭操作。因此，铸坯中缺陷数量可以得到大幅度的降低，见图 6.7[14]。此传感器应用的结果是中间包中钢包渣的带渣量确实得到了降低，甚至连浇几包后也是如此，这样就降低了铸坯缺陷。

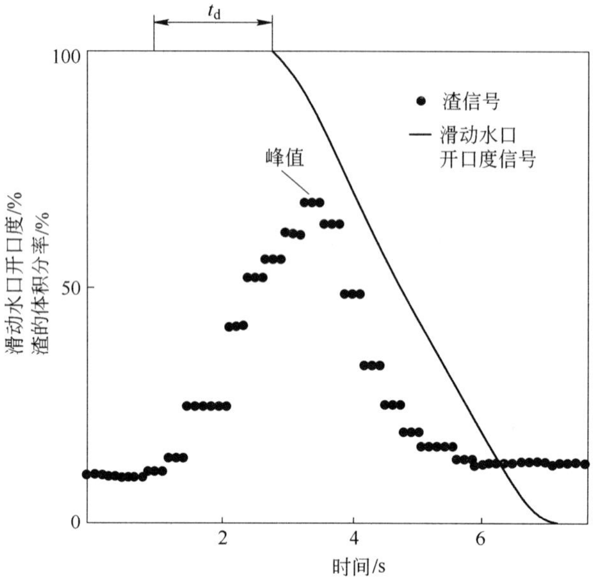

图 6.6 用 AMEPA 传感器检测到的带渣信号[13]

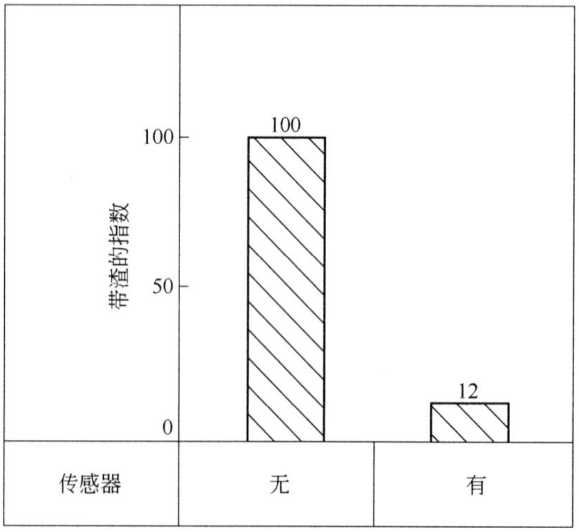

图 6.7 使用 AMEPA 传感器渣指数的降低情况

电磁传感器开发前，采用上面所列的方法比较普遍。“目视观测法”正如其名字所意含的，是依靠操作者的能力经验去判断来流中是否含有渣，因而有可能会导致在关闭钢液流之前已经有大量的渣带入。光传感器检测渣的原理是依据钢与渣之间存在辐射系数和流股直径的差异。渣的辐射系数和流股直径均大于钢液。文献［15］详细阐述了此系统并给出了一些结果。据报道，光系统报警比目视观测渣要提前5s，这样的情况占到了80%。一旦钢液流股将旋涡渣包裹在中心，或者渣流隐藏在传感器所检测的钢液流的另一侧，则系统的工作就不能令人满意。

振动分析传感器是检测钢包到中间包水口所产生的振动。钢液流与钢渣混合流所产生的振动有着本质的不同。但是此方法对地面的振动很敏感。Itoh 等[16]在钢包与中间包的长水口上使用了这种传感器。来自振动传感器的信号激活滑动水口。研究此技术的作者发现此传感器检测至少要比目视的快3s。

重量检测方法是依据钢液与渣密度的差别。此方法分析了钢包重量随时间的变化情况。连续监测钢包浇铸过程重量的变化率，此变化率的任意突变就涉及钢液流向钢渣混合流的改变。文献［17］和［18］讨论了这种技术并给出了一些结果。

钢包渣浮塞。旋涡起始于连续浇铸后期的低液位，并且导致了钢包渣带入中间包内。为了防止由此而产生的带渣，发现使用一种称之为浮塞的简单装置是非常有效的。由耐火材料制成的塞其密度比熔渣大但小于钢液，因此漂浮于渣钢界面，装置的示意图见图 6.8。浮塞有助于防止钢包渣流入中间包。Matsumoto 等[19]分析了新日铁 Hirohata 厂稳态和非稳态浇铸过程有无浮塞的铸坯样，图 6.9 中的分析结果表明：浮塞的使用对减少稳态和非稳态浇铸过程的宏观夹杂十分有效。

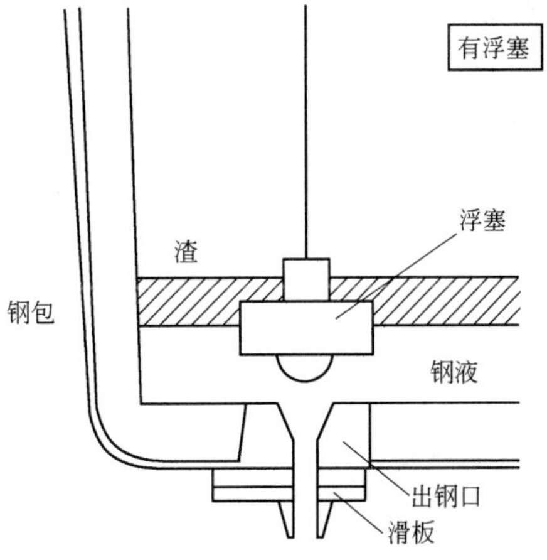

图 6.8 防止钢包渣带入的浮塞

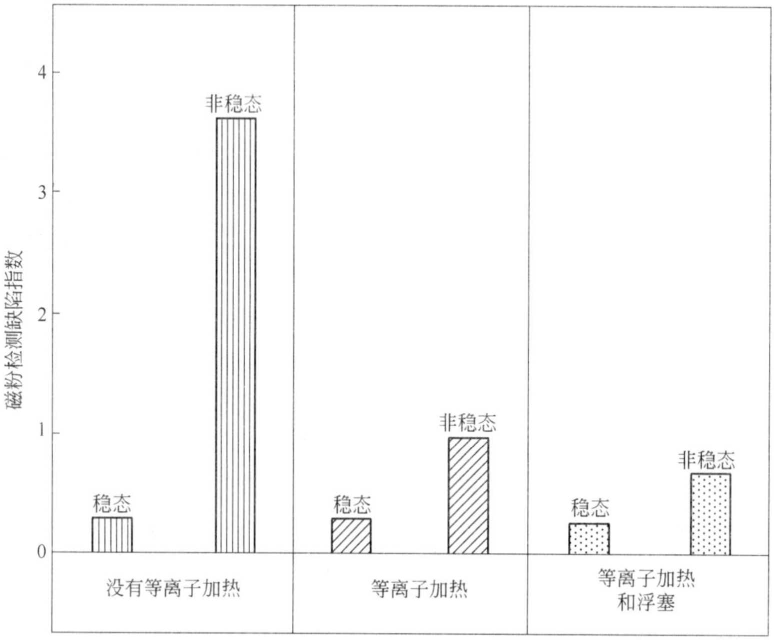

图 6.9　浮塞在降低宏观夹杂方面的效果

6.4　中间包容量的影响

正如第 2 章所阐述的，已发现中间包的容量对提高连铸坯的质量有显著影响。增加中间包容量是提高钢液在中间包内停留时间最为有效的方法。在过去的几十年中，中间包的容量已得到了逐步提高。图 6.10（文献［20］）表明了中间包容量的增加趋势。表 6.1 列出了在日本使用的几个典型大容量中间包的情况。

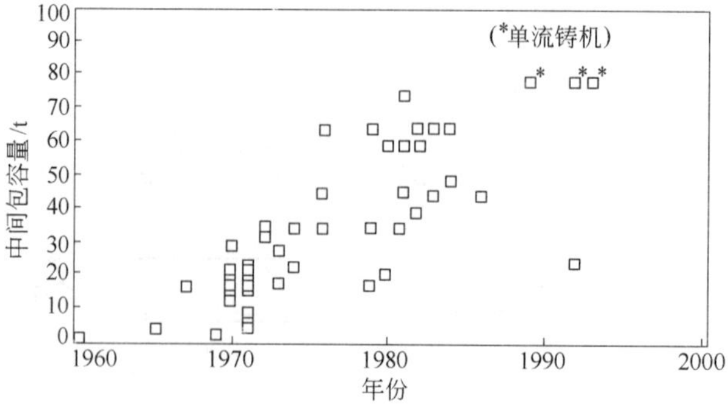

图 6.10　中间包的容量随年份增加的情况

表 6.1　日本的大容量中间包

连铸机	中间包容量/t	备注
新日铁名古屋 No. 2	60	H 形中间包
君津 No. 2 和 No. 3	60	
大分 No. 4 和 No. 5	70	
JFE（NKK）—福山 No. 5	80	
JFE（川崎）—千叶 No. 3	75	
JFE（川崎）—水岛 No. 4	70	
住友金属—鹿岛 No. 3	65	
神户—加古川 No. 4	80	增加到 85t
日新制钢—吴 No. 2	65	

正如第 2 章所阐述的（也可以参阅文献［3］、［8］~［10］、［21］和［22］），大中间包操作所产生好的效果已通过水模拟和数学模拟研究以及现场试验得到证实。对于给定的拉速，可以确定出通过中间包流体的体积流量，中间包的大容量其结果是延长了钢液在其内的平均停留时间。增加中间包容量促使了连铸产品特别是换包时宏观夹杂数量的大幅度降低，见图 6.11[8]。

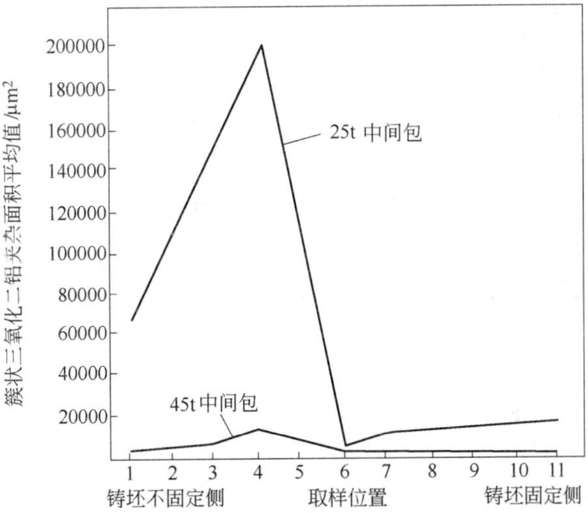

图 6.11　中间包容量对连铸坯中三氧化二铝夹杂的影响

通过增加中间包的长度、宽度或深度来增加其容量。研究中间包长、宽、高对中间包的夹杂物去除率所产生影响是一项很有意义的工作，对中间包的优化设计具有重要意义。Tacke 和 Ludwig[21] 在数学模拟的研究中，考察了中间包的宽和熔池深度两者对夹杂物去除率方面所扮演的主次角色。在他们的研究中，原中间包的长度为 3500mm，深度和宽度分别固定在 700mm。依据简单的 Stokes 上浮模型计算的夹杂物去除率为 41.3%。然后通过将宽度增大到 1200mm，其他尺寸保持不变来增加中间包的容积，夹杂物的去除率增至 55.4%。为了比较，将中间包熔池深度增至 1200mm，其他尺寸保持不变，夹杂物的去除率则降至 38.5%。究其原因，通过增加熔池深度增加中间包容积有两个因素受到影响：首先，增加中间包容积延长了流体的停留时间；其次，深度增加也增加了颗粒上升到熔池表面的距离。因此，这两个因素对夹杂物上浮到自由表面产生了不同的效果。

实际情况是有所不同的，夹杂物颗粒通过 Stokes 速度上升表面而被去除还受其他许多因素的影响。正如第 2 章所阐述的，夹杂物的去除还有比 Stokes 上浮影响更大的因素。对夹杂物的形成和去除有贡献的因素包括：

（1）中间包入口区的湍流碰撞和出口区的梯度碰撞引起的颗粒聚合；

（2）中间包出口区温度梯度引起的钢液三维流动的改善，流体流动的向上分量对 Stokes 上浮产生了直接的积极影响。同时较快的 Stokes 上浮也促进了形成大尺寸夹杂的梯度碰撞；

（3）颗粒黏附到中间包耐火材料表面；

（4）中间包内整体的流场对中间包渣的卷入和所产生的二次氧化的影响；

（5）由穿越中间包渣的空气和中间包渣中氧化物组成所引发的二次氧化。

Sinha 通过考虑夹杂物的上浮、耐火材料的黏附以及湍流碰撞聚合影响对夹杂物的去除进行了数学模拟[22]。他研究了一典型板坯连铸中间包的长宽比（L/W）和高宽比（H/W）对夹杂物去除率的影响，并发现浅中间包的使用可以产生良好的夹杂物去除率，但它受到了低液面时所产生的旋涡现象的限制。夹杂物的去除率随着熔池深度的增加而降低，直至 H/W 比为 1，超过此比值夹杂物的去除率转而增加一直至 H/W 的比值为 1.2～1.3。但 H/W 的比值增加超过 1.3，夹杂物去除率再次变差。

考察中间包熔池深度对夹杂物数量影响的现场试验结果表示在图 6.12 中[3]，

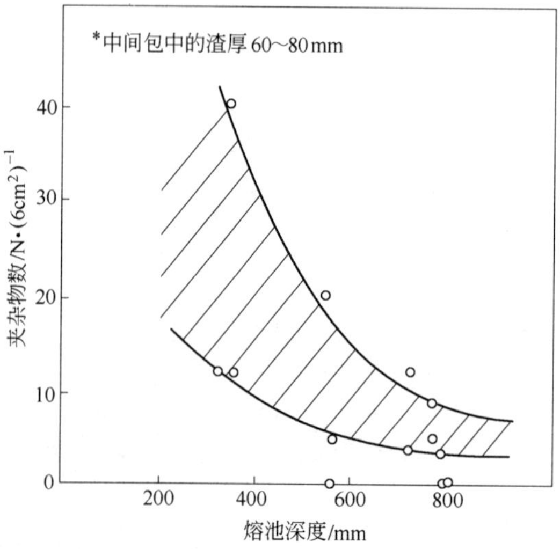

图 6.12 熔池深度对夹杂物数量的影响[3]

表明了夹杂物含量是随着熔池深度的增加而降低。文献［3］中还对增加中间包熔池深度降低由渣和氧化铝簇状物所引起的缺陷进行了比较，见图6.13。结果表明熔池深度增加大幅度降低了因渣缺陷所引发的事故，但氧化铝夹杂物的数量则有一定增加。

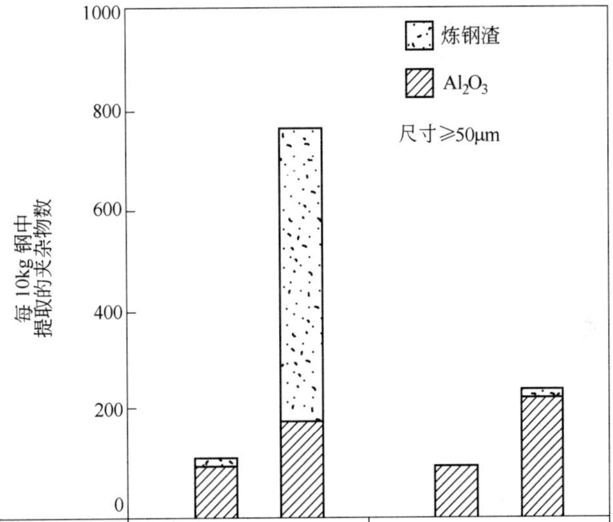

连浇数	1	2	1	2
中间包容量	21t		32t	
熔池深度	610mm		900mm	
其他技术	—		坝，长水口	

图6.13　熔池深度对夹杂物数量的影响[3]

Tozaki等用了一个更大容量的中间包进行了现场试验[9]，将中间包容量从65t增加到85t，结果见图6.14和图6.15。可以看出氧化铝簇状物夹杂在稳态和

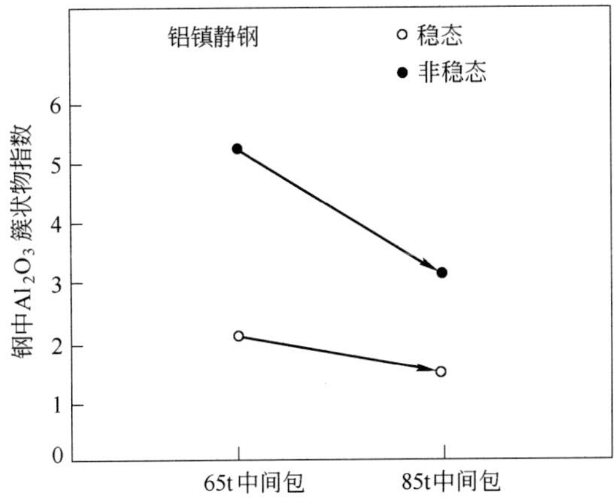

图6.14　熔池深度对三氧化二铝簇状物夹杂的影响[9]

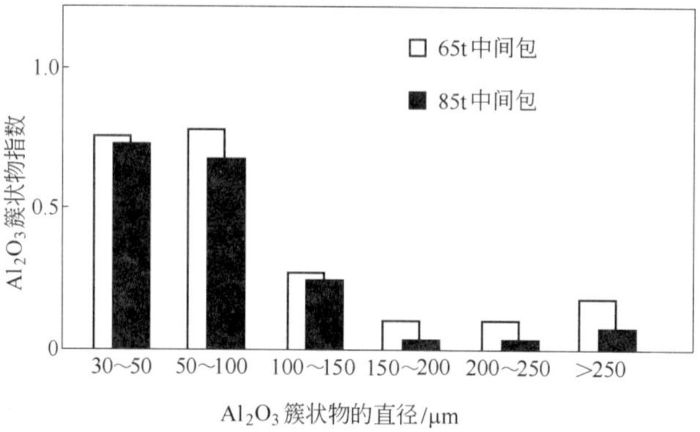

图 6.15 熔池深度对三氧化二铝簇状物夹杂的影响[9]

非稳态操作期间均得到了降低。增加中间包深度另一个好处是在换包期间可以维持拉速不变。因而，通过增加中间包的深度，连铸机的生产率和铸坯的质量均得到了提高。Ishikura 等发表了在神户钢铁公司所进行的类似的试验结果[10]。在他们的研究中，将拥有 50t 中间包的 3 号老连铸机的操作与拥有 80t 中间包的 4 号新连铸机的操作进行了比较，发现 80t 中间包铸机以 2.0m/min 拉速所获得的板坯质量与 50t 中间包老铸机 1.4m/min 拉速的相同（见图 6.16）。因而，连铸机生产率的增加并没有牺牲连铸坯的质量。他们还发现使用 80t 中间包在换包期间的铸坯质量得到了显著提高，如图 6.17 所示。80t 中间包正常工作的深度为 2000mm，这是通过中间包包底向出口倾斜获得的。这些研究清楚地表明中间包的大容量和深度对连铸坯的质量是有益的。

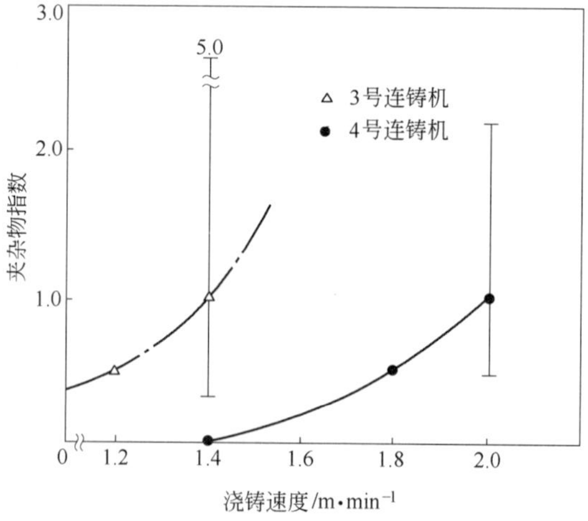

图 6.16 拉速对夹杂物指数的影响[10]

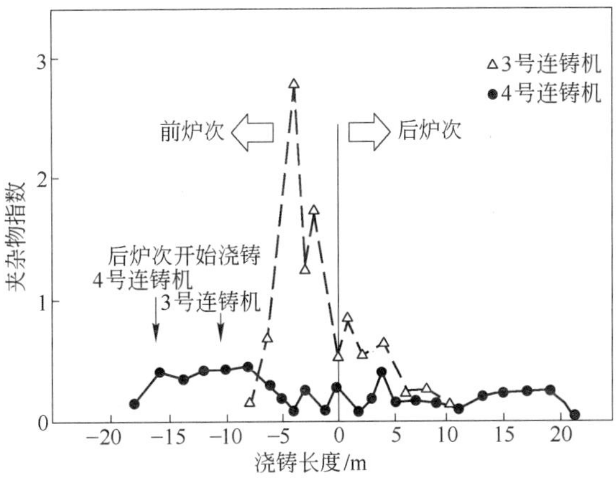

图 6.17 80t 中间包连铸机铸坯质量的改善情况

6.5 流动控制的影响

6.5.1 中间包的流动控制

在改善中间包内钢液流动特性方面，已通过在中间包内安装挡渣墙（堰）、坝、带孔挡板（夹板）、冲击板、抑湍器等各种控流装置进行了许多尝试。各种控流装置所产生的效果已通过现场试验和数学物理模拟研究得到了证实[21]~[30]。优化坝和挡渣墙在中间包中的安装位置，其结果是增加了钢液在中间包内的平均停留时间和活塞流的体积。

Kemeny 等[23]、Young 和 Harris[24]的研究均表明在中间包中使用控流装置所带来的益处。在 5.4 节中所介绍的三个现场研究也阐明了中间包中使用控流装置在提高连铸坯质量方面所发挥的积极作用。通过对英兰特钢厂 3 号连铸机中间包的大量水模拟研究，找出了挡渣墙/坝组合的最优数量及安装位置[25]。研究发现在中间包内长水口的两边安装挡渣墙/坝/挡渣墙/坝可以使活塞流的体积分数达到最大值，而且能使各流保持最佳的同一性。在他们的研究中，发现坝和挡渣墙的高度几乎对活塞流的比例和各流的相似性产生影响。同样，发现塞棒和钢包注流保护套管的浸入深度对中间包的操作没有明显影响，这意味着坝和挡渣墙在影响中间包内流体流动方面的确有其独到之处。

实际应用比较普遍的是第三类流动控制装置——带孔挡板。图 6.18 为 Bethlehem 钢铁公司的 Sparrow Point 连铸机上所使用的带孔挡板示意图[26]。在他们的实践中，破裂的挡坝和挡渣墙导致操作更加困难，因此，决定用单个带孔的挡板来代替坝和挡渣墙。发现挡板所产生的流动方式与挡坝/挡渣墙的相似。在 Armco Kansas 城钢厂的六流中间包中使用多孔挡板，发现分配到各个注流水口的钢液分布变得更加均匀，增加了钢液从钢包注流水口到中间包内最近水口之间的平均停留时间，增加了钢液的混合[27]。Dorricott 等[28]建议在多流中间包中使用带有不对称孔分布的挡板以改善所有流的流体流动。他们发现采用不对称孔分布的挡板，连铸坯的平均表面渣指数得到了降低。

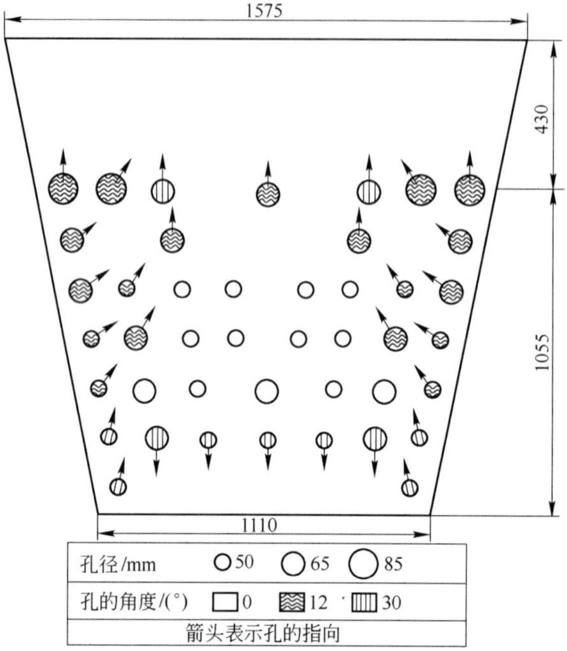

图 6.18　带孔挡板示意图[26]

合理安装这些控流装置，可以在其所控制的区域内产生局部混合，这有助于夹杂物的聚合与去除。在川崎制铁，Emi 和 Habu 使用不同的控流装置进行了实验室实验研究，见图 6.19 所示。他们确定了每一种流动设计的见克来数（*Pe*），发现较小的 *Pe* 数在中间包内呈现较高的混合强度。这些流动控制布置方式也在一个小容量中间包（30t）的实际生产中得到应用。图 6.19 表示了所产生的缺陷指数，很明显 C 方式的控流布置 *Pe* 值最小，两挡板之间产生了交叉流动，这对夹杂物从钢液中去除是最为有效。

尽管有大量的现场证据表明中间包内控流装置的设置有助于提高去除钢液中夹杂物的效果，但一些模拟研究包括物理模拟或数学模拟，均没有能反映出这样的效果。Tacke 和 Ludwig[21]、Sinha[22]在他们的数学模拟研究中发现中间包中布置一挡坝和一挡渣墙与无任何控流的情况相比并不能引起夹杂物去除率的增加。Nakajima 等在他们的水模型研究中采用空心玻璃小球模拟夹杂物，结果是采用坝和挡渣墙以后夹杂物的去除率反而降低[30]。需要牢记的是通过使用控

控流布置方式	没有坝	类型A	类型B	类型C
Pe	6.7	4.8	4.0	3.6

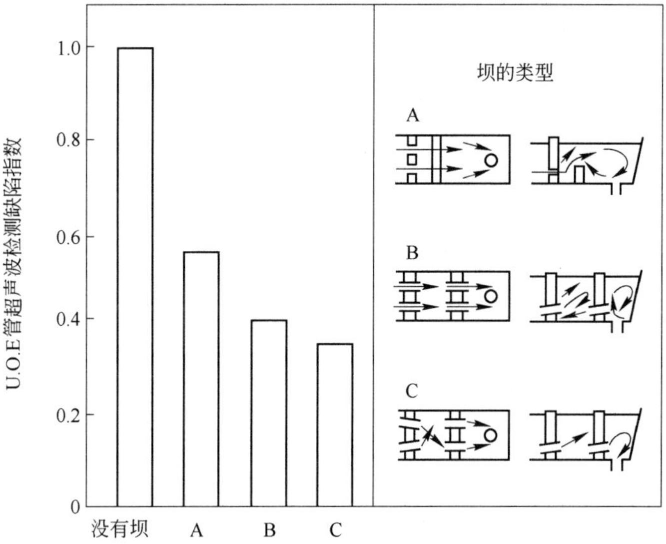

图 6.19 不同控流布置对缺陷指数的影响（超声波检测）[29]

流装置来改善中间包内的流体流动特性，其效果取决于所优化的坝和挡渣墙的尺寸和位置。Tolve 等的研究结果表明在多流中间包中流体的停留时间直接取决于坝离钢包注流的距离（见图 6.20）[31]。因此，控流装置在中间包中不恰当的安置，与无控流的情况相比，会进一步恶化夹杂物上浮与去除的流场。Nakajima 等的研究结果也表明用玻璃小球模拟钢液的夹杂物并不合适[30]。夹杂物的去除机理，如颗粒的聚合和耐火墙的黏附，这些均很难通过水模型中的玻璃小球来模拟。Nakajima等的研究也没有模拟夹杂物进入中间包顶渣层的吸收现象。

冲击板和抑湍器：来自钢包的钢液流股，尤其在受保护而没有气体卷吸情况下是以高速的湍流方式进入中间包内的。这样流股对中间包包底的冲击会引起耐火材料严重侵蚀的问题。设计冲击板并安置在包底以抵挡钢包注流的侵蚀力。冲击板是由致密、化学成分稳定的耐火材料制成，传统形状设计成水平面。最近，已有将冲击板设计成曲面或倾斜一定角度等其他形状从而使注流流股能按所要求方向进行改变，在实际生产中已成功尝试了这些不同形状的冲击板（如文献［26］提供的图 6.21）。已发现带波纹的冲击板在减少来流的湍动方面很有效。Bolger和Saylor报道了他们所设计的冲击板在显著降低湍流方面所显示的作用[32]。

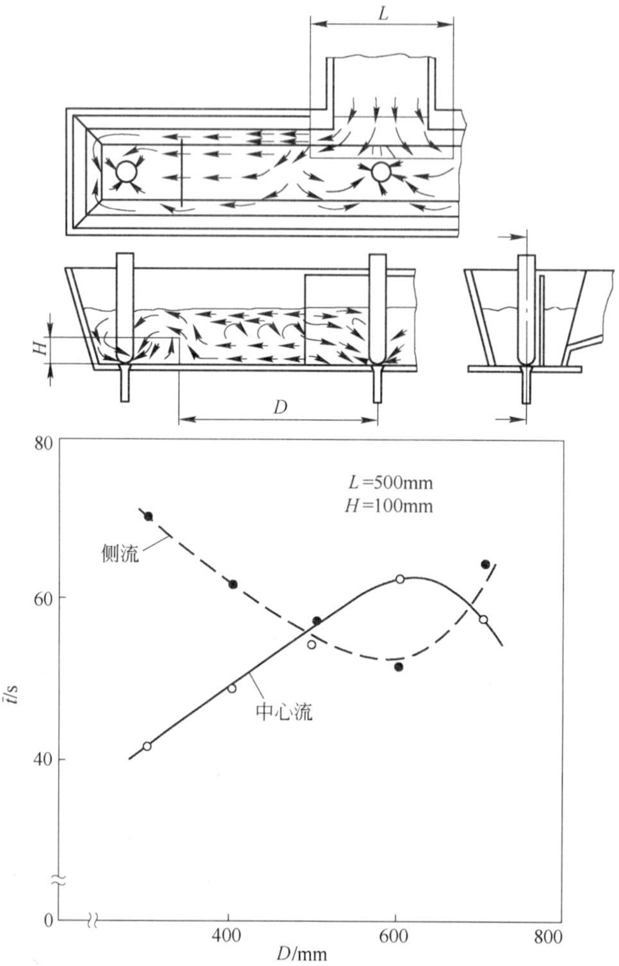

图 6.20　坝的距离对停留时间的影响[31]

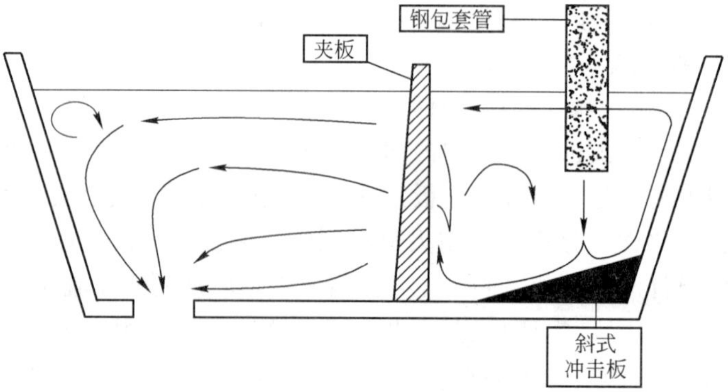

图 6.21　中间包内倾斜冲击板的示意图[26]

他们设计的冲击板及相应的流体流动见图6.22。冲击进入抑湍器的钢液流股改变方向回到中间包自由表面后就变得比较平静。可以认为这样指向表面的流动有助于夹杂物的上浮，当然指向表面流取决于冲击板原来的形状，它会随着耐火材料的侵蚀而发生改变。

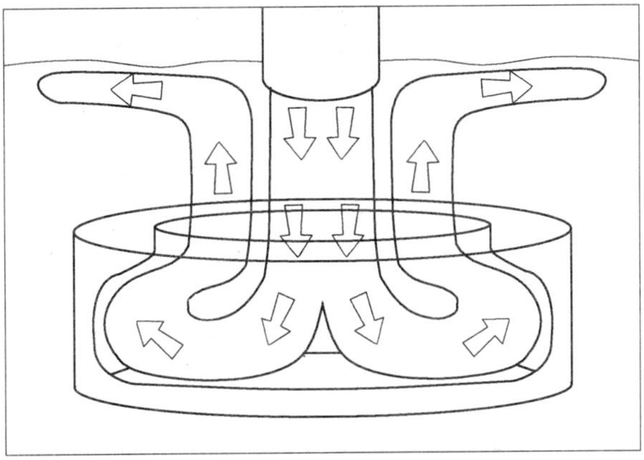

图 6.22 抑湍器及相应的钢液流动示意图[32]

6.5.2 无流动控制的大中间包

上面所阐述的实施各种不同控流装置对钢液洁净度产生的有益作用最近则有所变化。随着炉外精炼技术的迅速发展，许多钢厂安装了大量的精炼设备从而使钢的洁净度达到了满足不同用途的要求，特别是稳态连铸过程的质量。但是即使对炉外精炼实施了严格控制，在非稳态浇铸过程中还是产生了宏观夹杂物。大中间包给宏观夹杂的上浮提供了足够的时间，而且发现在高质量钢的连浇甚至高拉速下可以防止非稳态浇铸过程旋涡的产生。此外，已发现实施中间包热周转操作相当经济，但控流装置对维护这样的操作是很不方便的。深熔池的大中间包也不需要形状复杂的冲击板。大中间包设计简单，可以大流量浇铸和维持长时间连浇，这将实现低成本、高生产率和高质量。

6.6 中间包吹气

一些水模拟研究和工厂试验(文献[33]~[36])已表明了中间包吹氩的有益作用。Yamanaka 等研究了在 V 形中间包的一臂吹氩气所产生的效果。在中间包的两臂分别安装双挡坝，但仅在一侧安装用于吹氩的多孔塞，见图6.23。结果表示在图6.24~图6.26。可以看出，大尺寸夹杂物数量下降（图6.24），而小尺寸夹杂物数量却增加（图6.25）。超声波探测缺陷指数表明，宏观夹杂的数量大幅度下降（图6.26）。

示意图	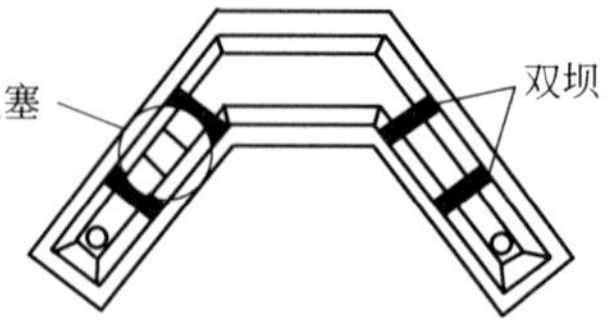	
处　理	中间包吹 Ar 加坝	传统工艺
主　视	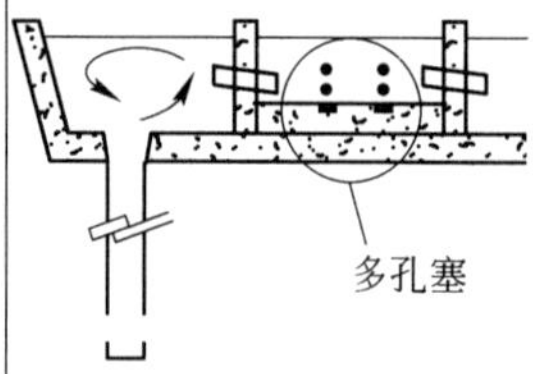	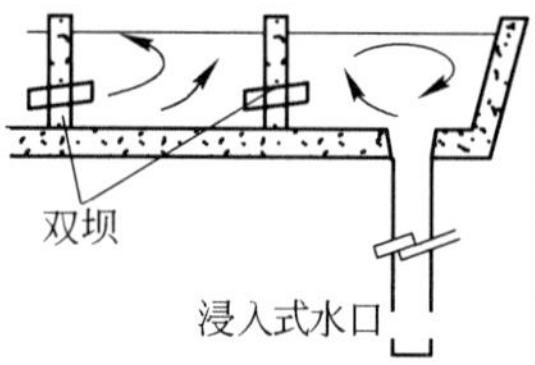

图 6.23　V 形中间包中吹气[33]

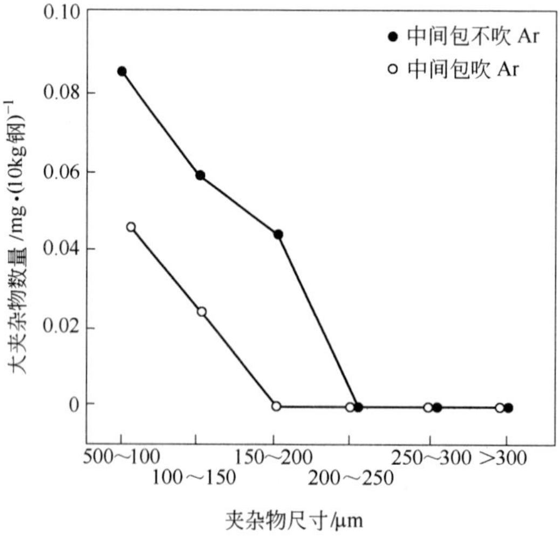

图 6.24　吹气对大尺寸夹杂的影响[32]

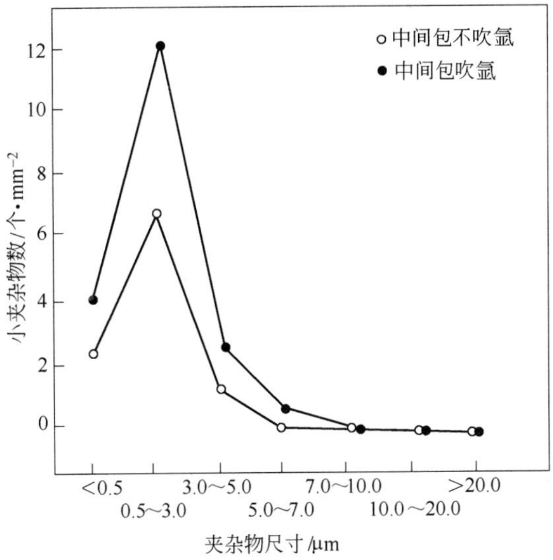

图 6.25　吹气对小尺寸夹杂的影响[32]

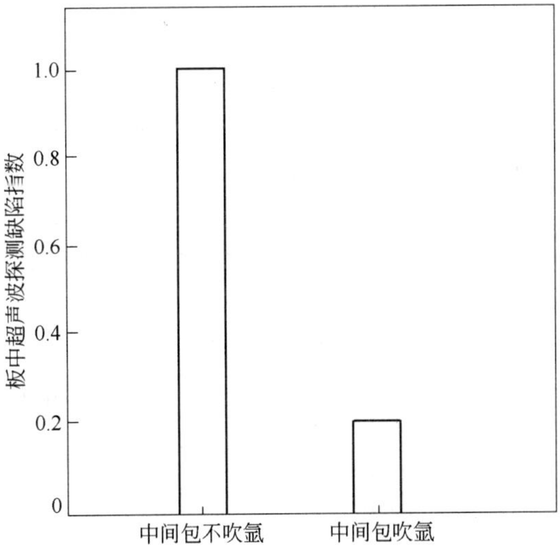

图 6.26　吹气对钢板缺陷指数的影响[32]

在 CRM 的另一个研究中，吹气元件被嵌入中间包包底的多孔耐材中（见图 6.27）。他们也用水模型系统研究流体流动以及流动对模拟夹杂物上浮的影响规律。流体流动的示意图表示在图 6.28 中，表明在吹气区域水的水平流速降低。中间包吹气也提高了尺寸 20 ~ 100μm 模拟夹杂物的去除率，从 43% 增至 65%。没有吹气时大于 100μm 的夹杂物也基本上得以去除。现场的工业试验结果表明

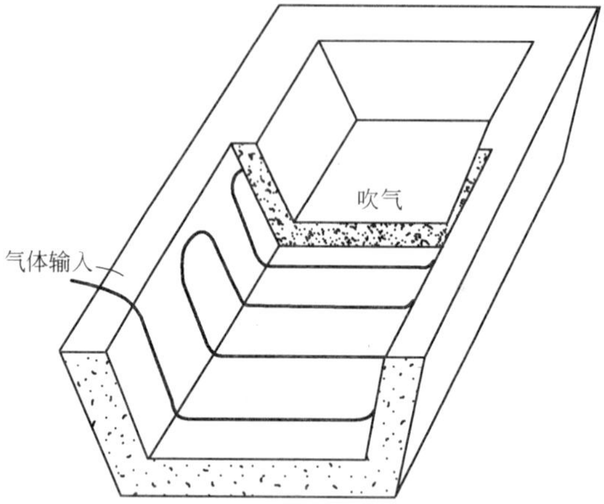

图 6.27　嵌入多孔耐火材料中的吹氩元件[34]

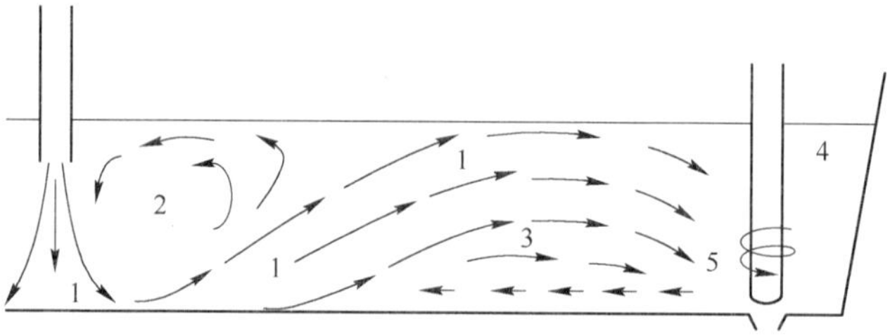

(a)"暴露"中间包

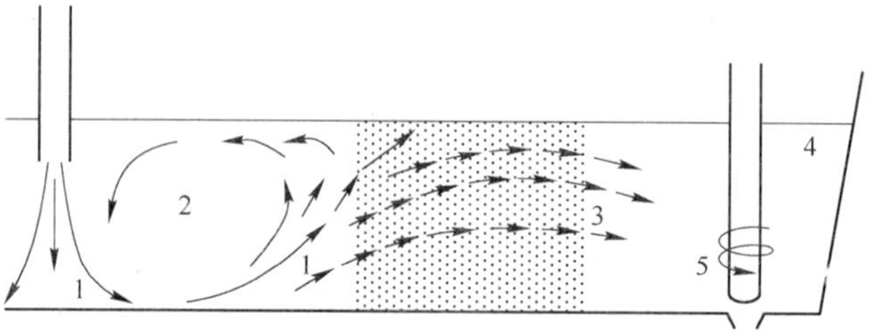

(b) 吹气

图 6.28　吹气量对钢液流动的影响[34]

1—主流股；2—回流；3—低水平流速；4—死区；5—旋涡

铸坯中的氢含量和氧化物夹杂含量均得到了降低。他们发现通过吹氩处理钢中氧化物面积分率比没有吹氩处理的要低 25% ~50%。

中间包吹氩可通过安装在中间包包底的多孔塞或从顶部插入喷枪进行。在一对称的双流中间包中，在入口流股一侧插入一旋转喷枪来产生小气泡[35]，中间包中旋转枪的侧面示意图见图 6.29。研究了吹氩流量及枪的旋转速度对夹杂物去

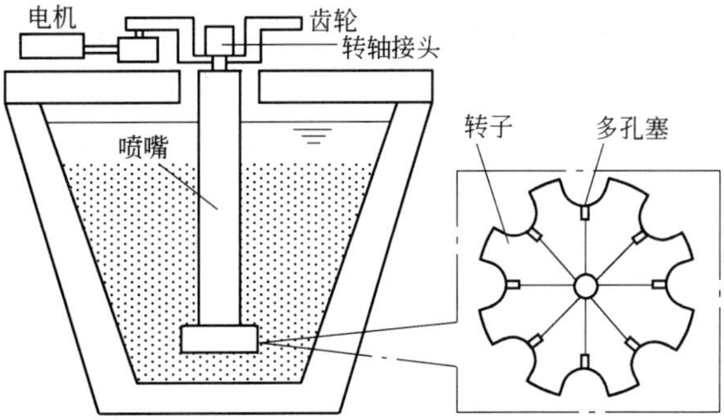

图 6.29 中间包中旋转喷嘴的示意图[35]

除的影响，图 6.30 给出了所获得的结果。结果清楚表明旋转喷嘴吹气具有去除小夹杂物的功能。图中也比较了相同气量条件下旋转喷嘴与没有旋转的底吹之间的差别，表明了旋转喷嘴确实提高了夹杂物去除率。旋转喷嘴产生了较小的气泡，从而

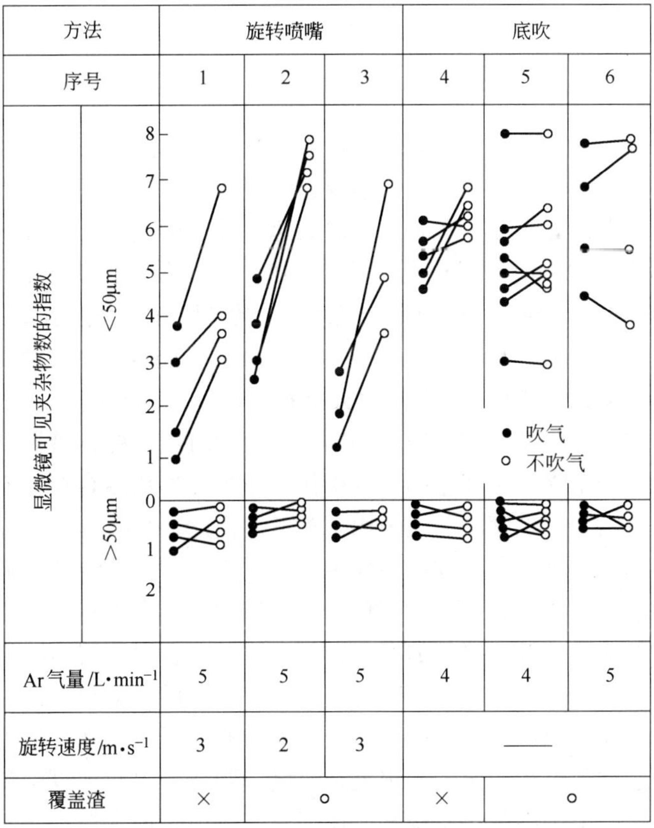

图 6.30 中间包吹气对夹杂物指数的影响[34]

更加有效地促进夹杂物的上浮与去除。图 6.31 表示了吹氩流量和旋转速度对夹杂物去除效率的影响，建议最佳的转速和吹气量分别为 100r/min 和 2 ~ 6L/min，对于这样的实验条件，可获得最佳的结果。为了了解认识操作参数对夹杂物去除所起的作用，研究转速和气量对气泡尺寸和液体流动的影响会更具有指导意义。

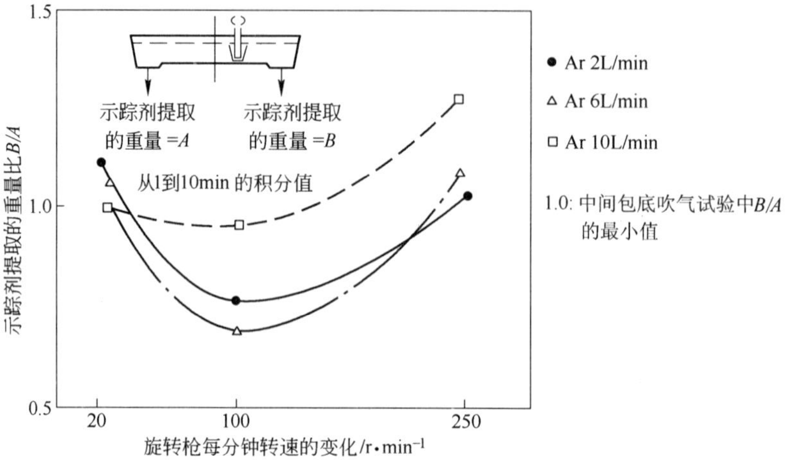

图 6.31　喷嘴的变革和气体流量对夹杂物去除效率的影响[36]

尽管中间包内钢液喷吹惰性气体的积极效果已有结论性的证据，但实际工业生产中并没有被普遍应用，这可归结为气体喷吹带来的缺点。中间包喷吹气体会把表面的覆盖渣吹开从而使钢液暴露而被二次氧化。甚至中间包在有保护气氛的条件下，也不可能将气氛中小量的氧完全清除。因此，钢液发生的二次氧化，总是存在形成氧化物夹杂的可能性。中间包中吹气因气泡的膨胀和破裂而引发表面湍动，从而造成了中间包覆盖渣在渣/钢界面的卷入。气体喷吹同样会造成喷嘴附近耐火材料的侵蚀，这样就要求使用更昂贵的耐火材料。额外的耐火材料成本也是需要考虑的一个经济因素。第三个重要因素是因气体喷吹所造成的钢液温降，甚至有时会造成钢液凝固和结壳。中间包的吹气操作应该与外加热结合在一起，事实上中间包等离子加热时为了温度均匀而采用了吹气。因此，气体喷吹已显示出其冶金效果，但它也同时带来不足。如果将来中间包担当某些精炼或成分调整功能而会对某些区域有混合的要求，那么中间包吹气的应用就会变得越来越重要。

但是，正如前面章节所提及的那样，对中间包冶金而言目前的趋势正朝着原来相反的方向发展。钢液化学成分和温度的调节，杂质元素和夹杂物的去除等操作均在钢包而并非在中间包中进行。因此，所采取的所有措施是最大限度减少钢包向中间包输运钢液过程产生的宏观夹杂。设计制造大中间包以避免换包时钢液面深度的下降；简单的中间包结构和操作促进了热中间包周转，而未引发额外的二次氧化和卷渣等问题。

6.7 中间包覆盖渣的作用

中间包覆盖渣在控制连铸坯的质量方面发挥着十分重要的作用。中间包覆盖渣具有下列重要功能：

（1）绝热保温最大限度降低表面的热损失；

（2）保护钢液免遭大气的二次氧化；

（3）吸收夹杂物；

（4）维护惰性气氛免遭钢液流的还原和卷混；

（5）减缓中间包耐火材料内衬和钢包套管的侵蚀。

覆盖渣一接触钢液须快速熔化并且具有大量溶解夹杂物的能力。它不应该含有氧化物以免成为钢液二次氧化的一个来源。要定量被覆盖渣中的氧化物再氧化钢液的量并不是件容易的事，因为在很大程度上取决于中间包中覆盖渣接触钢液的流体动力学条件或渣与钢液的混合。对于准静态的渣/钢边界，Fuchigami 和 Wakoh 确定了从覆盖渣到铝镇静低碳钢单位界面积的氧传递速率，见图 6.32。传递速率取决于

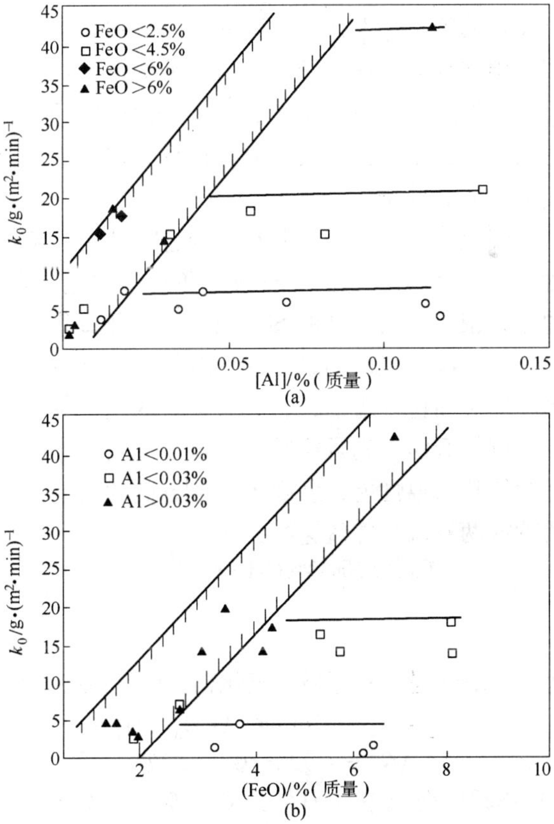

图 6.32 从覆盖渣向 LCAK 钢液的氧传递速率与钢液中的铝和渣中 FeO 的函数关系

渣中 FeO 的量和钢液中［Al］。当渣含有 43% ~45% CaO，43% ~45% Al_2O_3 和 5% ~10% FeO 并且［Al］大于 0.03% 时，传递速率随渣中的（FeO）线性增加。这表明降低覆盖渣中的（FeO）是减少渣再氧化全铝镇静钢一个有效的手段。

控制中间包覆盖渣冶金行为的因素包括黏度、熔点、界面张力和夹杂物的溶解度。中间包覆盖渣的黏度是一个很重要的特征参数。高黏度渣吸收夹杂物速度慢，流动性好的渣承受易被卷入到钢液中的危险。目前中间包热周转操作变得越来越重要且已被普遍应用，尤其是日本的钢铁企业（将在 6.11 节中做描述）。在此操作中，一个浇次后的中间包被移到另一个地点进行倾倒残余钢液和渣的处理，之后对中间包内侵蚀的耐火材料进行快速修补，这样将热状态的中间包返回用于下炉次浇铸。对于这样的操作，中间包覆盖渣应该是流动性好且易快速倾倒。一个浇次是由若干个钢包组成，中间包中渣的体积和成分在不断变化，其结果是渣成分的改变引起了其熔点和黏度的变化。渣的熔点应该具有这样一个特点，即与钢液接触的渣应该是一种熔融态以便吸收钢液中夹杂物，而最上层渣应该是固态以便绝热保温。液态的渣具有较高的夹杂物吸收率，而固态渣其孔隙中含有气体因而具有较好的绝热保温作用。因此，对于覆盖渣在使用过程中希望有一个厚度合适的液渣层和足够厚度的固渣层。钢液的温度约为1550℃时，熔点在 1300 ~1400℃范围的覆盖渣可提供合适的液渣层和固渣层厚度。希望渣/钢间的界面张力大，因为低的界面张力会造成卷渣。最后，覆盖渣应具有高的夹杂物溶解度，这也是对其提出的必要条件。

已提出了许多不同成分的覆盖渣，并在中间包中使用。使用最普遍的覆盖剂或许是稻壳，它含有 90% SiO_2，并且具有很好防止中间包热损失的作用。但是，稻壳吸收夹杂物的能力很差，而且高的 SiO_2 给二次氧化提供了一个来源。二氧化硅与氧化铁、氧化锰等二次氧化产物融合后形成的高黏度渣，吸收夹杂物的能力很差。飞灰也常被用作中间包覆盖剂，它具有良好的绝热保温和防止二次氧化的作用，但它含有高比例的 SiO_2，这同样成为二次氧化的一个源头。富集的氧化镁覆盖渣也具有很好的绝热保温性能，但缺少其他方面的功能。一般来讲，中间包覆盖渣含有下列两种或两种以上的氧化物：

$$CaO\text{-}SiO_2\text{-}MgO\text{-}CaF_2\text{-}Al_2O_3$$

6.7.1　渣的碱度

正如先前所阐述的，SiO_2 是一种还原性氧化物，可以引发铝的下列再氧化反应：

$$3SiO_2 + 4[Al] = 2Al_2O_3 + 3[Si] \tag{6.1}$$

$$\Delta G^{\ominus} = -720680 + 133T \tag{6.2}$$

图 6.33 表示了 1823K 钢液中［Al］为 0.03%，$CaO\text{-}SiO_2\text{-}Al_2O_3$ 渣的不同碱度下（式（6.1））的平衡曲线和 SiO_2 的活度。图表明为了避免渣中 SiO_2 的还原，需要有 CaO/SiO_2 高的比值。

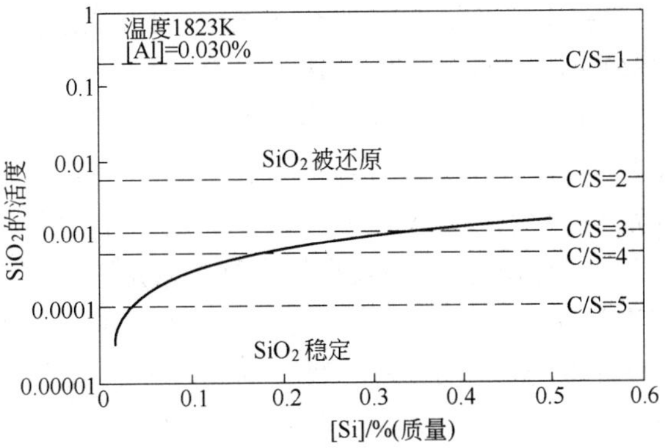

图 6.33 SiO_2活度与硅含量的函数关系（C/S = % CaO/% SiO_2）[38]

Bessho 等对配有一个 250t 钢包和一个 50t 中间包、浇铸超低碳铝镇静钢的双流连铸机中、不同 CaO/SiO_2比值的四种中间包覆盖剂进行了研究[39]。这四种覆盖剂的成分和软化温度见表 6.2。

表 6.2 中间包覆盖剂的化学成分[39]

化学成分	A	B	C	D
SiO_2/%	47.4	7.6	5.7	2.6
Al_2O_3/%	2.7	22.2	20.7	20.5
CaO/%	39.5	46.2	62.5	58.2
CaO/SiO_2	0.83	6.1	11.0	22.2
软化温度/℃	1280	1380	1300	1410

图 6.34 表明了经 RH 处理后钢包钢液的全氧含量到中间包后的变化与覆盖

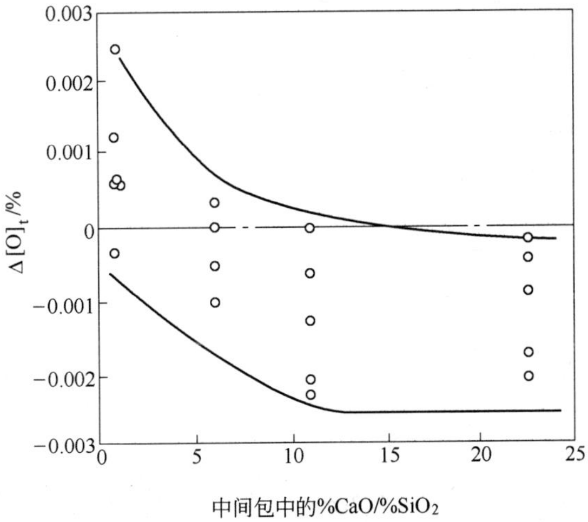

图 6.34 从钢包到中间包钢液中全氧含量的变化与
覆盖剂 CaO/SiO_2比值的函数关系[39]

剂 CaO/SiO_2 比值的函数关系。虽然数据有些发散，但还是很清晰表明要降低钢中的全氧含量需要高的 CaO/SiO_2 比值。在连浇期间中间包出口的全氧含量的变化情况表示在图 6.35 中，表明用高碱度覆盖剂 C 生产的钢其全氧含量比用低碱度覆盖剂 A 要低。图 6.36 表示了板坯厚度截面上尺寸大于 0.5mm 的簇状夹杂物的分布情况。覆盖剂 C 与覆盖剂 A 比较，发现在铸坯中的簇状夹杂物数量要低得很多。大尺寸簇状夹杂物的存在和较高的全氧含量是因为覆盖剂 A 中含有大量的 SiO_2，它成为二次氧化的一个源头。在图 6.37 中，Bessho 等绘出了使用覆盖剂 A、C 和 D 时 SiO_2 的活度。使用覆盖剂 A 时，SiO_2 的活度从浇铸初期的 0.20 变为浇铸结束的约 0.10。与高碱度覆盖剂 C 和 D 比较，在浇铸快结束时用覆盖剂 C 的 SiO_2 活度为 0.008，覆盖剂 D 的 SiO_2 活度为 0.004，分别是覆盖剂 A 的 1/10 和 1/20。因此，碱度为 10 或更高的覆盖剂比较适合洁净的铝镇静钢浇铸。

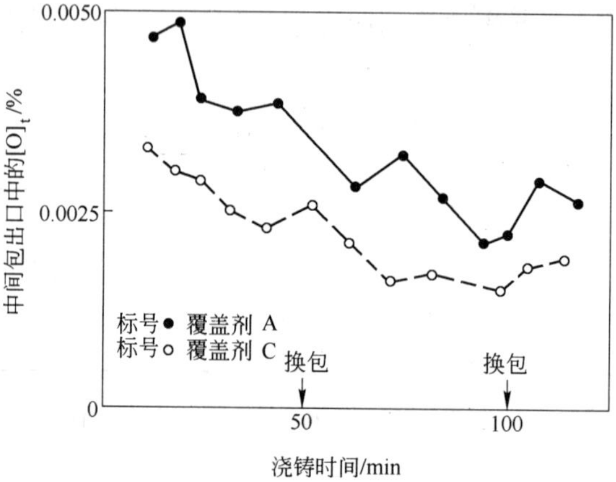

图 6.35 全氧含量与浇铸时间的函数关系[39]

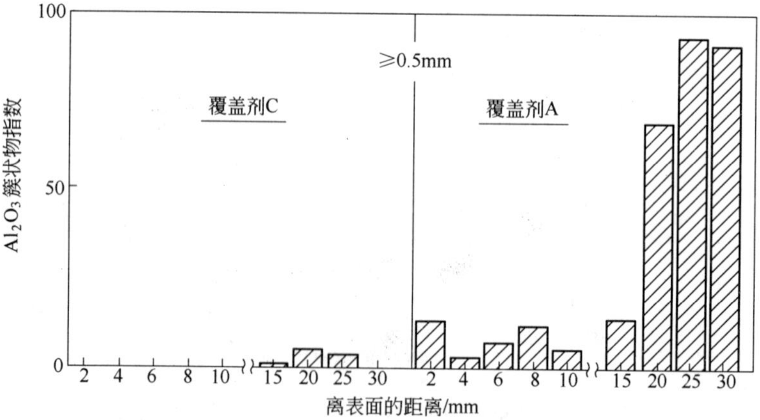

图 6.36 板坯厚度方向氧化铝簇状物的分布[39]

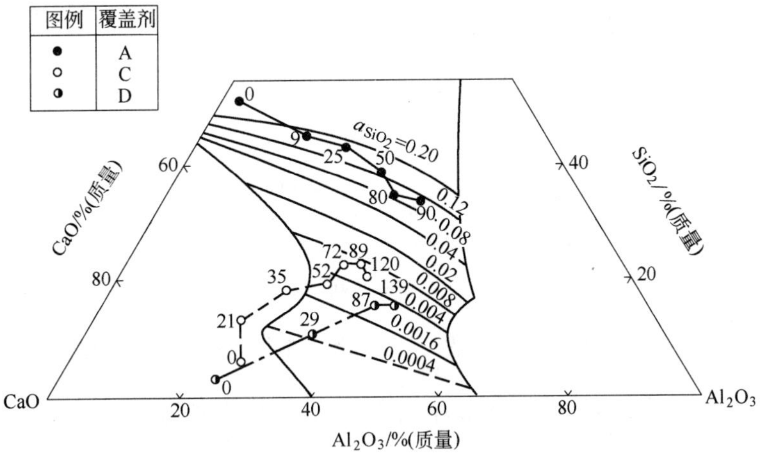

图 6.37 使用不同中间包覆盖剂的 SiO_2 活度[39]

6.7.2 氧化铝的溶解速率

Fukuzaki 等研究了在三元渣系中氧化铝的溶解情况[38]。他们发现 $CaO-CaF_2-Al_2O_3$ 系的氧化铝溶解速率要比 $CaO-CaF_2-SiO_2$ 的好，溶解速率取决于渣中 Al_2O_3 的含量。Al_2O_3 含量低的渣具有高的溶解速率，见图 6.38。

含有 20% CaF_2 的 $CaO-SiO_2-CaF_2$，其 Al_2O_3 吸收率与 CaO/SiO_2 比例的函数关系见图 6.39[40]，表明吸收率随碱度的增加而增加。图 6.40 表示的是 $CaO-SiO_2$-

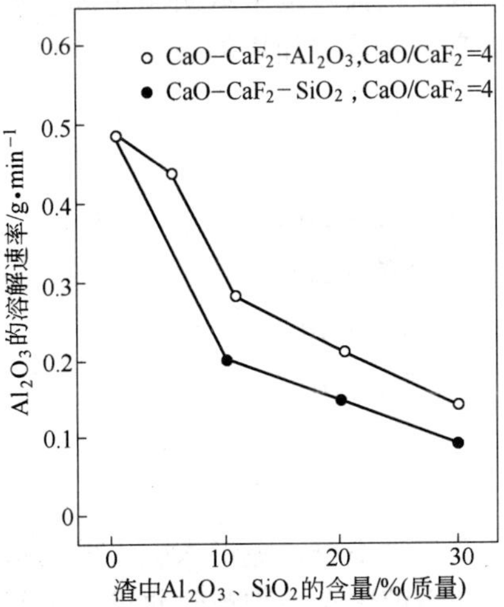

图 6.38 氧化铝溶解速率与中间包覆盖渣成分的函数关系[38]

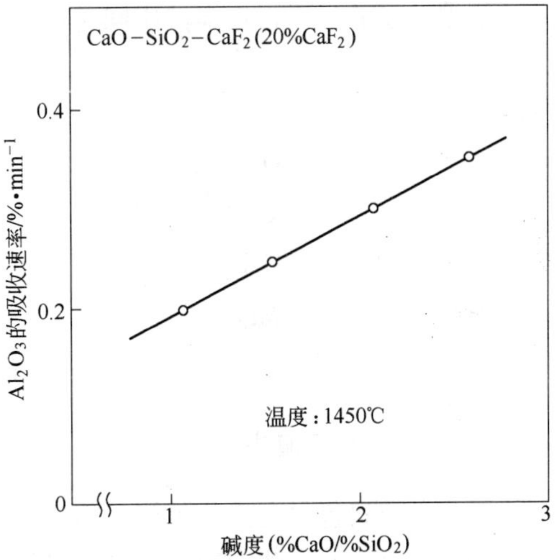

图 6.39 中间包覆盖剂吸收三氧化二铝速率与其碱度的关系[40]

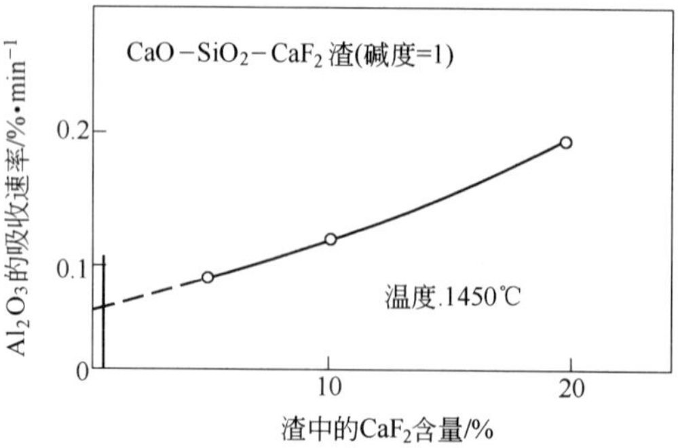

图 6.40 中间包覆盖剂吸收三氧化二铝速率与其 CaF_2 含量的关系[40]

CaF_2渣系中 CaF_2 含量对 Al_2O_3 吸收率的影响[40]。其速率随渣中 CaF_2 含量的增加而增加。

6.7.3 渣的黏度

渣黏度随温度的升高而降低，它也随着 FeO 和 MnO 含量的增加而降低。FeO 和 MnO 的出现恶化了中间包覆盖渣，成为钢液二次氧化的一个源头，因此应尽量避免。CaO-Al_2O_3-SiO_2渣的黏度是随着 Al_2O_3 或 SiO_2 含量的增加而增加。作为大家所熟知的助熔剂氟化钙，它的加入可以降低渣的黏度。但是，CaF_2的存在对碱性耐火材料面产生侵蚀，并且渣凝固和氟被水浸出后会对环境造成污染。

6.7.4 渣的组成

依据上述的讨论，很显然中间包覆盖渣的组成应很大程度上取决于中间包操作和浇铸的钢种。下面为可代表洁净铝镇静钢生产中所普遍使用的覆盖渣的组成范围：

CaO/SiO_2	>10
Al_2O_3	5% ~20%
CaF_2	5% ~20%
MgO	5% ~10%
SiO_2	5% ~10%

6.7.5 中间包覆盖渣中的金属铝

用一个中间包内连浇几包钢水的过程中，开新包时不可避免带入引流砂而引起中间包内渣量的不断增加，同时钢包渣的带入和钢液中夹杂物被吸收进入中间包渣层也增加了渣量。因而，这样也增加了中间包覆盖渣中 FeO、MnO 和 SiO_2 等还原性氧化物的量。正如前面章节所讨论的，这些氧化物将成为钢液二次氧化的源头。因此，这些氧化物数量和活度的增加，也会使钢液的全氧含量增加。为了解决这个问题，Nakatao 等研究了神户加古川厂用含有 38% 金属铝的 $CaO-SiO_2-CaF_2$ 合成渣（合成渣 B）改性处理现有中间包覆盖渣（合成渣 A）后所产生的影响[41]。所含金属铝可将渣中全铁含量通过还原降到一个较低的水平，如图 6.41 所示。因而，以低成本浇铸高质量铸坯。

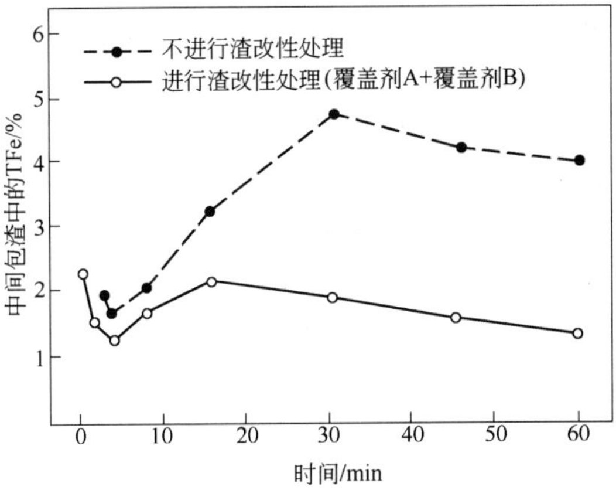

图 6.41 中间包渣改性处理对渣中全铁含量的影响[41]

6.7.6 没有中间包覆盖渣的中间包操作

应该提一下某些质量钢的生产，中间包的操作并没有使用任何覆盖渣。在操作中，钢包到中间包的钢液流股通过 Ar 封或长水口得到了很好保护。中间包加了密封盖，而且在钢液表面上方通氩气，同时将钢包的带渣降到最低。这种没有覆盖渣的操作可以阻止覆盖渣卷入结晶器中，但它因安装隔绝空气的密封盖和吹氩增加了操作成本。如果中间包上方充满 Ar 气，如果钢包的带渣控制在最少的水平，如果纯净钢水的供应得以保证，那么中间包的操作对洁净钢的生产是十分有效果的，钢液仅含有很少量能上浮到中间包自由表面的夹杂物。

6.8 加钙

不少钢铁公司已经成功尝试了在钢包和中间包中喷钙。中间包钢液中加钙具有如下优点：

（1）将大颗粒的氧化铝簇状夹杂转变为液体铝酸钙夹杂，这样在后面的凝固和热轧冷轧过程中夹杂物可以被拉伸和破碎成小尺寸而不会对钢的性能产生大的伤害；

（2）减少氧化铝夹杂堵塞水口，维护钢液通过水口流量的一致性和结晶器所需的流场从而保持连铸机的生产能力和浇铸产品的质量；

（3）将溶解的硫转变成在热轧过程中不变形的硫化钙夹杂，因而防止了在薄板或薄带中形成易变形的硫化锰夹杂；

（4）改善钢力学性能的各向同性和抗氢致裂纹（HIC）的能力，而热轧过程被拉长的硫化锰往往对这两方面产生不利影响。

因而，加钙对提高连铸坯的质量具有重要影响。Van der Heiden 等在 Hoogoven 的 60 吨中间包中进行了喂 CaSi 线[42]。对于加钙操作，因钙的蒸气压高，需要容量大和深度深的中间包。Van der Heiden 他们将直径为 9mm 每米含 30g 钙的包芯线以 100m/min 的速度加到中间包中。表 6.3 比较了钙处理和未经钙处理炉次钢的质量改善情况。

表 6.3　中间包中的钙处理对钢质量的影响

指　标	钙 处 理	参照炉次
硫	0.007%	0.007%
板的发纹	4	18
板的面积收缩	15mm 厚板 63%，40mm 厚板 73%	25mm 厚板 50%
Ca 的收得率	8.5%	—
MnS Ⅲ型偏析区	14.5/cm^2	25.4/cm^2
MnS Ⅱ型偏析区	0.9/cm^2	39.5/cm^2
Ca 的水平	0.0035% ~0.004%（35 ~40ppm）	—
板坯中 Al_2O_3 簇状物	0	0.8/cm^2

钙处理炉次的钙含量为 0.0035% ~0.004%（35 ~40ppm），处于正常的水平。氧化铝簇状夹杂得到完全消除。MnS 的Ⅱ和Ⅲ型夹杂也得到显著降低，Hoogoven 检测的板发纹从 18 减到 4。显微探针分析反映出Ⅲ型夹杂物也含有 CaS，CaO 和 Al_2O_3，在热轧过程此类夹杂物几乎不伸长。过度加钙对钢的性能会造成危害，因为多余的钙会与渣及耐火材料反应形成氧化物，有一些会被卷入钢液中成为 CaO 基夹杂。

Tolve 等在意大利的 CSM 厂进行了喂直径为 9 ~11mm 含 CaSiBa 合金包芯线工作[31]。包芯线绕成 250mm 直径 100mm 间距的卷。以 20 ~30m/min 的速度喂入，这样向钢液中加入了 0.23kg/t 的钙，生产的铸坯轧成 6mm 厚的板。夏氏 V 形缺口冲击试验表明横向夏氏 V 形缺口值与纵向的非常接近，因而获得了钙处理钢优良的各向同性。发现钙处理后的板子中夹杂物的形态为球形，主要由硫化钙为核心的铝钙酸盐组成，而没有钙处理的板中夹杂物为硫化锰和氧化铝簇状物。

神户制钢的 Kitamura 等将钙合金加到钢液中并发现连铸坯组织中等轴晶的比例有所增加，硫化物夹杂的形态和成分得到了改善[43]。川崎制铁的 Yoshii 等发现加 0.005%（50ppm）钙的处理钢中硫化锰夹杂和大尺寸氧化物夹杂的数量得到了显著降低，如图 6.42 所示。他们还发现换包期间的过渡板坯中夹杂物的数量也得到了降低，而且钢的整体洁净度得到了提高。

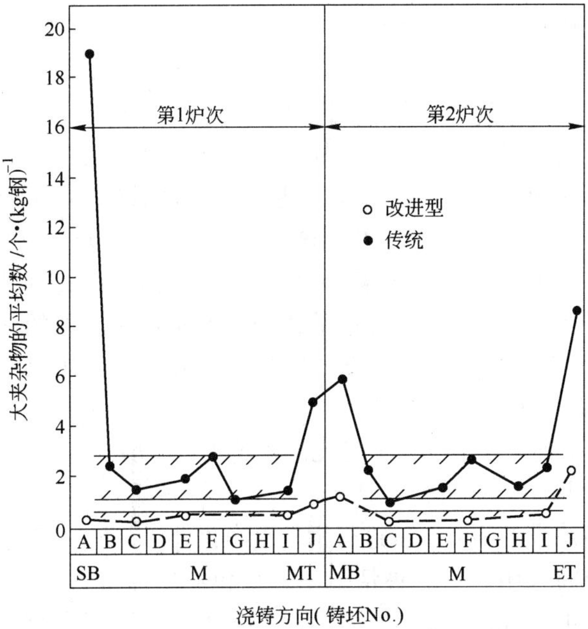

图 6.42 钙处理对大尺寸夹杂的影响[44]

Haida 等描述了向钢包到中间包的注流股中加 CaSi 的一个简单方法，见图 6.43[45]。发现此方法对合金的加入很有效，而且已成功用于生产抗氢致裂纹管线钢的生产。虽然方法简单，但 Ca 的收得率可达 15%～20%，算是相当高了，原因是中间包入口加 CaSi 部位没有氧化渣存在。他们发现对于有效 Ca 与 S 的原

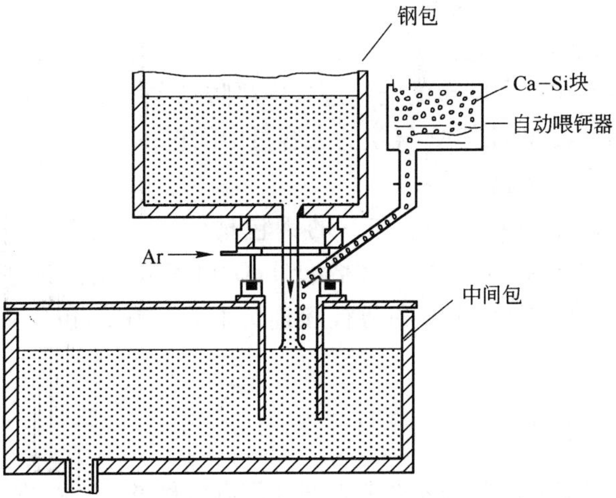

图 6.43 加 CaSi 的一个简单方法[45]

子浓度比（ACR）为0.2而言，硫化物的形状控制显然不够充分，ACR为0.4除了中心线偏析外其他均可得以满足。

但是，必须注意到通过钢包中加钙，铝镇静钢液中的氧化铝簇状夹杂和溶解的硫很容易转变成液态铝酸钙和固态硫氧钙化合物。这是因为钢包内钢液的搅拌要好于中间包，良好的搅拌保证了Ca的弥散分布，氧化铝均匀转变为铝酸钙，溶解硫均匀转变为硫化钙/氧硫钙化物，从而促进了铝酸钙和硫化钙/氧硫钙化物上浮到顶渣层而被去除。为了钢包中获得更好的钙收得率，必须将钢包渣中氧化物组成降到最低，而且钢包内衬使用没有还原性的耐材。中间包中喂钙线会在中间包的渣/钢界面引发剧烈的湍动，这将会使中间包渣卷入钢液中成为宏观夹杂。其中一部分卷入的夹杂物被带入结晶器并被凝固坯壳捕获而留在连铸坯中。

因此，如在下列的环境条件下已无法避免水口的堵塞，此时中间包中加钙应被看作是最后解决问题的手段：

（1）钢包精炼设备不能正常进行钢的洁净化处理，氧化铝夹杂含量高的钢液不得不输运到中间包中。在这种情况下，钢包渣中通常含有高的FeO和MnO。因此，此时在中间包钢液中加入的钙，有一部分要用于还原这些氧化物，从而使钙的收得率比较低而且不经济；

（2）因操作条件的限制，没有能有效防止钢液在由钢包向中间包的输运过程中及中间包中产生的二次氧化，此时在洁净钢液中产生了不该有的氧化铝簇状物夹杂；

（3）当诸如小方坯和薄板坯连铸的水口孔径小且易发生堵塞时。

事实上，通过结合下列的技术措施，当前高质量的铝镇静钢液不用加钙处理就可以浇铸成大方坯和板坯：

（1）使用钢包精炼工艺；

（2）钢液由钢包向中间包的输运过程中严防二次氧化和钢包带渣；

（3）采用碱性覆盖剂或Ar气氛的大容量中间包；

（4）浸入式水口吹氩。

在最大程度降低钢中$[O]_t$和S的钢包精炼操作基础上，进行氧化铝簇状物和硫化物的形状控制。然后在含低FeO和MnO碱性顶渣的钢包中加入Ca。对铝镇静钢的小方坯连铸和薄板坯连铸而言，中间包中加钙仍是通常采用的操作。

6.9 异钢种连浇

对于异钢种连浇，目前钢铁企业普遍使用有两种方法。在进行浇铸两个完全不同的钢种时，正常的做法是将浇铸旧钢种的中间包移走，快速地将新中间包就位（时间不超过5min），然后用同一个结晶器继续浇铸。在这种情况下，在结晶器中会发生两种钢液的局部混合。因此，在结晶器中普遍采用钢种隔离器和铸坯连接器来最大程度降低连铸坯中两钢种的过渡长度。第二种方法通常是在两个钢种的化学成分比较一致和相似时采用。在此方法中，中间包中的钢液液位降到可接受的水平（不会产生旋涡卷渣），然后将新钢种钢液注入到中间包中。因此，两种不同的钢种浇铸使用了同一中间包。在浇铸过程中，结晶器没有受到任何干扰，但连铸坯中还是有一定的过渡区长度。

6.9.1　钢种隔离器和铸坯连接器的使用

已经开发设计了各种钢种隔离器和铸坯连接器，并在不同企业得到了应用。在结晶器注入新钢种钢液之前，加入的钢种隔离器会引起旧钢种钢液的局部凝固，这就阻止了两钢种的混合从而使过渡区长度最小化。Bethlehem钢铁公司开发设计并使用的钢种隔离器见图6.44所示[46]。图6.45示出了异钢种浇铸期间所发生的现象。从隔离器两边中间附近铸坯的化学成分（见图6.46）清晰表明了新钢种钢液并没有穿越隔离器，因而证实了钢种隔离器的有效性。整个钢种变换操作不超过1min，隔离器下方切除总长1.2m铸坯已足以消除由混合区、隔离器和缩孔所构成的缺陷带。

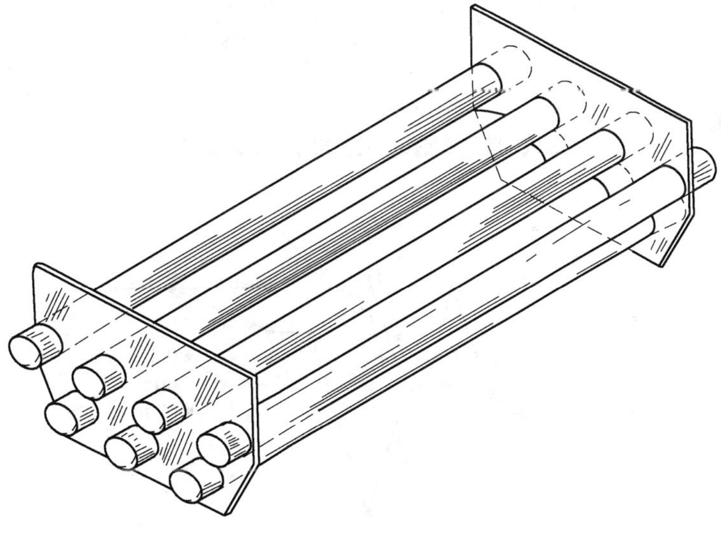

图6.44　钢种隔离器示意图[46]

铸坯连接器放置在钢液的表面，通过保持足够的时间这样一半连接器被凝入旧钢种中，另一半凝入新钢种中。铸坯连接器使用的主要目的是在两个钢种之间

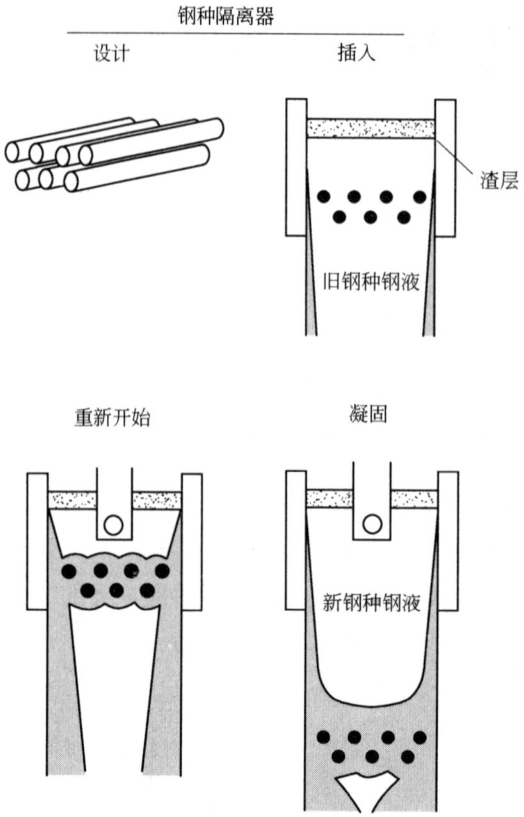

图 6.45 换钢种浇铸期间的隔离器[46]

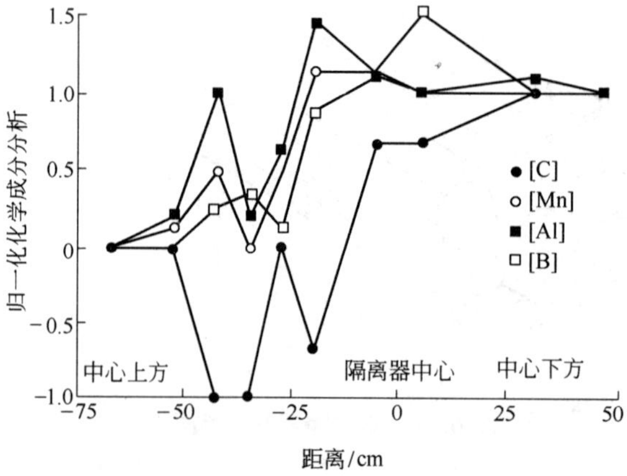

图 6.46 异钢种浇铸期间的成分变化[46]

形成具有足够强度的连接。“狗骨形”或“指环形”装置是适合这样的目的。图6.47给出了异钢种浇铸使用铸坯连接器的示意图，它也是由Bethlehem钢铁公司开发的[46]。废弃的铸坯长度约1.2m，与隔离器的情况相同。使用铸坯连接器对连铸产生影响的时间约5min。正常连铸受干扰期间，结晶器以很低拉速运行以避免凝固坯壳黏结。但是，这样的操作会造成铸坯过冷从而对连铸机的轴承和辊子施加了不利的压力。因而，在连铸生产中为了组织连浇采用了各种办法，异钢种浇铸是不得已而为之的最后措施。

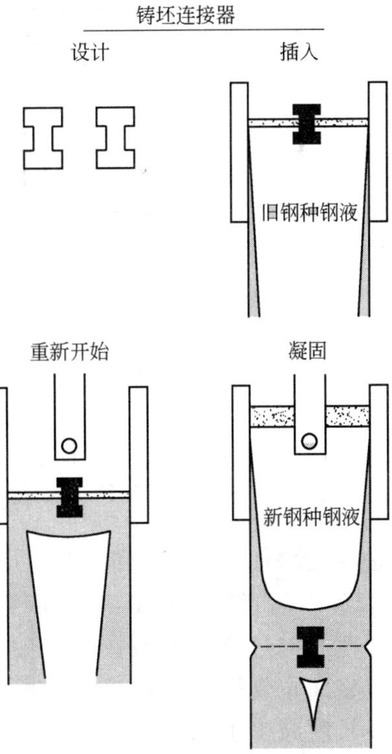

图6.47 异钢种浇铸期间使用铸坯连接器[46]

6.9.2 用同一中间包异钢种浇铸

正如上所述，中间包注入新钢种钢液之前，其内的旧钢种钢液液位要降到预设的位置。新钢种钢液注入的速度通常比稳态浇铸时的大，这样做的目的就是希望中间包中的钢液液位能尽快升到正常浇铸的高度。在此操作过程中，拉速可以适当降低也可以保持不变。因而，两种钢液在中间包中的混合会造成铸坯中的过渡段，化学成分均不在两个钢种的范围之内。有些研究者（如文献[47~49]）利用水模拟和数学模拟及现场试验进行了研究以深入了解各种操作参数对过渡长度的影响规律。

德国的Diener等详细报道了他们利用槽列模型描述Hoesch Stahl AG板坯铸机混合过程的研究[47]。他们研究开发了换钢种浇铸技术，即将28t的中间包浇到剩6t之前迅速将新钢种钢液注入到正常稳态浇铸的液面。这样的操作可以将板坯过渡段的平均长度由9m降为5m。

Burns等利用水模型研究了ARMCO钢铁公司Ashland厂的板坯连铸机的混合[48]。中间包浇空到不同高度然后再注入新钢液。他们证实了一个很重要的事实，即从碳成分的窄规格转换到宽规格所产生的过渡长度短。图6.48给出的成分与铸坯长度两条曲线已很好地说明了这种影响。从窄规格向宽规格（0.03%~0.05%C向0.13%~0.17%C转换）的过渡进程中曲线上反

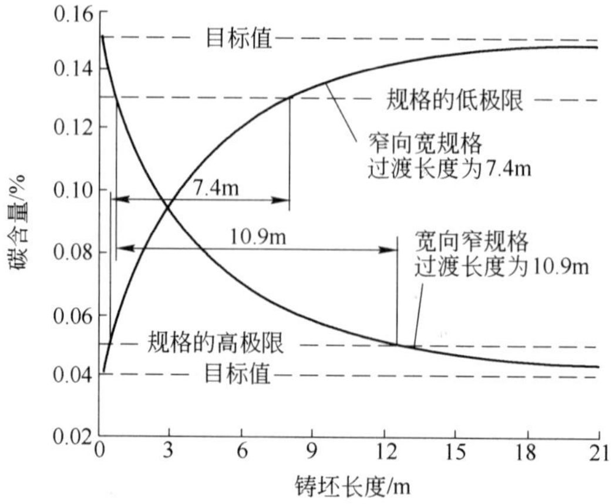

图 6.48 换钢种期间钢液成分的变化[48]

映出是指数增加。“窄”和“宽”的含义指的是碳合格的绝对值范围，前者是0.02%，后者则是0.04%。以指数衰减的曲线表示的是从宽规格向窄规格成分范围的过渡。比较图 6.48 中右手的指数过渡曲线的尾巴，可以看出从窄规格向宽规格钢种过渡的进程要进入得早些，这样对这里介绍的例子而言过渡长度减少了 3.5m。

在水模拟研究的基础上，他们开发的数学模型能描述钢液中成分随新钢种浇铸时间的变化速率[48]。取异钢种浇铸期间一台连铸机上的数个结晶器及铸坯样来验证模型。这个模型只能用于在一块铸坯中的钢种过渡，之前的两块铸坯已经废弃。

Damle 和 Sahai 进行了数学模拟研究，他们发现除了中间包的浇空深度外，新钢液注入到正常稳态液位的速率也对钢种的过渡段长度产生影响[49]。因而，向中间包很迅速地注入新钢液是没有必要的，因为这样会导致不必要的异钢种混合。中间包内新钢液注入流量的最优化取决于化学成分要求的范围和中间包的设计。因此，通过采用组合式的注入流量可将异钢种的过渡长度进一步降低。

6.10 中间包耐火材料

中间包耐火材料必须具有足够的绝热保温性能，而且与钢液和渣的接触层不产生不利的影响。因耐火材料与渣之间的物理化学作用会相当严重，因而对其质量要求非常高。中间包的某些区域也要求耐火材料的厚度厚或特种耐火材料，包括冲击板钢液流股对其的冲刷特别严重，等离子枪附近产生了很高的温度。任何耐火材料的磨损对钢的质量均将产生危害，因为这样造成了钢液的外来夹杂。

中间包的钢壳内含有高氧化硅结构的永久衬。此衬具有很好的绝热保温性能。紧贴此层是厚度最大的工作层，它可以是砖砌或浇注衬，材料可以是氧化锆、高铝或氧化镁基。从耐久性、劳动强度和成本考虑，高生产率的大中间包使用硅铝浇注整体捣结炉衬。大多数情况下，最后常用高速喷枪在此耐火层喷涂一层高镁浇注料。在投入使用之前，这些整体捣结的浇注块必须进行干燥、烧结和预热以防止爆破剥落。在某些特殊情况下，用氧化镁板代替高镁浇注料。Taguchi 等介绍了由高镁前板和高硅后板所组成复合板的使用情况[50]。表 6.4 给出了此复合板的化学组成和物理性能。他们对复合板的热损失和相关的总成本与浇注衬做了比较，发现复合板具有较好的绝热性能，而且总成本是浇注耐火材料的 73%。不管是哪种情况，与钢液接触的工作层耐火材料必须是高的 MgO，而且还原性黏结剂量要最少以防止钢液中的 Al 氧化。选择喷涂还是板取决于当地对劳动力成本、耐火材料成本和耐火材料寿命等的要求。在主要的大型企业，高生产率连铸机现在普遍采用喷涂镁质浇注料[51]。

表 6.4 复合板的成分和性能[50]

组成和性能	MgO/%	SiO_2/%	点火损失/%	密度/$kg \cdot m^{-3}$	导热系数/$kJ \cdot (m \cdot h \cdot K)^{-1}$
前　板	80	<4	13	1700	2.93
后　板	<1	82	7	1000	0.84

在浇注第一炉钢之前，通常将中间包预热到 1200℃，但有进行预热限制的情况时，只能用冷包浇注从而以牺牲温度和质量为代价。即使是冷包浇注，水口和塞棒是需要预热以避免冻钢。冷中间包操作中的第一炉钢液温降很大，因而需要较高的过热度。日本的企业通常使用预热中间包操作以避免冻钢和保持较高的钢液温度。但北美有一些企业则采用冷包操作。

图 6.49 表示的是神户制钢 80t 中间包及包衬轮廓示意图[51]。中间包用盖密封并采用等离子加热。可以看出最接近等离子枪区域（图中标记为 No. 2）的耐火材料 80% 为氧化铝。钢液冲击区（标记为 No. 9）的耐火材料较厚，而且有一个高铝预制块。中间包以热条件进行循环使用到 150 次而无需任何的耐火材料维护。中间包配有进行快速耐火材料维护，可以使用 3 到 4 个浇次，150 炉。因而，一个中间包用不着彻底更换炉衬而可以浇注 500 炉。

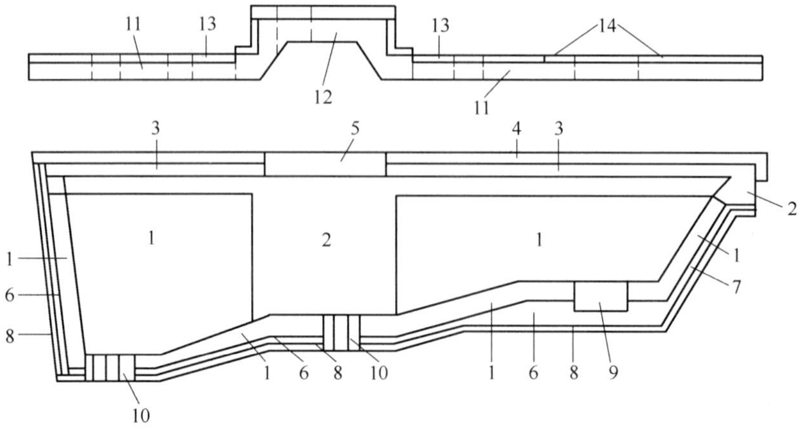

类 别	No.	材 质
中间包	1	高铝砖
	2	高铝砖
	3	中铝砖
	4	中铝浇注块
	5	高铝浇注块
	6	罗塞克砖
	7	尖晶石砖
	8	隔热砖
	9	高铝预制块
	10	高铝砖
中间包包盖	11	中铝浇注块
	12	高铝浇注块
	13	隔热浇注块
	14	火黏砖

图 6.49 神户制钢 80t 中间包和包衬轮廓示意图[51]

6.11 热中间包周转

连浇后，去除中间包内的冷钢有时会对耐火材料的工作层造成损害。根据耐火材料的成本，中间包衬的修复费用相当高，而且劳动强度大。因此，许多钢铁企业，尤其是日本的企业，已经采用了热中间包周转，神户制钢率先开发应用了此技术[52]。在此操作中，一个浇次后不久，将中间包中的剩余钢液和渣倾倒干净，接着用经预热的新水口自动更换老浇注水口，更换滑门阀和修复耐火材料的受损部位。最后，在中间包回到另一个浇次前将其预热到所要求的温度。在热中间包周转的操作中，并非要进行上述的所有操作步骤。通常是尽量避免中间包预热，因为这将造成中间包中剩余钢液的二次氧化，从而大大促使了下浇次中非金属夹杂的形成。耐火材料的修复也只在确实认为有必要时才进行。因此，正如图 6.50 所示，中间包倒渣后可以返回生产，或更换滑门阀后返回，或返回到下一

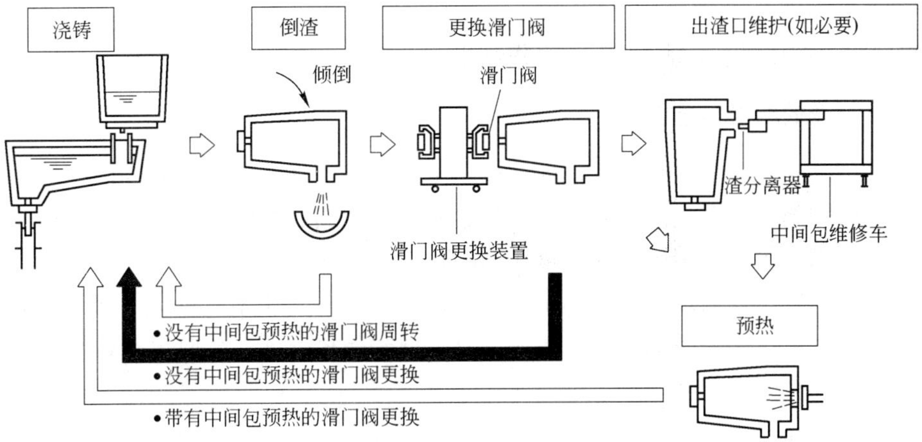

图 6.50 热中间包周转操作[52]

浇次前进行耐火材料的修复和预热。中间包热周转工艺可将传统工艺的中间包 8h 准备时间缩短仅为 25min，耐火材料的成本不到原来的十分之一。

Shirai[53] 和 Isono 等[54] 介绍了新日铁（NSC）Hirohata 厂的热中间包周转操作。使用热中间包不仅改善了非稳态浇铸过程钢的质量，而且大幅度降低了耐火材料和人员的成本。因而，这样操作促进了低成本高质量钢的生产。图 6.51 给出了热中间包周转操作的流程图。浇注结束的 2min 以内，通过打开中间包底部的拍打装置将剩余钢渣倒入渣罐中。渣倾倒干净后，通过浇铸中使用过的塞棒将使用过的浸入式水口推入浸入式水口更换车上。水口更换车清理中间包的盖口并插入一经预热的新水口，这将完成中间包的维护。然后中间包返回到下一个浇次。因而，热中间包周转具有下列重要特征：

（1）残留在中间包中钢液要尽快处理掉以避免中间包内的钢渣堆积；

（2）使用浸入式水口防止空气的吸入和钢液的二次氧化；

（3）中间包没有预热。准备下一浇次的在线维护全部完成的时间不到 40min。因而，不需要预热，而且

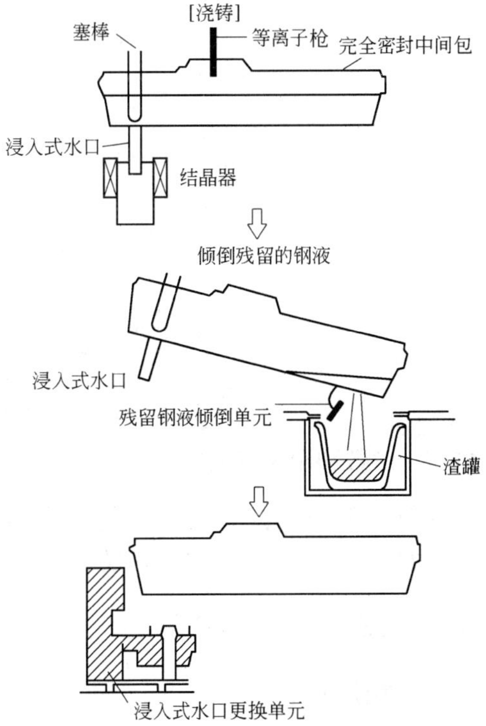

图 6.51 热中间包周转操作流程图[53]

避免了污染钢液。

下面是中间包热周转的一些操作结果。

6.11.1 渣的结晶与复合

中间包连续使用过程中，其内熔体的温度不断下降并朝着结束浇铸的方向发展，此时中间包覆盖渣中高熔点物质将结晶。此结晶过程将降低渣的流动性，造成倒渣困难，因而有部分渣就残留在中间包中。

这个问题可以通过浇铸后期中间包内持续的等离子加热阻止钢液的温降而得以解决。其次，向中间包中加入覆盖剂以降低结晶化温度，从而很容易将渣从中间包中去除。

6.11.2 中间包的温降

图6.52给出了浇铸结束后中间包耐火砖表面温度随时间的变化情况。甚至在浇铸结束6h后，完全封闭热中间包内砖的表面温度还高于传统中间包的预热温度。由于热中间包的周转时间为40min的数量级，因而中间包的温度可高达1450℃。这样在浇铸的早期就显著提高了连铸坯的质量。而且还发现非稳态浇铸期间的连铸坯质量与采用传统中间包稳态浇铸的相仿。

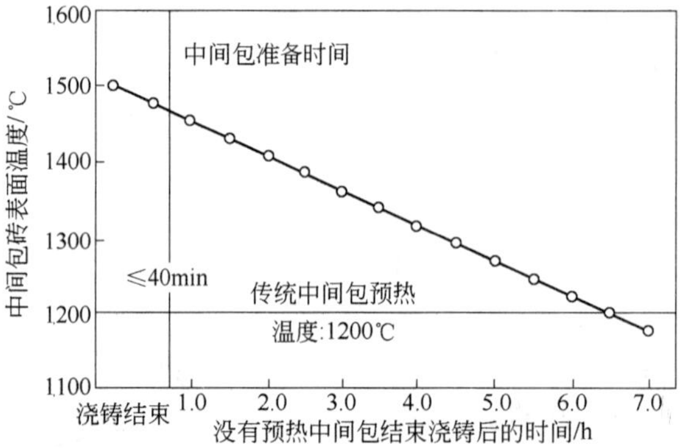

图6.52 中间包砖表面温度随时间的变化[53]

6.11.3 炉数和耐火材料成本

在新日铁已经有用一个中间包包衬连浇561炉的记录。耐火材料的成本降到传统中间包每吨钢耐火材料成本的30%以下。

6.12 连浇的开始与结束

6.12.1 连浇开始

一个浇次开始时，经预热的中间包由中间包车移到浇铸站并安放在结晶器上方。为了保护由钢包向中间包输运钢液的注流流股，在钢包上安装了长水口，没有长水口的安装了氩封管（见图 6.2）。将钢包下降到中间包上方，然后开启水口向中间包注入钢液。为了防止冻钢和保护滑板，在钢包的出钢口填充了引流砂，但最为重要的是当滑板开启时能保证自开率。引流砂是以氧化硅为基料的合成渣，含有一些低熔点材料以防止砂层中过厚的固体烧结层。其组成、粒度分布、水含量和热膨胀性等需要综合考虑以满足实际的操作条件，尤其是钢包中钢液的盛放时间。钢包一打开，引流砂就与钢液一起流入中间包内。钢液中落入了氧化硅基的砂就成为二次氧化的一个源头。尽管这种做法只有采用 Ar 封管才有可能，但据报道通过喷吹高速气流可以阻止砂落入中间包内从而减少宏观夹杂的产生。新日铁的 Tanaka 等进行了各种非氧化硅引流砂的试验[55]。他们发现双层砂的填充操作效果要好于仅仅是 SiO_2 的砂。图 6.53 表示了这种双层渣，与钢液接触的 SiO_2 烧结层在顶部，而 Al_2O_3 或 Al_2O_3-MgO 尖晶石则在底部，因其没有烧结因而有助于钢包的自开。发现使用这种双层引流砂提高了钢包的自开率和连铸坯的质量。

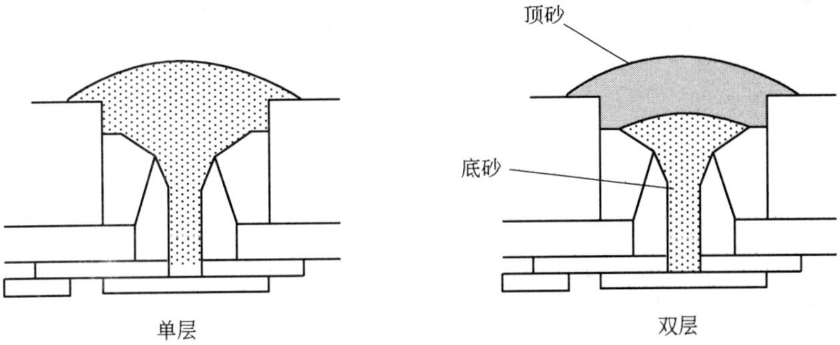

图 6.53 单层和双层引流砂的布置[55]

然后打开滑板让钢包中钢液流入中间包。在钢液注入中间包过程中，向钢液表面小心地加入中间包覆盖剂。覆盖剂的加入可以是人工或机器自动加入。钢液连续地注入中间包内，其表面完全由一层覆盖渣覆盖。

在没有覆盖剂的操作中，中间包加密封盖，盖与中间包钢液之间的空间充满 Ar 气。钢包坐在一氩封管上，钢包中的钢液就这样被注入到中间包中。无覆盖剂操作中，使用了 Ar 封管，这样就不使用长水口。除了加入中间包覆盖剂，其余与上述相同。

尽管中间包内用 Ar 驱赶空气，但在钢包开启时不可避免钢液的二次氧化和钢液冲击引起的砂的卷入。因此，很有必要让这些已产生的宏观夹杂浮到熔池表面，而且要阻止通过旋涡将表面的夹杂物传入结晶器。同时这也很有必要减少流动钢液的温降。因此，钢液在中间包内保持一段时间，直至中间包的钢液深度达到临界值才容许向结晶器注入钢液，这个步骤称为开浇。必须避免砂子填满滑门阀上方的中间包水口井，因为充填的砂子会进入结晶器且被凝固坯壳吞食而成为宏观夹杂。因此，在现代连铸机中，通过滑板上制作的细通道向中间包水口喷吹Ar气来代替引流砂。图6.54取自神户制钢厂[56]，图示出了吹氩，这样可以阻止水口和滑板的结钢。神户制钢的中间包水口吹氩经验表明：熔池较深时开启中间包水口，钢中的夹杂物数量要少得多。图6.55表明中间包内注钢10min与5min后开浇相比，钢中夹杂物数量要少。由于中间包内注入的钢液深度较深时，钢液的停留时间变长，而且也避免了旋涡的产生，这样就能连铸出洁净钢。他们建议80t的中间包应注入约50t钢液后才开浇。

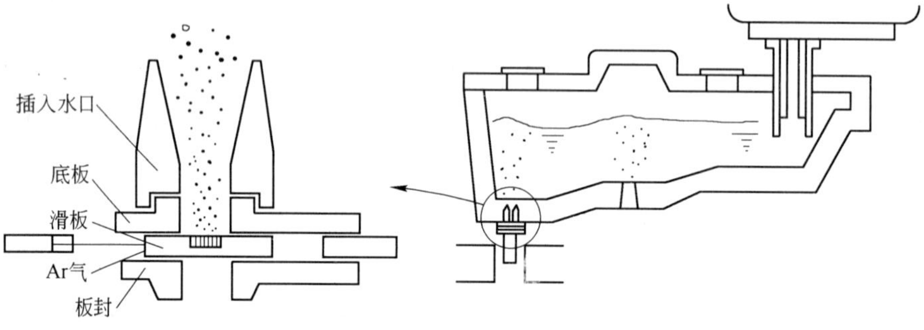

图6.54　中间包水口吹氩[56]

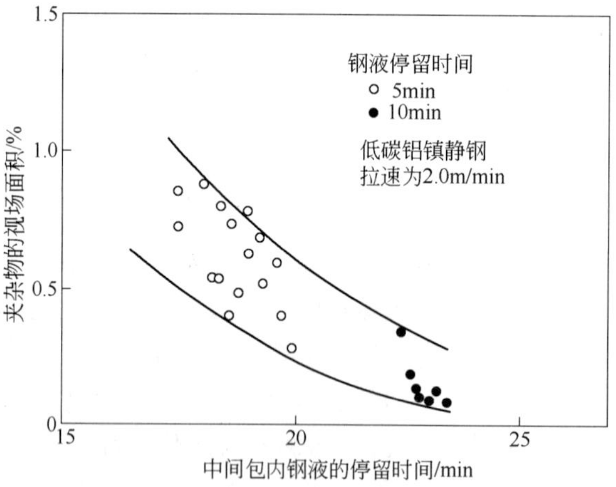

图6.55　平均停留时间对夹杂物视场面积的影响[56]

一包浇铸结束后，为了保持浇铸的连续性，将另一钢包快速移到位并开启。开始完全开启钢包以便中间包内的钢液快速升至正常操作液位，然后将流量降到正常稳态的状态。这个换包过程称为非稳态过程，而且在此期间的浇铸，钢中夹杂物要比正常的或稳态浇铸要多。在此期间，通常要降低浇铸速度。采用深中间包如神户的2m深中间包，在非稳态浇铸期间可以维持拉速不变，而且发现连铸坯的质量也相当好，原因就是其深度（见图6.17）。这也是其中的一个主要原因为什么大容量中间包比较适合高拉速的洁净钢连铸。

先进连铸机中，整个开浇操作完全是由计算程序结合自动仪器装置自动实现的。

6.12.2　连浇结束

这是一个正常的操作，所给定浇次最后一包钢水的末期，降低中间包到结晶器的流量，因此结晶器中的拉速也降低。这样做的目的在于避免中间包渣传入结晶器中。取决于所浇的钢种和质量要求，如需要停浇后还会在中间包中留一部分钢液。钢液完成输运到结晶器后关门滑板，此时通过向钢液加入固体钢来冷冻结晶器钢液顶表面。再次提高拉速，这样铸坯的最后部分被拉出结晶器。

中间包向结晶器注入的钢流量较低，这样会增加钢液在中间包内的停留时间，但同时也产生了较大的温降。通常来讲，最后阶段浇铸的铸坯中含有较高数量的夹杂物，连铸坯表面层的质量较差。住友金属Kashima钢厂的Kanda等成功尝试了整个浇铸过程维持钢流量和拉速不变[57]，见图6.56。因此，正如图6.57所示，中间包中预测的温降要远小于传统的浇注方法。将最后部分的铸坯拉出结晶器之前，结晶器内的钢液表面也不用特意进行冷冻处理。正如图6.58所示，从夹杂物含量、表面层缺陷及铸机的生产能力可以看出采用恒拉速浇铸确实提高了铸坯的质量。

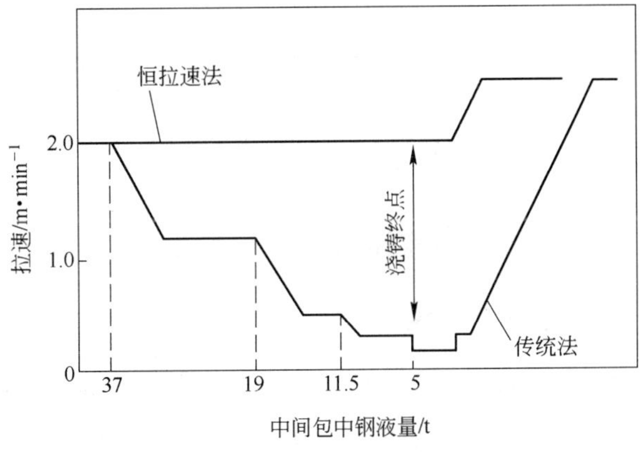

图6.56　住友金属的恒拉速浇铸以提高连铸坯的质量[57]

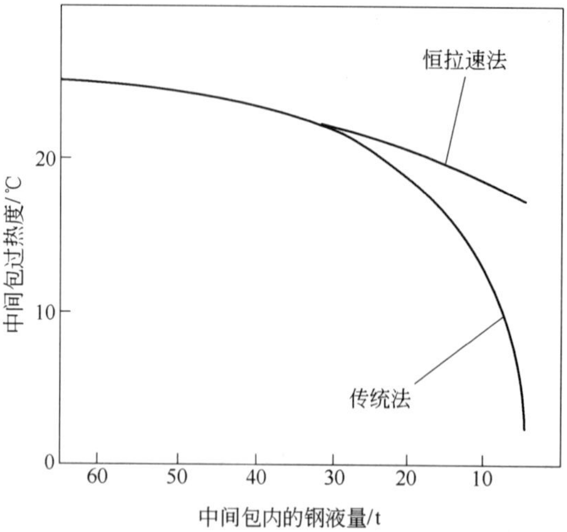

图 6.57 恒拉速浇铸与传统浇铸法的中间包温降比较[57]

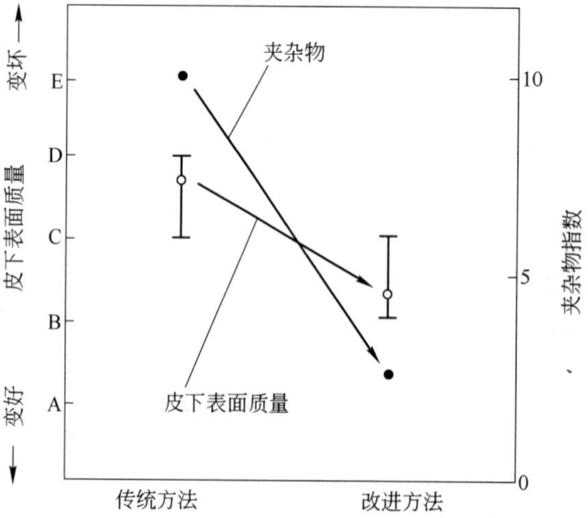

图 6.58 恒拉速浇铸与传统浇铸法钢质量比较[57]

6.13 中间包向结晶器的钢液输运和水口堵塞

6.13.1 中间包向结晶器的钢液输运系统

中间包内的钢液通过中间包水口和浸入式水口（SEN）输入结晶器中。安装在中间包水口与SEN间的塞棒或滑板控制着钢液输入结晶器内的流量。通常将塞棒与中间包水口组合在一起用于处理因成本和使用寿命等原因而进行的小容量和连铸炉次有限的浇铸。气体可以通过塞棒或中间包水口的气套吹入，如图 6.59 所示，以减少浇注铝镇静钢过程因氧化铝堆积而引起的水口堵塞。为了防止从中间包水口与 SEN 间的连接处吸入空气，常常使用无接头的整体性水口或插入式气套单体水口。在浇铸过程中，钢液流不断冲刷塞棒头或水口顶部耐材，发生了不规则磨损，从而使塞棒头与中间包水口上表面之间的均匀接触逐渐丧失，流动控制也就变成了不可控。选择粒度分布符合要求的耐火材料以减少磨损。中间包水口和塞棒头都是由混合耐火材料烧结而成。也使用具有耐用帽的单体水口以获取与塞棒头长时间的均匀接触。这几种类型见图 6.60 所示。通常在一些特殊钢连铸机和欧洲的连铸机上采用塞棒来控制流量。

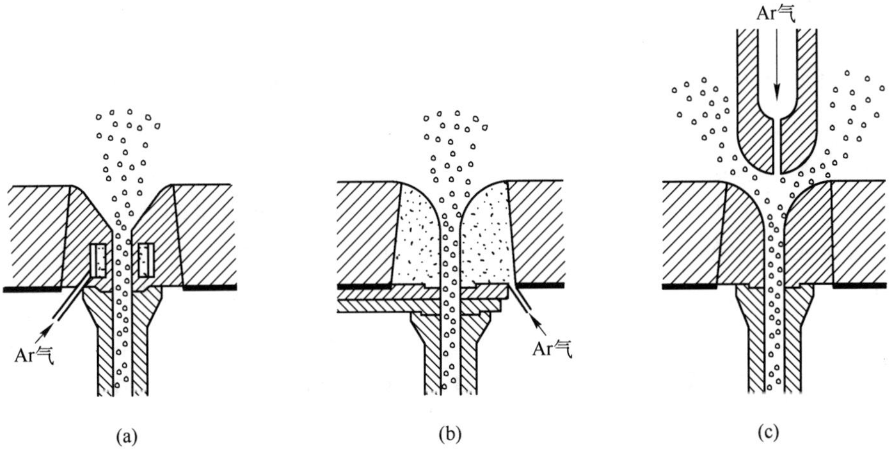

图 6.59 不同的气体喷吹

（a）气套；（b）多孔塞；（c）带有气体喷吹塞棒[58]

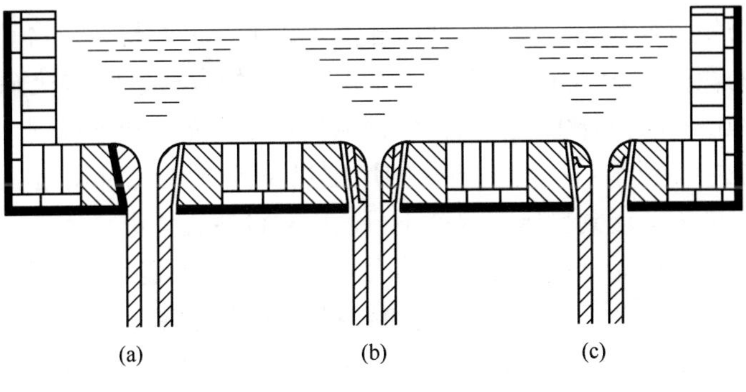

图 6.60 顶部耐用的单体水口

（a）固体型；（b）插入型；（c）帽型

大尺寸、高生产率的连铸机普遍使用滑板，因为其耐用性好且连浇过程方便快速更换 SEN 而不干扰正常浇铸。双滑板是由与中间包水口连接的顶板和与 SEN 紧贴的滑板构成，顶板和滑板两者均有一个通孔。三滑板安装是顶板与中间包水口相连，带圆孔的滑板在中间，底板与 SEN 相连。双滑板通过移动与 SEN 紧贴的滑板来控制注流的流量，而三滑板的作用原理相同，仅通过移动滑板来控制钢液流量。每种类型均有各自的优缺点，但对于浇铸洁净钢而言，后者要好些，因为 SEN 的中心轴在结晶器中是不能移动的。因此，维持 SEN 出口钢液流的对称性以促进结晶器中宏观夹杂的上浮。但是，对于三滑板而言，要特别注意防止从滑板/SEN 连接处吸入空气。

因质量和生产能力的原因，稳态浇铸过程中的拉速和结晶器内的液面应保持稳定不变。通过维持中间包内钢液的深度和控制滑板的开口度，来保证从中间包以恒定的流量向结晶器注入钢液以满足恒拉速的要求。常常通过中间包的重量来检测中间包内的熔池深度。结晶器内弯月面的液位是通过安装其上方的涡流传感器来进行检测的。因水口的侵蚀和/或水口内壁与滑板孔上氧化铝夹杂的沉积发生了注入流量的变化。因此，通过综合中间包重量、弯月面液位、拉速以及滑板位置等信号用计算机来控制从中间包注入的钢流量以消除流量的波动。来自滑板的钢液流股流过浸入在结晶器熔池中的 SEN 内腔后，从两个侧孔流出进入结晶器内。对板坯连铸而言，SEN 的侧孔一般为双叉式，在 SEN 的底部附近并指向结晶器的窄面。板坯连铸的 SEN 侧孔常常向下倾斜 10 ~ 20℃，数量一般为 2 个但最多也有 4 个。大方坯连铸，SEN 侧孔的数量也可以是 4 个。小方坯连铸，普遍采用直通形水口。

6.13.2 中间包水口、滑板孔和 SEN 的堵塞

铝镇静钢液中悬浮着细小的氧化铝夹杂，在浇铸过程中，这些小夹杂与 SEN 的氧化铝内壁接触。夹杂物的湍流扩散穿越了 SEN 内表面发展的速度边界层，从而造成夹杂物与内壁的接触。在此接触的基础上，钢液与夹杂物间的界面张力促进了夹杂物颗粒与 SEN 孔壁表面的黏结。夹杂物颗粒连续的接触和吸附，使内壁上的沉积层不断向外生长，从而使钢液流变得不充分和不规则。夹杂物的沉积也常发生在中间包水口、滑板通孔的周围以及 SEN 的底部附近。一旦沉积层得以发展，钢液流就受到挤压，这就不可能以预设的流量进行浇铸。水口中夹杂物的沉积也会破坏结晶器内钢液流动的对称性，有时钢液流穿越到铸坯液相穴的深部，阻碍了夹杂物的上浮[59]。通过加钙将氧化铝夹杂转变成液态的铝酸钙或喷吹小气泡在内壁形成气幕阻止氧化铝夹杂与水口和滑板通孔内壁表面的接触从而阻止或减少夹杂物的沉积。

因此，中间包水口和/或 SEN 采用吹氩，如 Suzuki 等的图 6.61[59] 和 Tsuka-

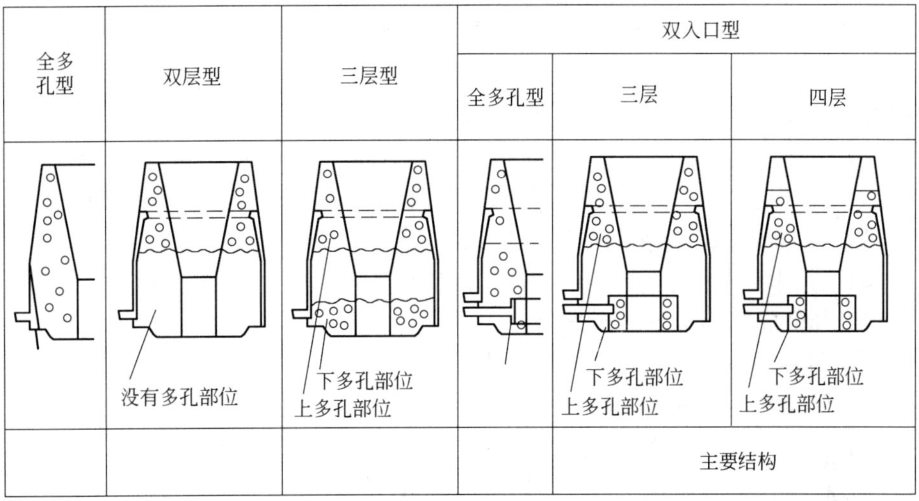

图 6.61 通过中间包水口吹气的不同类型[59]

moto 等的图 6.62[60] 所示。在图 6.61 中，所示的中间包水口上部和下部形成了均匀的小气泡，在长时间的浇铸过程中没有发生任何渗漏现象。中间包水口产生的 Ar 气泡被钢液流夹带向下运动并覆盖在水口的内表面。另一方面，为达到同样的目的已设计了向水口吹 Ar 的其他几种方法，如图 6.62 所示。目前中间包水口

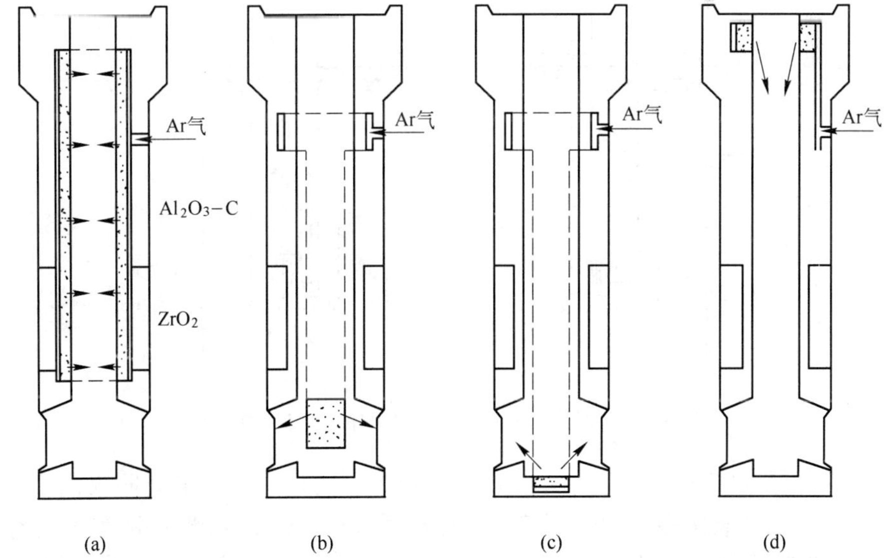

图 6.62 通过 SEN 吹气的不同类型[60]

（a）标准型；（b）出孔喷射型；（c）底喷射型；（d）顶喷射型

吹氩比 SEN 水口吹氩要普遍，吹氩量为每分钟几升。过大的吹气量会扰动结晶器内钢/渣界面，造成结晶器保护渣的卷入而成为宏观夹杂。同时，气量过大会造成细小的 Ar 气泡被钢液流夹带到凝固前沿而被凝固壳吞噬。在气泡向凝固前沿运动的过程中，悬浮在钢液中的小氧化铝夹杂会黏附到气泡上，这样黏附氧化铝簇状夹杂的气泡被凝固坯壳吞噬后会造成铸坯轧制和退火过程的裂纹缺陷，因为 Ar 不溶于钢。因此，通过控制氧化铝沉积来减少水口堵塞的预防措施为：

（1）铝脱氧后搅拌钢液减少钢中的总氧含量；

（2）在钢包向中间包，中间包向结晶器输运钢液的过程通过 Ar 保护钢液流，最大程度降低脱氧钢液的二次氧化；

（3）尽量减少中间包中钢包渣的带渣量从而最大程度减少由钢包渣中的 FeO 和 MnO 引起的二次氧化。

然而，即使采取了这些措施并合理控制水口吹入气量，在大容量炉次的长时间连浇过程中，总能发现水口的防堵不能做得令人满意。尝试其他方法来防止水口的堵塞：

（1）使用大尺寸中孔的水口；

（2）SEN 中孔插入 $CaO-ZrO_2$套；

（3）SEN 中孔插入表面光滑致密的氧化铝套；

（4）SEN 中孔加双凸环，见 Hiroki 等的图 6.63[61]。

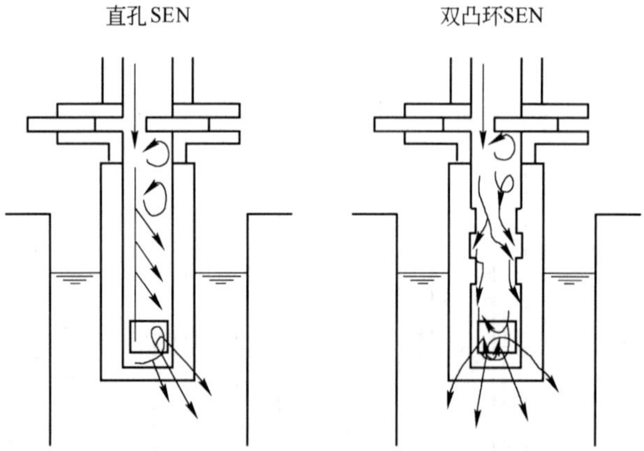

图 6.63　直孔形和双凸环 SEN 内的钢液流动[61]

上述（1）的目的是甚至在水口内壁形成沉积时还有额外的空间提供给钢液流动；（2）是让氧化铝与 CaO 反应形成液态铝酸钙；（3）是减少钢液/套边界层的扰动，也阻止驱使夹杂物颗粒向中孔表面传输的化学梯度（氧化铝石墨 SEN 中的溶解碳进入钢液）；（4）是甚至在滑板被部分挤压时能保持 SEN 内的钢液均匀流动，而且能使 Ar 气泡均匀分布，如图 6.63 所示。以上的每一种方法已满足了部分需求，但还没能成为独立解决水口堵塞的方法而被大多数连铸机采纳，原因或许是对每一台连铸机的水口防堵而言，每一种方法所起的主要作用存在差异。

对于大板坯铸机，从钢包精炼到连铸的过程中，结合所有最大程度降低水口堵塞的措施已有可能使连浇达到所能接受的炉数。SEN 的自动快速更换结合中间包的热周转已显著提高了连浇水平而没有被水口堵塞所干扰。但对于薄板坯连铸机和方坯连铸机而言，因几何尺寸的限制只能强制使用孔径小的 SEN，这样就不容许吹氩和设计结构复杂的 SEN。因此，连浇的铝镇静钢通常要进行钙处理，将那些有可能从水口内壁沉积而被冲刷进入结晶器成为宏观夹杂的氧化铝夹杂转变成液态铝酸钙。

6.14 小结

本章讨论了中间包操作与设计等各个方面。由于每个工厂的中间包操作存在很大的不同，因此，这里所介绍的内容不能涵盖所有方面。不过，我们还是努力将最先进的中间包技术展现给大家。对于洁净钢浇铸而言，需要重点考虑以下几个方面：

（1）配有密封顶盖、容量大、深度深的中间包，熔池上方采用氩气气氛或表面覆盖中间包渣；

（2）用长水口或吹氩陶瓷保护套管保护钢包到中间包的钢液注流；

（3）通过渣检测传感器和其他技术防止钢包渣进入中间包、中间包渣进入结晶器；

（4）钢包开启过程和中间包开始向结晶器注入钢液时，要减少宏观夹杂带入结晶器；

（5）高质量的耐火材料，中间包覆盖剂和热中间包周转操作；

（6）取决于钢用途的需要，加钙合金进行夹杂物变性处理；

（7）根据具体情况采用流动控制装置；

（8）中间包水口和 SEN 使用吹氩。

中间包内钢液温度的合理控制是另一个重要方面内容，将在下一章进行介绍。

参考文献

1. I. D. Sommerville and E. J. McKeogh: *2nd Process Technology Conference*, *ISS-AIME*, 1981, 256-268.

2. H. Schrewe and F. P. Pleschiutschnigg: 2nd *Process Technology Conference*, *ISS-AIME*, 1981, 114-122.

3. M. Hashio, M. Tokuda, M. Kawasaki, and T. Watanabe: *2nd Process Technology Conference*,

ISS-AIME, 1981, 65-73.

4. T. Ohno, T. Ohashi, H. Matsunaga, T. Hiromoto, and K. Kumai: *Trans. ISIJ*, 1975, 15, 407-416.
5. Y. Shirota, Nishiyama Kinen Kouza, NMS-ISIJ, 1990, 143-144, p. 167.
6. G. A. Demasi and R. F. Hartmann: *The Shrouding of Steel Flow for Casting and Teemimg*, *ISS-AIME*, 1986, 3-11.
7. N. A. McPherson: *Steelmaking Conference Proceedings*, *ISS-AIME*, 1985, 68, 13-25.
8. T. Nagaoka, J. P. Radot, T. Reynolds, A. Vaterlaus, and M. Wolf: *Steelmaking Conference Proceedings*, *ISS-AIME*, 1986, 69, 799-810.
9. Y. Tozaki, T. Hirata, A. Satoh, K. Sekino, T. Yokoi, and K. Kanda: *Steelmaking Conference Proceedings*, *ISS-AIME*, 1993, 377-382.
10. T. Ishikura, T. Saito, T. Yasui, K. Matsuo, M. Yokoyama, and H. Fujimoto: *9th PTD Conference Proceedings*, *ISS-AIME*, 1990, 115-121.
11. A. W. Cramb and M. Byrne: *Steelmaking Conference Proceedings*, *ISS-AIME*, 1984, 67, 5-13.
12. E. Julius: *Stahl u. Eisen*, 1987, 107, 397-402.
13. A. Sato, H. Nakajima, T. Sakane, T. Hamana, Y. Nakamura, and A. Oyama: *CAMP-ISIJ*, 1991, 4, 1293.
14. K. Horikawa, T. Saito, K. Enami, M. Kimura, K. Tanigawa, J. Azuma, S. Hosoya: *CAMP-ISIJ*, 1990, 3, 1212.
15. (No author listed) Sumitomo Metal Industries, *Trans. ISIJ*, 1986, 26, 590.
16. T. Itoh, T. Koshikawa, T. Imai, and A. Takahashi: *CAMP-ISIJ*, *Part* Ⅲ, 1981, 22, B-90.
17. H-J. Ehrenberg, J. Glaser, H. Jacobi, and K. Wunnenberg: *Int. Conf. Sec. Metall.*, *Stahl u. Eisen*, 1987, 149-159.
18. R. Steffen, P. Andrzejewski, A. Diener, W. Pluschkell, M. Dubke, G. Vanino, L. Weber, D. Sucker, H. Hage-Jewasinski, and K. Schwerdtfeger: *Int. Conf. Sec. Metall.*, *Stahl u. Eisen*, 1987, 97-118.
19. K. Matsumoto, Y. Hoshijima, K. Ishikura, K. Umezawa, Y. Nuri, and Y. Ohori: *Proceedings of the Sixth International Iron and Steel Congress*, *ISIJ Publication*, 1990, 3, 222-229.
20. M. Ohji, Nishiyama Kinen Kouza, NMS-ISIJ, 1994, 153-154, p. 1-39.
21. K-H. Tacke and J. C. Ludwig: *Steel Research*, 1987, 58, 262-270.
22. A. K. Sinha: *Ph. D. Thesis*, *The Ohio State University*, *USA*, 1990.
23. F. Kemeny, D. J. Harris, A. McLean, and T. R. Meadowcroft: *2nd Process Technology Conference*, *ISS-AIME*, 1981, 232-245.
24. D. J. Harris and J. D. Young: *Steelmaking Conference Proceedings*, *ISS-AIME*, 1982, 65, 3-16.
25. J. Knoepke and J. Mastervich, *Steelmaking Conference Proceedings*, *ISS-AIME*, 1986, 69, 777-788.
26. M. Schmidt, T. J. Rosso, and D. J. Bederka: *Steelmaking Conference Proceedings*, *ISS-AIME*, 1990, 73, 451-460.
27. M. L. Lowry and Y. Sahai: *Steelmaking Proceedings*, *I. S. S. Publication*, 1989, 72, 71-79.

28. J. D. Dorricott, L. J. Heaslip, and P. J. Hoagland: *Tundish Metallurgy, vol. Ⅱ, ISS-AIME Publication*, 1991, 71-76.

29. T. Emi and Y. Habu: *Proc. Phys. Chem. and Steelmaking*, S. F. M., IRSID, ATS, 1978, 126-131.

30. H. Nakajima, F. Sebo, S. Tanaka, L. Dumitru, D. J. Harris, and R. I. L. Guthrie: *Steelmaking Conference Proceedings*, *ISS-AIME*, 1986, 69, 705-716.

31. P. Tolve, A. Praitoni, and A. Ramacciotti: *Steelmaking Conference Proceedings*, *ISS-AIME*, 1986, 69, 689-697.

32. D. Bolger and K. Saylor: *Steelmaking Conference Proceedings*, *ISS-AIME*, 1994, 77, 225-233.

33. H. Yamanaka, T. Terajima, K. Nakada, T. Koshikawa, N. Ueda, and Y. Yoshii: *Tetsu-to-Hagane*, 1983, 69, S213.

34. C. Marique, A. Dony, and P. Nyssen: *Steelmaking Conference Proceedings*, *ISS-AIME*, 1990, 73, 461-467.

35. T. Saeki, H. Tsubakihara, A. Kusano, K. Umezawa, and I. Suzuki: *Tetsu-to-Hagane*, 1987, 73, A207-210.

36. M. Hanmyo, M. Ishikawa, Y. Ogura, S. Matsumura, S. Miyahara, Y. Okubo: *Tetsu-to-Hagane*, 1987, 73, A215-218.

37. K. Fuchigami and M. Wakoh, *CAMP-ISIJ*, 2002, 14, 913.

38. Y. Fukuzaki, S. Kawasaki, Y. Kanazuka, T. Takebayashi, and T. Hata: *Steelmaking Conference Proceedings*, *ISS-AIME*, 1992, 75, 397-403.

39. N. Bessho, H. Yamasaki, T. Fujii, T. Nozaki, and S. Hiwasa: *ISIJ International*, 1992, 32, 157-163.

40. H. Uchibori: *Present and Future Perspectives of Production Techniques for Ultra Clean Steel*, *Nishiyama Memorial Technical Lecture*, *ISIJ Publication*, 1988, 126. 127, 1-29.

41. H. Nakatao, K. Matsuo, M. Kimura, K. Semura, and K. Tomioka: *Tetsu-to-Hagane*, 1995, 81, 709-714.

42. A. van der Heiden, P. W. van Hasselt, W. A. de Jong, F. Blaas: *Steelmaking Proceedings*, *ISS-AIME*, 1986, 69, 755-760.

43. M. Kitamura, S. Koyama, Y. Yao, T. Soejima, and J. Anfu: *Tetsu-to-Hagane*, 1979, 65, S721.

44. Y. Yoshii, Y. Habu, T. Emi, S. Moriwaki, T. Koshikawa, and T. Imai: *Tetsu-to-Hagane*, 1978, 64, S626.

45. O. Haida, T. Emi, G. Kasai, M. Naito, and S. Moriwaki: *Tetsu-to-Hagane*, 1980, 66, 48-56.

46. M. Schmidt and M. R. Ozgu: *Steelmaking Conference Proceedings*, *ISS-AIME*, 1986, 69, 505-510.

47. A. Diener, E. Görl, W. Pluschkell, and K. D. Sardemann: *Steel Research*, 1990, 61, 449-454.

48. M. T. Burns, J. Schade, W. A. Brown, and K. R. Minor: *10th PTD Conference Proceedings*, 1992, 75, 177-185.

49. C. Damle and Y. Sahai: *Trans. ISS*, *Iron & Steelmaker*, 1995, 22, No. 6, 49-59.

50. K. Taguchi, Y. Shiratani, M. Ishikawa, J. Fukumi, T. Ishida, and D. Koyanagi: *Tetsu-to-Hagane*, 1981, 67, S143.

51. K. Okuma, T. Saito, K. Enamido, K. Matsuo, A. Ote, and H. Fujimoto: *CAMP-ISIJ*, 1990, 3, 198.

52. M. Maeda, T. Saito, K. Ebato, K. Matsuo, H. Yokoyama, and H. Fujimoto: CAMP-ISIJ, 1990, 3, 199.

53. T. Shirai: *Shin Nittetsu* (*Nippon Steel Technical Report*), 1993, 351, 21-26.

54. K. Isono, T. Shirai, T. Hiraoka, T. Ohno, K. Ohnuki, A. Watanabe, K. Fujii, and H. Kasahara: *Steelmaking Conference Proceedings*, *ISS-AIME*, 1994, 77, 249-253.

55. H. Tanaka, R. Nishihara, R. Miura, R. Tsujino, T. Kimura, T. Nishi, and T. Imoto: *ISIJ International*, 1994, 34, 868-875.

56. Y. Tozaki: *Recent Trends in Quality Control Technology of Continuously Cast Slabs*, *Nishiyama Memorial Technical Lecture*, *ISIJ Publication*, 1994, 153/154, 159-187.

57. K. Kanda, K. Sekino, A. Sato, T. Sakane, T. Yokoi, and N. Yoshida: *CAMP-ISIJ*, 1992, 5, 313.

58. Tekko Binran (Handbook of Iron and Steel) 3rd Ed., Vol. Ⅱ, *Ironmaking and Steelmaking*, *ISIJ*, Maruzen, Tokyo, 1981, p. 635.

59. H. Suzuki, Y. Yoshimura, N. Ogata, and M. Imai: *Shinagawa Tech. Report*, 2003, 46, 67-76.

60. N. Tsukamoto, K. Kanamaru, E. Iida and K. Yanagawa: *Shinagawa Tech. Report*, 1993, 36, 3, 89-98.

61. N. Hiroki, A. Takahashi, Y. Namba, N. Tsukamoto, Y. Kurashina and K. Yanagawa: Shinagawa Technical Report, 1993, 36, 75-88.

7 钢液温度控制

7.1 引言

中间包内钢液的温度对连铸坯的质量和性能、连铸机的生产和耐火材料的寿命产生重要影响。一大包钢液连续注入到连铸中间包中的时间长达1h，在这个浇铸系统中存在着固有的温度损失，特别是通过钢包和中间包的熔池表面与耐火材料包壁的热损失。因此，钢包到中间包的钢液流股温度是在不断变化的。钢包注流流股温度的变化，结合中间包内的温度损失，导致了中间包内钢液温度的变化。由于过热度是控制铸坯结构和质量一个很重要的参数，因此，目前对连铸坯质量十分重视的一些企业，已把中间包钢液的外加热作为一种比较常规的操作工艺。本章首先将阐述中间包内的温度变化，然后对现场应用的外加热和冷却方法进行讨论。

7.2 钢液温度的变化

已开展了一些连续测定实际生产中间包内钢液温度的工作（如文献［1］，［2］）。图7.1（a）和（b）表示了两个不同炉次中中间包内钢液温度的变化情况。图7.1（a）表示的是一包钢液浇铸过程中约30℃的不正常温度变化，而图7.1（b）表示的则是比较正常操作时的约15℃温降。图7.2（上图）是在Bethlehem钢铁公司连续测温的一个结果[2]，这也反映了典型拱形曲线约20℃的温度变化。图7.2（下图）表示的是连浇4炉过程中中间包内钢液温度的变化情况[2]。图中的“A”表示换包，图中的点表明每包的开浇温度并不相同，中间包中钢液的最高温度与最低温度会随钢包的不同而变化。这几炉钢的浇铸过程中，均是中间包内的钢液温度先上升，20min后达到最大值，然后就逐渐下降。因此，钢包快浇空时，中间包内钢液的温度是最低的。然后换包，新钢包中温度要高得多的钢液被注入到中间包中。为了能尽快达到正常浇铸的液面高度，注入中间包的钢液流量比稳态浇铸时的要高些，这就造成中间包内的钢液温度升到最高值。在浇铸过程中，钢包注流温度在不断下降，与此同时中间包也通过表面和包壁有热量损失，这样中间包内的钢液温度达到最高值后就因钢包和中间包的热损失而逐渐不断下降。

Chakraborty和Sahai开发了描述一个完整浇铸过程中钢包和板坯连铸中间包内传热与流动耦合的数学模型[3]。在他们的研究中，一个完整的浇铸过程包括

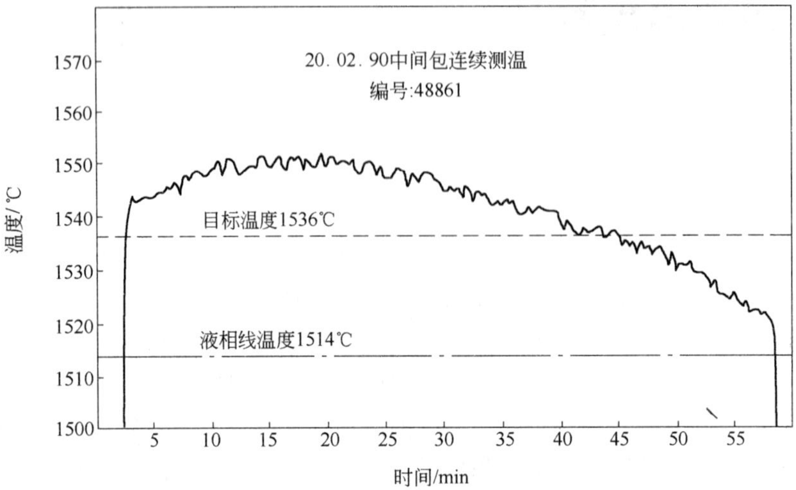

(a)

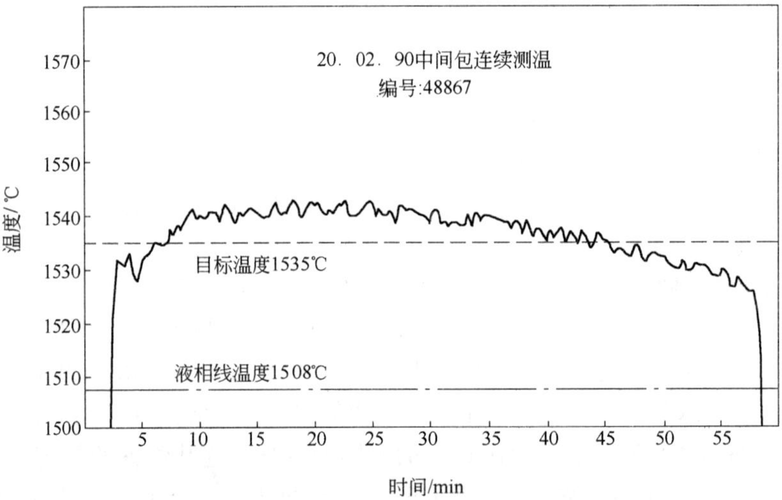

(b)

图 7.1 (a) 和 (b) 两炉次中间包中钢液温度的变化[1]

1min 换包，1min 新包开启和中间包内的钢液达到正常高度，以及 46min 的稳态浇铸。Chakraborty 和 Sahai 假设钢包没有加盖这种极端的情况，并考虑了通过钢包表面的大量热损失。图 7.3 中的曲线 A 表示的是 48min 浇铸过程钢包注流流股温降的计算值，在此过程中注流流股的温降约 40℃。一开始流股的温降速度比较小，但在浇铸过程后期温降速度则增加，其原因是浇铸后期，钢包中容积相对

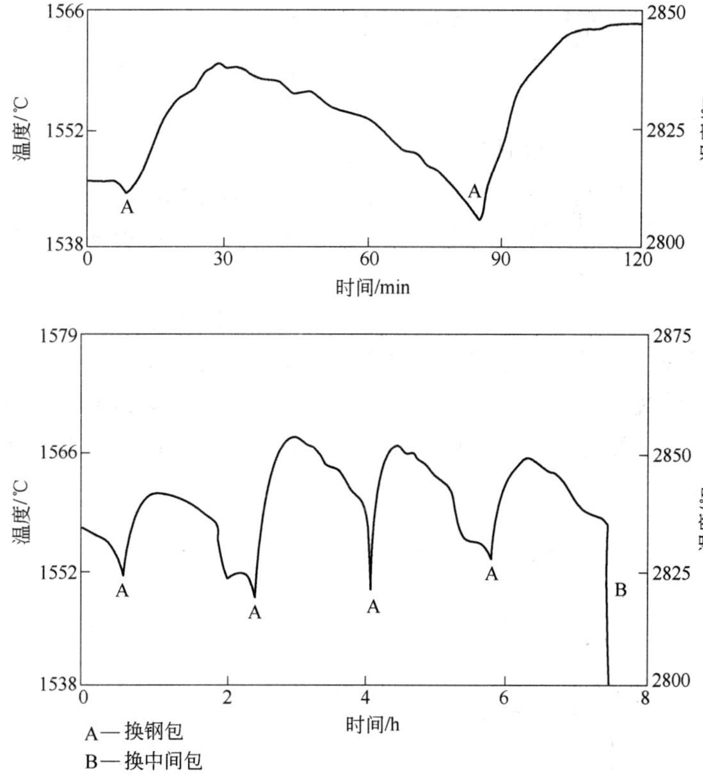

图 7.2 正常连浇过程中中间包内钢液温度的变化曲线[2]

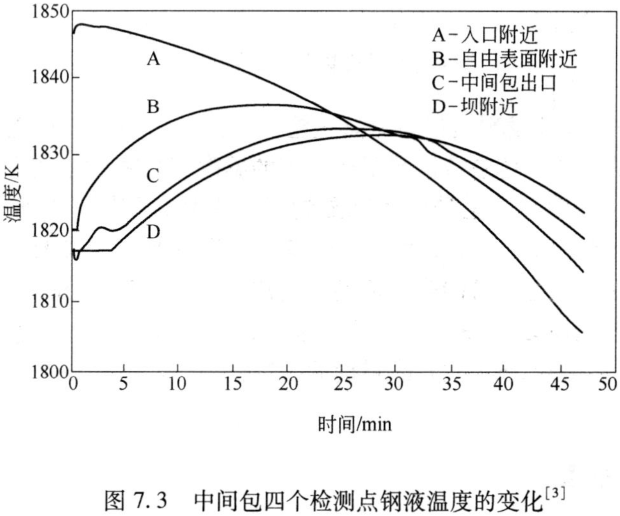

图 7.3 中间包四个检测点钢液温度的变化[3]

有限的钢液承受了比较大的热损失。图中的曲线 B、C 和 D 表示的是中间包中三个不同测点的计算温度。计算的钢液温度大约 25min 后上升到最大值，然后就逐渐下降。预热、密封、绝热好的钢包其钢液注流的温降小，这样对中间包内的钢液温度产生的影响相对小。

Miller 和 Hlinka 用有机玻璃钢包进行了水模拟研究，也得到了类似的结论[4]。他们进行了开水表面加两层不同厚度的矿物油的水模拟实验，检测了钢包浇铸过程中流体的温度。图 7.4 表示了三种不同情况浇铸过程中水温的变化，已将时间和温度按比例换算成相应的 100t 实际钢包。第 1 种情况对应于薄油层（正常的渣层厚度），因表面和包壁的热损失，流体的温度不断下降；第 2 种情况，对应于厚油层但在浇铸过程中包内的流体是搅拌的；而第 3 种情况对应于厚油层钢包的正常浇铸。第 1 种情况的温降最大，第 3 种情况的温降最小。第 2 种情况中混合搅拌引起的相对不活跃中心部位的热流体流到包壁附近，从而热损失比第 3 种情况要大些。

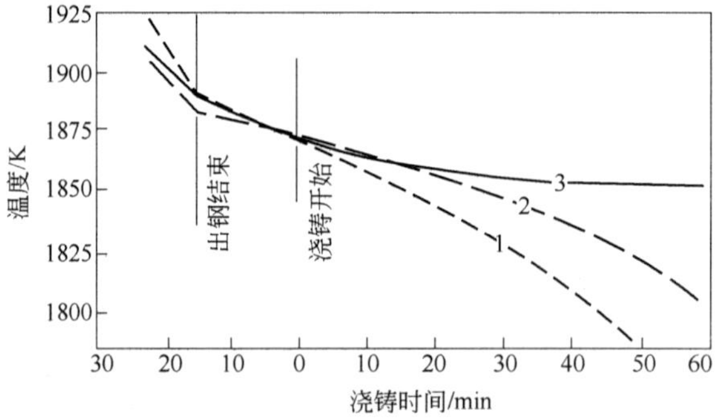

图 7.4　由水模型研究按比例换算得到的钢包浇铸过程钢液温度的变化[4]

Chakraborty 和 Sahai 发现钢包向中间包注入钢液后，中间包在正常的液面深度下操作，其内的流动和传热特征与钢包注流的温度变化密切相关[3]。如果在浇铸过程中，钢包注流的温度呈现一个明显的下降趋势，如图 7.3 所示，那么约 30min 浇铸后，钢包注流的温度变得比中间包内的钢液温度还要低。这将导致中间包内的包底流动而不是正常的表面流动。正常的表面流动见图 7.5（a），与此流动方向相反的包底流动见图 7.5（b）。这样的反向流动在浇注过程中要持续 47min，但在换包一开始 1min 注入高温钢液的过程中，此流动将被改变成转向自由表面的流动。

7.3　温度测量装置

使用热电偶进行中间包温度测量，热电偶可以是一次性的或连续测量型。一

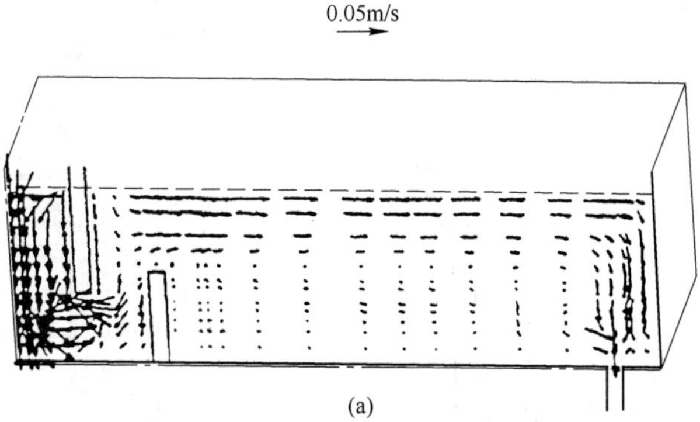

(a)

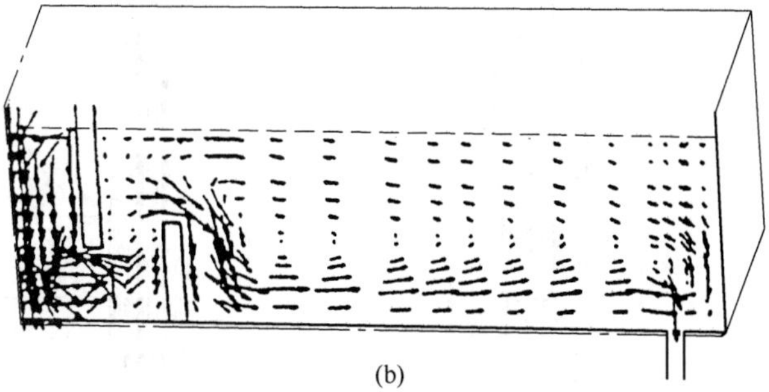

(b)

图 7.5　稳态浇铸过程中间包内钢液流动（a）及钢包注流温度变化（b）对中间包内流动的影响[3]

次性系统具有快速响应特点，一般约 5s，而且可信度高。连续检测的热电偶可以工作比较长的时间。Russo 和 Phillipi 使用封装在陶瓷绝热体中 B 型热电偶（Pt-6% Rh/Pt-30% Rh）[2]。他们将其安装在一端密封口的钼套上。双片测量系统见图 7.6 所示。热电偶用碳钢管加长，形成一冷却段。然后将整体封装在一氧化铝—石墨等压复合材料管中，此管在一个中间包炉役中能使用 10～12h。用一铠式套将热电偶的引线与一高温铜线连接起来，连接处用压缩空气冷却。在操作温度下，真实温度几度范围内的热滞后时间约为 90s。作者宣称这套系统运行很好，安装的热电偶平均寿命超过了 100h。

川崎制铁的 Mabuchi 等使用了封装在 Mo-陶瓷的 R 型热电偶（Mo：60%，ZrO_2：40%）[5]。然后将此热电偶封装在氧化锆-石墨耐材的套管中。此系统的示意图见图 7.7。新日铁的 Mori 等开发了一套连续测温系统，见图 7.8 所示。他们采用 ZrB_2 封装 Pt/Rh 热电偶，然后将其封入一 Al_2O_3 管中。用这套连铸测温系统测量的温度与传统的一次性热电偶的测量进行了比较，结果表示在图 7.9 中，发现这套系统的精度很高。在新日铁可以连续测温平均达到 40h，浇铸碳钢时最长的时间超过了 100h。

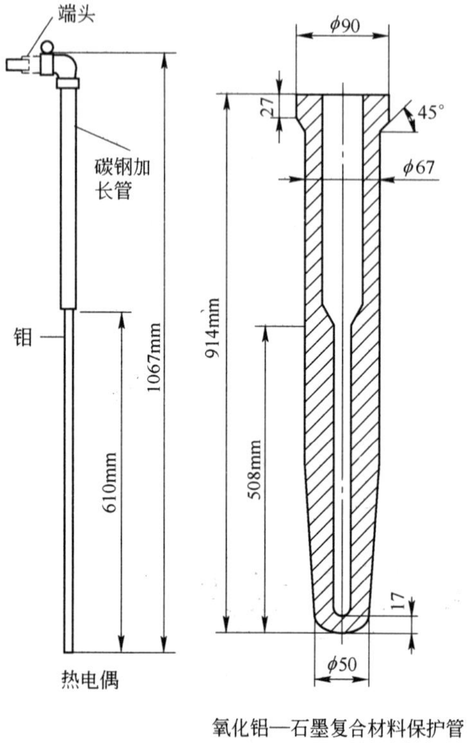

图 7.6　双片温度测量系统、热电偶和陶瓷绝热套管[2]

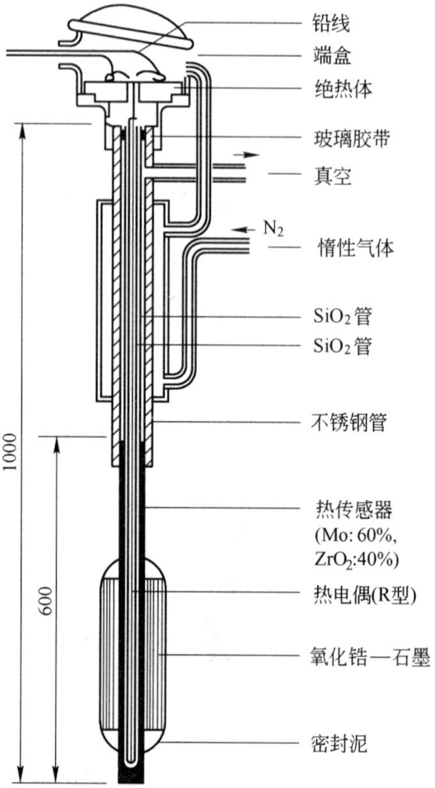

图 7.7　用于连续测温的封装在氧化锆-石墨耐材的套管中 Mo-陶瓷热电偶[5]

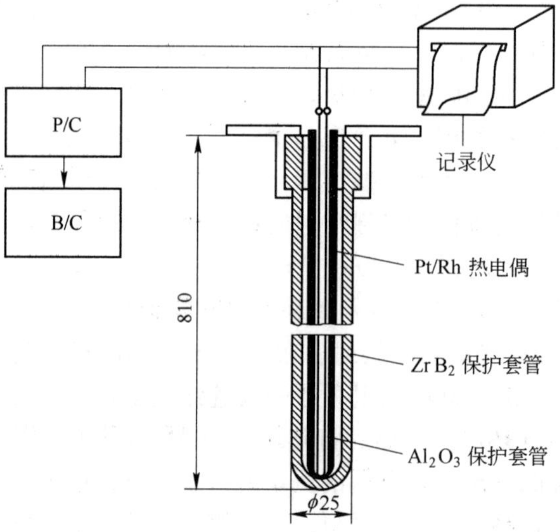

图 7.8　封入在 Al_2O_3 管中 ZrB_2 封装式 Pt/Rh 热电偶[6]

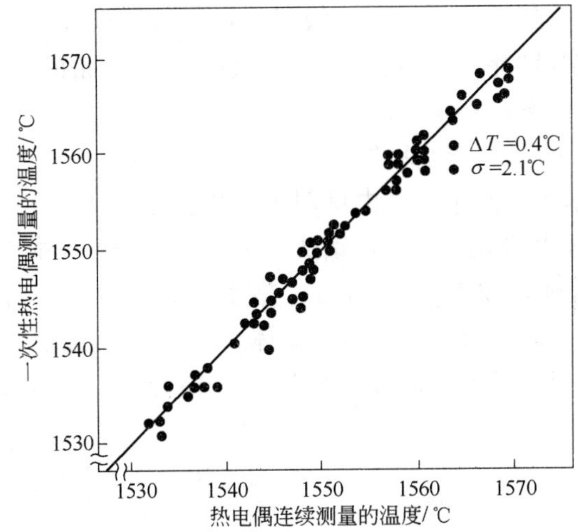

图 7.9 用图 7.8 中的热电偶测量的温度与传统一次性热电偶的测量值比较[6]

7.4 过热度控制的需求

连铸产品的质量和内部结构很大程度上取决于钢液的过热度。铸坯中形成的等轴晶和柱状晶的相对比例取决于许多因素，包括过热度、钢的成分和断面尺寸。Takeo 等研究了 2.4m/min 拉速浇铸 0.8% C110mm×110mm 小方坯时钢液过热度对等轴晶面积的影响。他们的研究结果表示在图 7.10 中，表明等轴晶区的

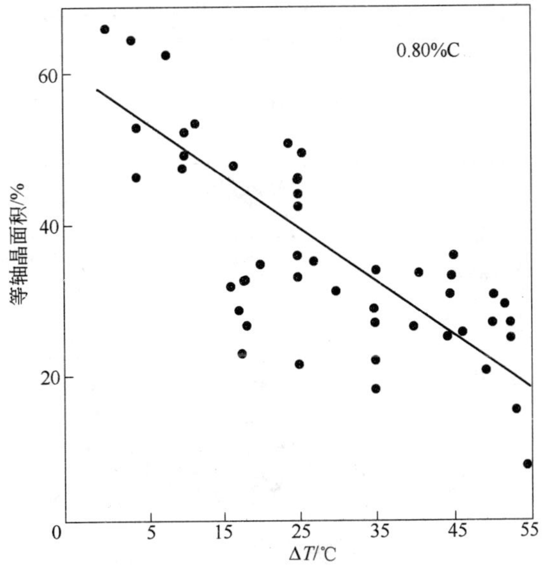

图 7.10 钢液过热度对等轴晶的影响[7]

相对面积随过热度的降低而增加。钢液温度较高时，刚形成的晶体又重新熔化，只有很少的生长成等轴晶。因而，在方坯中心生长成长条的柱状晶。柱状晶结构造成铸坯的偏析、内裂纹和缩孔。

就连铸坯的质量而言，包括卷渣在内的夹杂物数量是随温度的降低而显著增加的。图 7.11 表示了中间包钢液温度对方坯中夹杂物因子和中心偏析因子的影响[8]。Matsumoto 等也研究了中间包钢液过热度对连铸板坯中夹杂物因子的影响。他们的结果表示在图 7.12 中，表明高过热度情况下夹杂物增加的幅度并不大。低过热度时，在弯月面附近形成了球形晶体，并朝着液相穴末端生长。在向下的生长过程中，晶体捕获悬浮于钢液中的夹杂物并将其带入熔池的底部。钢液温度

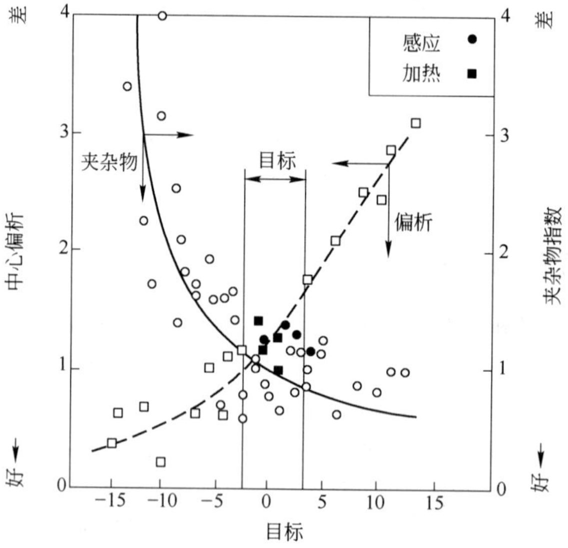

图 7.11　钢液温度对夹杂物指数和中心偏析指数的影响[8]

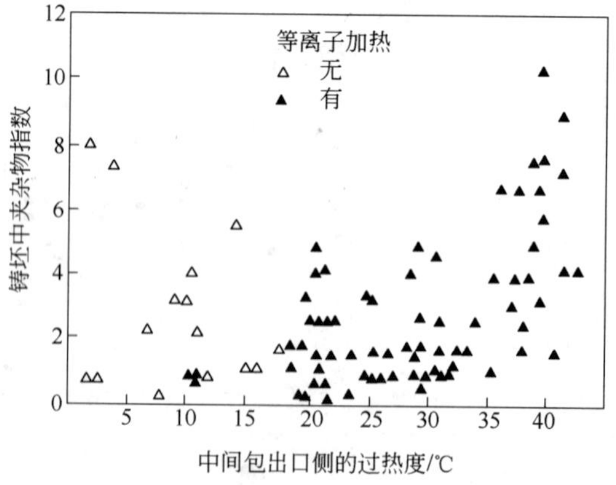

图 7.12　中间包内钢液过热度对连铸坯中夹杂物指数的影响[9]

过高促进了钢液与耐火材料和熔渣的反应，从而导致产品更严重的污染。

除影响钢的质量和结构外，过热度对连铸机的操作参数产生了影响。温度低，钢液会在水口凝固，或氧化铝夹杂沉积在浸入式水口内并最终堵塞水口；温度高也会降低中间包耐火材料的使用寿命。因此，将钢液的温度控制在一个具体的窄范围内要成为一种强制手段。对方坯连铸而言，过热度一般控制目标为15℃，板坯为25℃。

由于钢包浇钢过程中中间包内钢液过热度在15～30℃范围内变化，因此转炉的出钢温度必须保持足够高，这样才能保证钢液的温度不低于铸坯质量和连铸机操作所规定的极限。中间包加热可以使其内的钢液温度保持在一个很窄的范围，转炉的出钢温度可以降低25℃。这就增加了耐火材料的寿命和金属收得率。图7.13示意了从转炉出钢到中间包操作过程中钢液的温度变化，表明了中间包加热对降低转炉出钢温度的效果[9]。最后，图7.14再次强调了对中间包加热的要求。

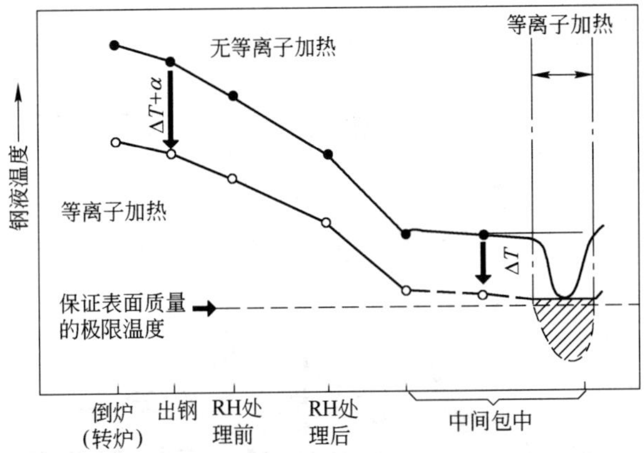

图7.13　从转炉到中间包过程中钢液温度的变化和中间包等离子加热的影响[9]

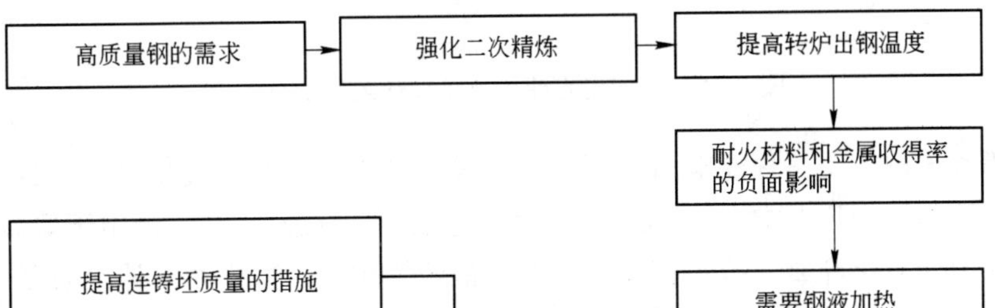

图7.14　对中间包内钢液用等离子加热和控制提出的要求

7.5　外加热（等离子系统）

有两种类型的等离子加热系统用于中间包加热，它们是直流弧和交流弧的等离子系统。

7.5.1　直流弧等离子系统

在此系统中，耐火材料为内衬的密封腔安装在中间包熔池上方，充当阴极的等离子枪由这个密封室的顶部下降进入腔内。等离子枪冲击中间包熔池的钢液起弧，为了形成导电回路，安装的阳极与钢液接触，这样可以使熔池充当阳极。等离子枪（阴极）和阳极均与直流电源相连。中间包直流等离子加热装置示意图见图 7.15[9]。等离子枪的示意图见图 7.16[10]。等离子枪由水冷铜管制成，端部用氧化钍的钨丝焊合。钨丝尖的平均工作寿命大约为 100h[11]。等离子枪用去离子水冷却以避免矿物质沉积在铜管的内壁上。

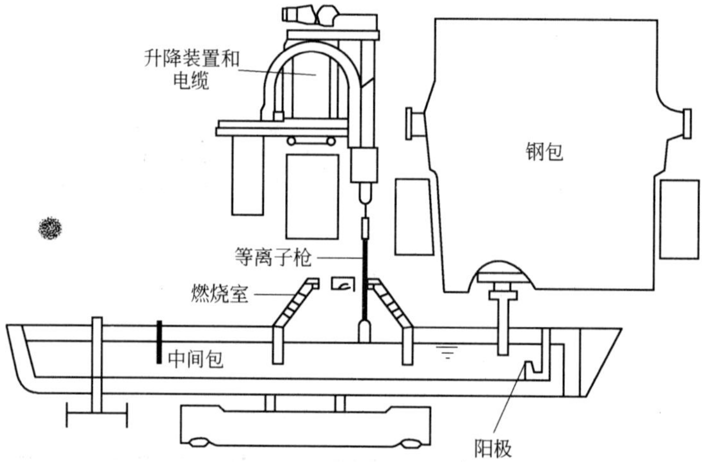

图 7.15　中间包直流等离子加热装置示意图[9]

等离子枪需要一种能电离的气体以形成等离子弧。与空气相关的各种气体的电势梯度列于表 7.1 中[10]。大部分气体的电势梯度太大，不适合用于等离子枪，因为它们会氧化等离子枪的钨丝尖，恶化钢液的质量。这样的气体引发了安全上的关切（如 CO_2）或经济上的不切实可行（如 He）。只有 Ar 和 N_2 这两个可供选择。图 7.17 给出了 Ar 和 N_2 混合气体的弧长与弧电压间的关系。弧长随弧电压的增加而增大，而混合气体中 N_2 的量增加了弧电压。对于相同的电流，当弧电压增加时，等离子的功率增加，因而产生高的加热速率。混合气体中使用 N_2 有利于获得更多的等离子功率。但是，正如图7.18所示，它将引起钢液的增氮。这

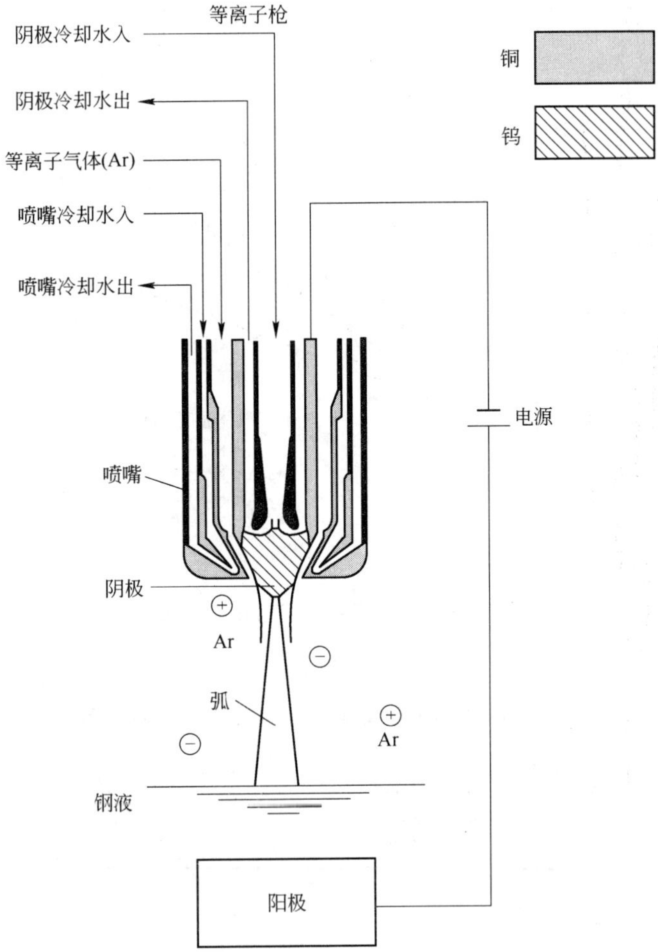

图 7.16 直流等离子枪示意图[10]

表 7.1 各种气体的电势梯度[9]

气 体	电压梯度指数	问 题	结 果
Ar	0.5	—	是
N_2	1.1	[N] 含量	可能
空气	1.0	[N], [O]	否
CO_2	1.5	[O], 安全	否
O_2	2.0	[O]	否
H_2O	4.0	[H], [O]	否
H_2	10	[H]	否
He	1.5	成本高	否

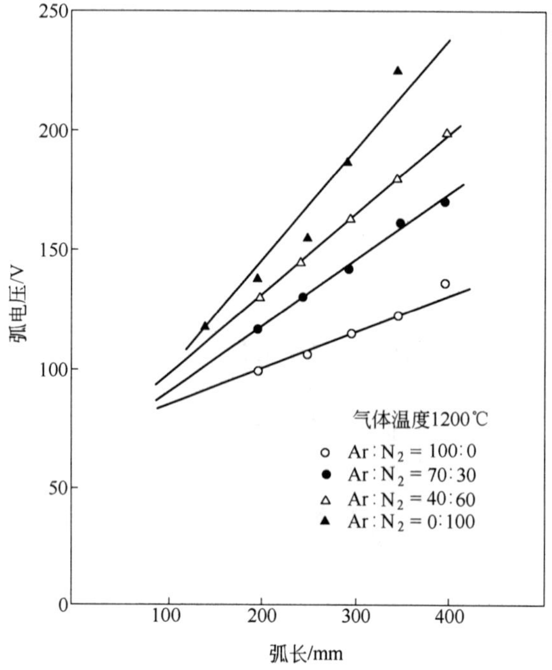

图 7.17　Ar 和 N_2混合气体的弧长与弧电压间的关系[10]

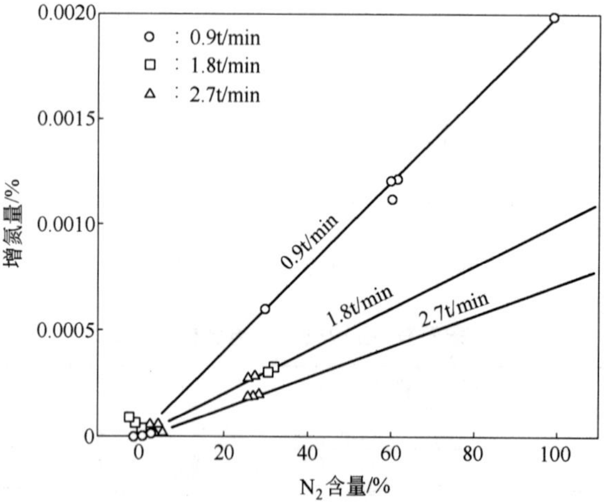

图 7.18　氮含量对增氮的影响[10]

些结果是在 NKK 用 200kW（1kA×200V）直流等离子枪设备加热中间包钢液的实验中获得的[10]。因此，N_2气是否会用于混合气体中取决于所浇铸的钢种。

加热效率：图 7.19 给出了直流等离子弧的加热模式和体系的热损失。大约

9%的热通过冷却水损失掉，约同样比例的热通过等离子枪外壳的耐材（温度达到1800℃）损失掉。其他的热损失是约2%的热被废气带走。因而，80%的热被传给钢液，其中的一半是从耐火材料的表面以辐射方式传递给钢液的，还有一半来自等离子弧的直接辐射或钢液熔池中直接的电压降。Matsumoto等的正常操作结果表明所能获得的中间包等离子加热热效率是在60%～80%的范围内[9]。

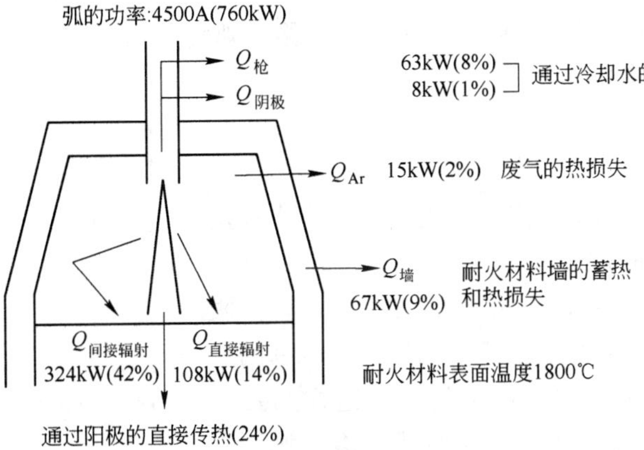

图7.19　直流等离子加热单元的热损失和热效率[9]

对等离子枪下方的钢液实施搅拌有助于将温度较低的钢液带到熔池表面和提高热效率。Tanaka等在加热腔下方尝试了气体搅拌或使用挡坝来搅拌钢液，如图7.20所示[10]。他们发现两套系统在提高加热效率方面具有同样的效果。在他们用1.4MW等离子的正常操作中，热效率为75%，等离子枪的寿命超过100h。他们能够将稳态操作过程中钢液的温度控制在±1℃以内，换包操作过程的温降不超过5℃。

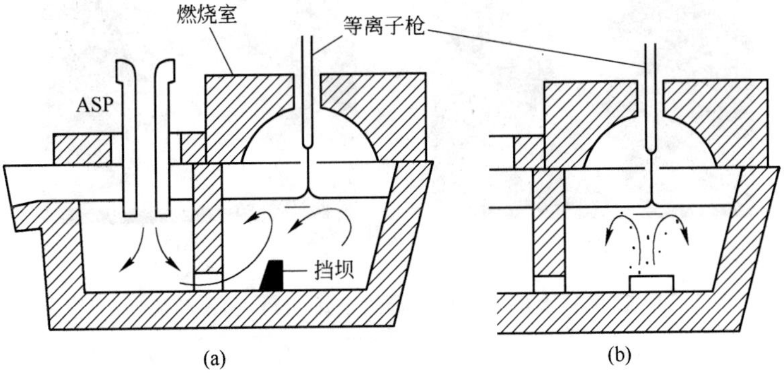

图7.20　中间包等离子加热过程中的钢液搅拌[10]

（a）挡坝；（b）吹氩

7.5.2 移动式等离子弧系统

正如前一节中所阐述的，从钢液质量的角度考虑要求直流等离子枪中使用氩气。但是，等离子弧的功率只有通过增加电流或电压来实现，而不能照顾到钢液的质量。增加体系的电流增加了钨电极端部的磨损和消耗。体系的电压是通过增大电极与钢液表面的距离而得以增加，但是增加距离会引起加热效率的降低。最近，NKK 的 Inokuchi 等发现通过制造可控的移动弧可将等离子弧电压翻倍[12]，对此将在下面做具体介绍。

7.5.2.1 稳定和移动弧

在锥形碳阴极与扁平碳黑阳极之间可以产生稳定直流弧。这种阴极的截面图见图 7.21，由这种电解产生的弧见图 7.22（a），可将此定义为稳定弧。阴极用了一定时间后，它的边变成了圆形并且端部的厚度超过了 4mm，此时弧就变得不稳定，这样的弧见图 7.22（b），称之为移动弧。这种塔式移动弧的电压降约为稳定弧的两倍，见图 7.23 所示。因此，可控移动等离子弧的产生可以在同样的空间实质性增加其电压，从而可以获得更多的功率。

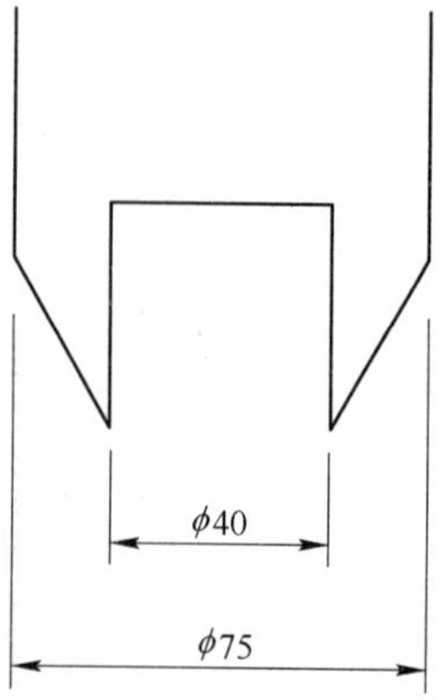

图 7.21 用于产生稳定弧的碳电极尺寸[12]

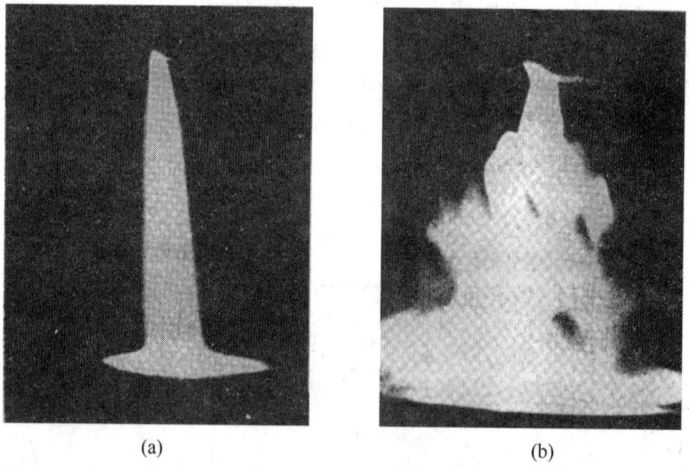

图 7.22 碳电极上典型的稳定等离子弧（a）和移动弧（b）[12]

7.5.2.2 移动等离子弧的产生

Inokuchi 等用两种方法开发出移动传送弧的直流等离子[12]，如图 7.24 所示。

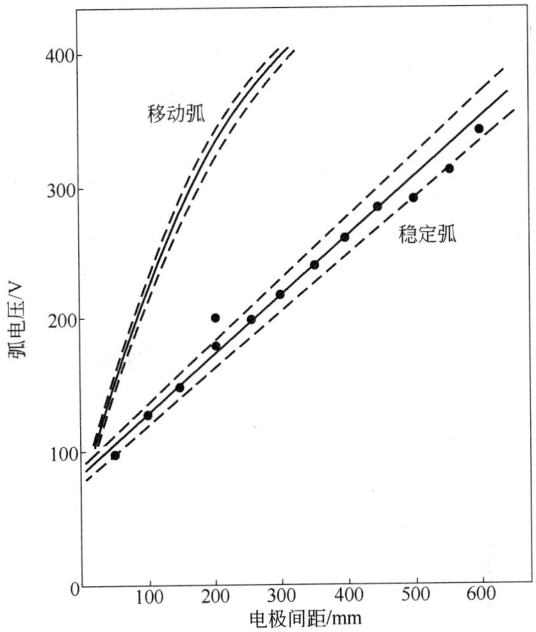

图 7.23 稳定碳电极弧和移动弧之间的弧电压比较[12]

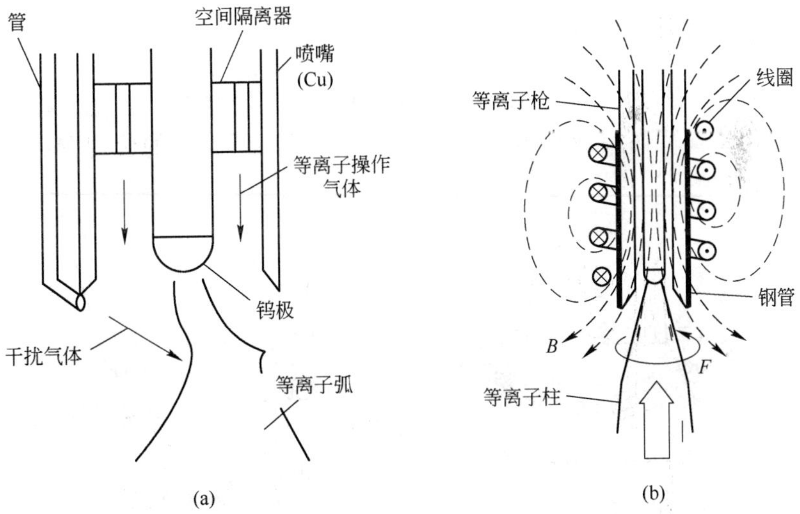

图 7.24 移动等离子枪采用吹气（a）和电磁场操作（b）[12]

为了能使等离子弧扩展，钨极的末端为半圆形。

（1）第一种方法是由侧管喷吹气体干扰等离子弧。气体可由一个或多个管喷出，喷管向阴极的轴心弯曲或向以等离子枪的轴心线为中心所产生等离子弧的圆周弯曲。

（2）将电磁操作的等离子枪喷嘴密封在一线圈中。当电流通过线圈时，将在等离子场中建立起磁场。这个旋转的电磁场力朝着等离子弧旋转。如果电流通路的对称轴与等离子弧的轴心不一致，那么因电磁场与等离子场两者重叠产生的不稳定性而形成了旋转的等离子。其结果是等离子与图 7. 22（b）所表示的类似。

空间距离一定时，稳定和移动等离子弧的弧压降的测定结果表示在图 7. 25 中。空间距离相同时，移动弧的弧压有明显的增加。因此，使用移动弧可以提高中间包加热的效果。

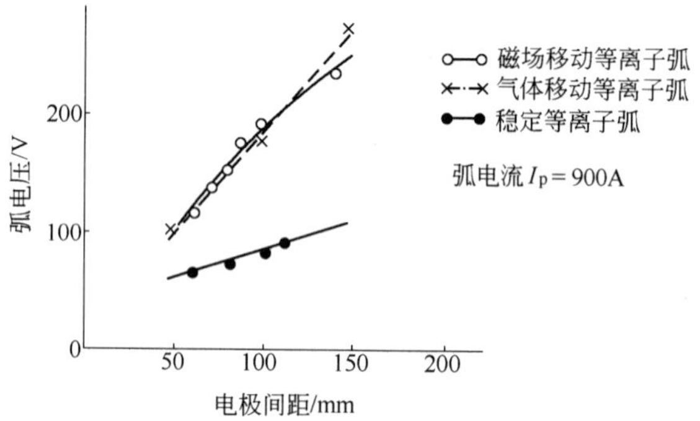

图 7. 25　移动等离子弧与稳定等离子弧之间的弧压比较[12]

7. 5. 3　交流弧等离子系统

这一节所介绍的大部分内容是经整理的神户制钢研究人员发表的论文[13～16]。图 7. 26 给出了安装在神户制钢中间包上的交流等离子系统的俯视图和侧视图。

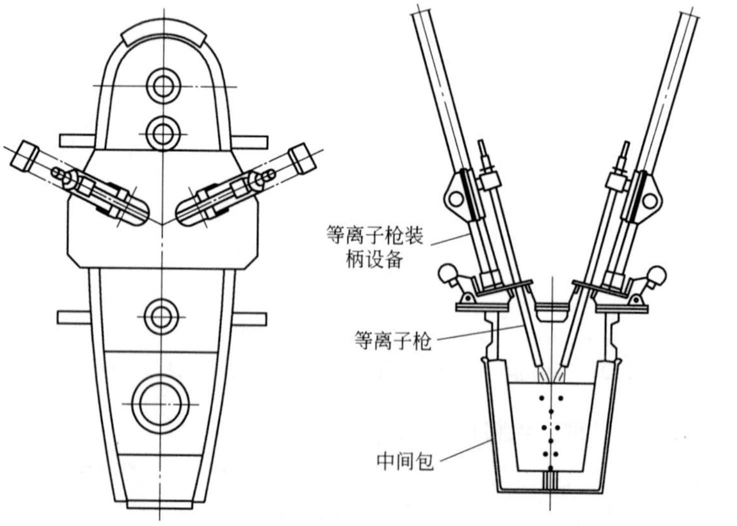

图 7. 26　单相交流等离子弧的俯视图和侧视图[13]

加热系统由以一定的倾斜角度插入中间包盖并停留在钢液表面上方的两支等离子枪构成。整个安装是在熔池深度为 2m 的 80t 中间包上进行。在中间包加热区域的底部吹入 Ar 气以均匀钢液和更新自由表面的钢液。等离子系统的最大功率为 2.4MW。系统的具体指标参数见表 7.2。

表 7.2　交流等离子弧系统的具体指标参数

项　目	指　标	项　目	指　标
类　型	传送弧/非传送弧	弧　压	最大 350V
枪直径	108mm	功　率	2.4MW
工作长度	4.2m（近似）	氩气（标态）	9～20m^3/h（每支枪）
电流类型	1 相交流	冷却水	30m^3/h
弧　流	最大 7.5kA		

传送弧模式中，每支枪与熔池表面形成了弧；非传送弧模式中，两枪之间建立起弧。这是通过改变两枪之间的距离获得的。枪的基本设计见图 7.27 所示。氩气通过枪时，启动电极和主电极点燃等离子枪。产生的弧接着就传给钢液，在主电极和钢液之间形成电流回路。

7.5.3.1　弧特性

图 7.28 表示的是不同弧长度下弧电流与电压之间的关系。增加弧电流部并

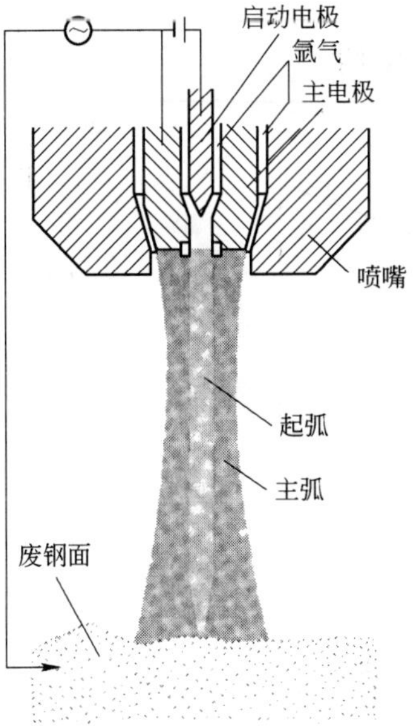

图 7.27　交流传送弧等离子枪的基本设计[15]

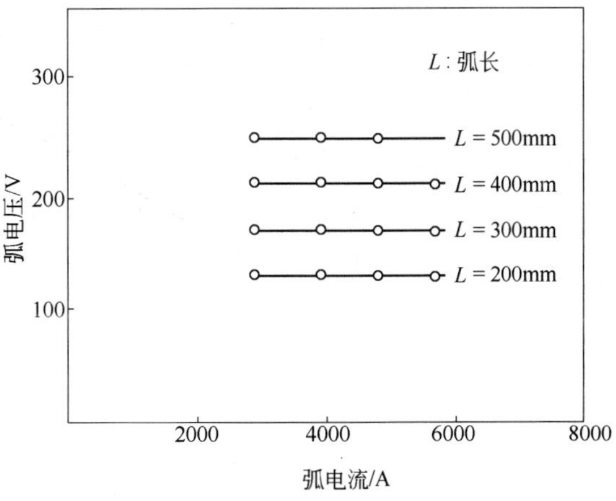

图 7.28　不同弧长下弧电流与电压的关系[13]

不能改变弧电压，但是增加弧长可以增加其电压。

7.5.3.2 气体成分和流量的影响

中间包中 O_2或 N_2双原子气体的出现增加了弧电压。双原子气体需要离解能，而且增加了离子化所需的能量。因此，增加电子之间的碰撞，这将会导致电势梯度的增加。图 7.29 和图 7.30 分别表示了 Ar 中不同 O_2和 N_2的量对弧电压产生的影响。正如直流等离子一节中所阐述的那样，增加等离子气体中的 N_2含量是增加弧电压的一条途径，从而增加了等离子的功率。取决于所浇铸的钢种，增加 N_2可以是增加等离子功率的一种手段。O_2和 N_2含量对增加弧电压方面所产生的影响表示在图 7.31 中。中间包是密封的，用吹氩气保持中间包内的惰性气氛。氩气流量和密封气体中出现的N_2对弧电压的影响见图7.32。弧电压随气体

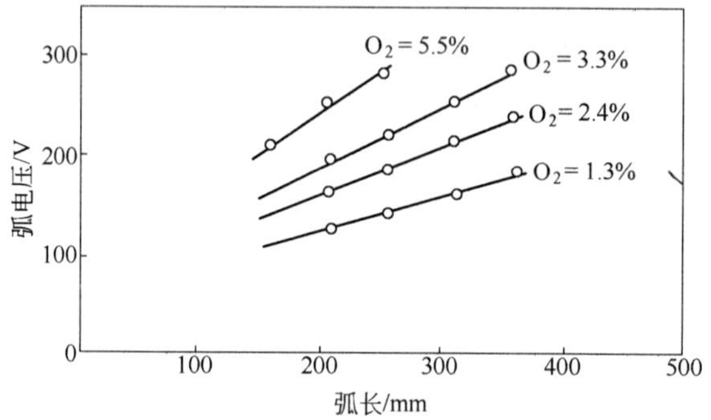

图 7.29 气体中的氧对弧电压和长度的影响[13]

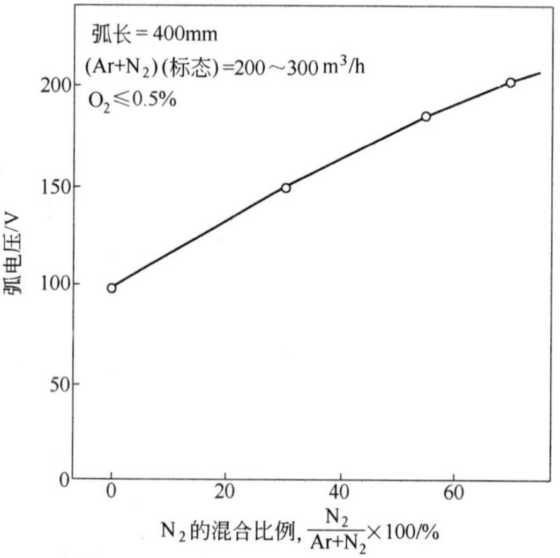

图 7.30 Ar 气中的氮气对弧电压的影响[13]

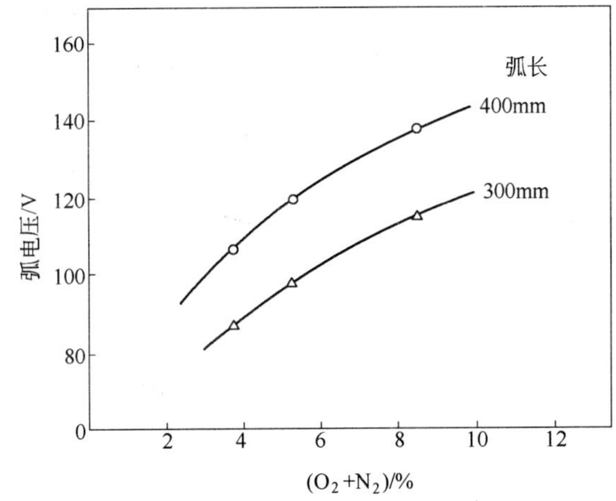

图 7.31 气体中 O_2 和 N_2 含量对增加弧电压产生的影响[13]

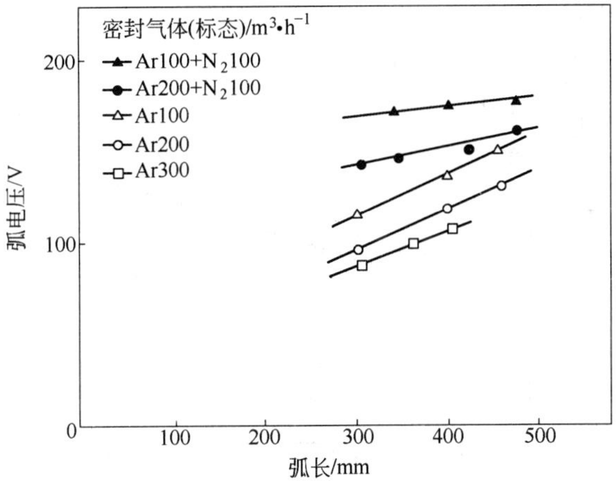

图 7.32 氩气流量和密封气体中出现的 N_2 对弧电压的影响[13]

流量的增加而减少，但 N_2 的存在增加了弧电压。

7.5.3.3 冷态和热态试验

在炭块和钢液上进行交流等离子弧产生的实验。两套系统不同弧长的弧电压表示在图 7.33 中。在氧含量小于 0.5% 的 Ar 气氛下，钢液中的电压水平约为 100～130V，大大小于炭块实验所获得的电压。产生这样差别的原因归结为等离子弧中金属雾气的出现。金属雾气的出现降低了等离子弧的电阻，结果造成弧的低电压。通过在钢液上覆盖一 5mm 左右薄层渣和厚度超过 20mm 的厚层渣的实验来验证这个结论。如图 7.34 所示，厚渣层的电压要高出约 20V。厚渣层减少

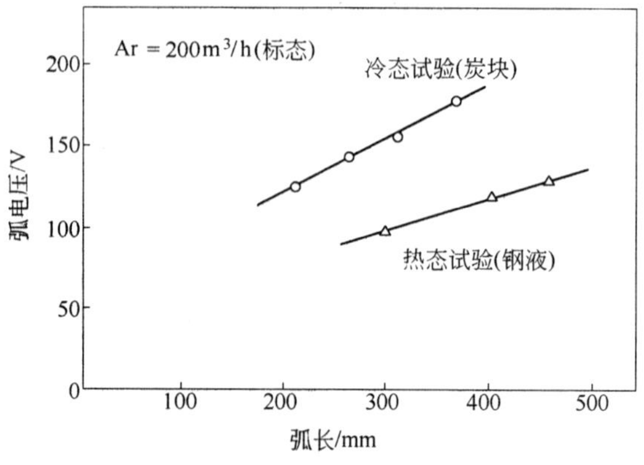

图 7.33 钢液和炭块上的交流弧长度和电压[13]

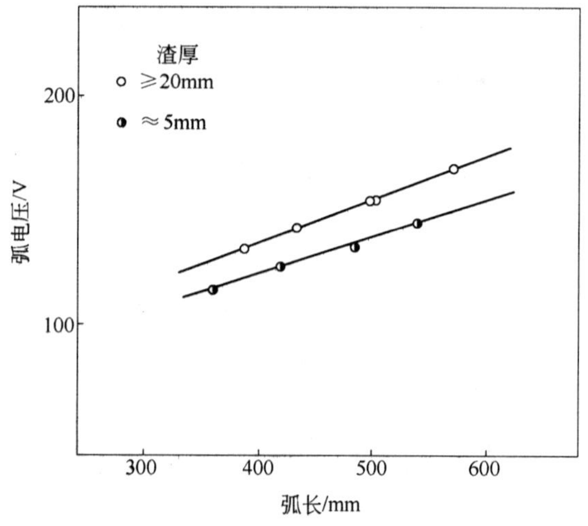

图 7.34 渣厚度对弧压和弧长的影响[13]

了汽化的金属进入气体的量。

7.5.3.4 加热效率和温度控制

图 7.35 表示了等离子加热过程的热量衡算。约 65% 的等离子热传递给钢液，22% 的热量损失给了冷却水。因而，枪的表面覆盖一层绝热材料对提高加热效率十分重要。等离子系统在维持窄范围过热度方面十分有效。正如图 7.36 所示，即使在非稳态操作时钢液的温度变化也不超过 5℃。

交流等离子加热的实施提高了连铸坯的洁净度并改善了其组织结构。与此同

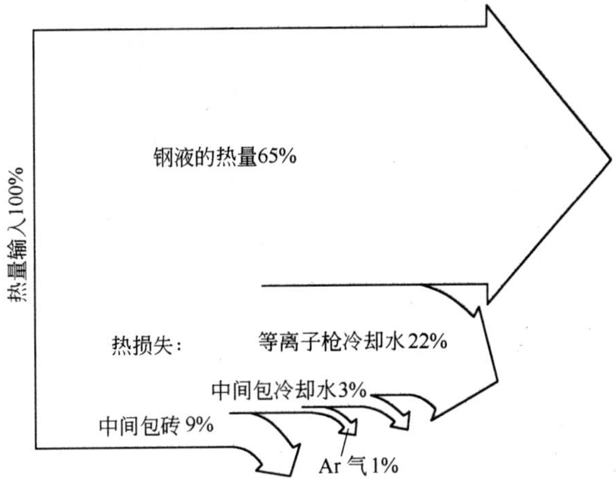

图 7.35 等离子加热过程的热量衡算

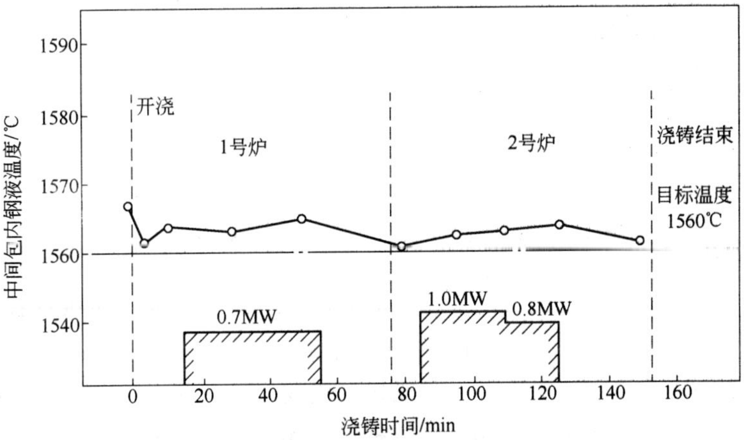

图 7.36 等离子加热过程中的钢液温度变化

时，转炉的出钢温度可降低20℃。交流等离子系统可以非传送模式在连浇的后期投入运行，这样阻止了钢液的各种温降。较高温度的钢液维持了渣的流动性，这样使得热周转中间包操作的渣倾倒会更容易些。

7.6 外加热（感应系统）

有一些企业（如文献［5］，［8］，［17］，［18］）在小于30t小容量中间包中已经开发了感应加热技术。这些加热设备足够紧凑，可以对已有的中间包进行改造而不必进行大的动作，甚至不用减少中间包的容量。川崎制铁和ASEA（现为

ABB）公司的 Mabuchi 等研究开发的通道式感应加热装置见图 7.37 所示[5]。它是由一铁环或芯组成，在其上面围绕多匝线圈。其余部分是强制钢液通过由耐火材料制成的通道。这个感应加热器就是一种变压器，见图 7.38 所示。主电流通过多匝线圈时，铁芯产生了磁通量，转而在流过通道的钢液中感应产生了次生电流。感生电流产生了焦耳热，从而加热钢液。由于钢液受电磁力的强烈搅拌，会造成感应通道中耐火材料的严重侵蚀。因此，通道中的耐火材料必须具有高的耐磨性和热抗震性。新日铁的 Suzuki 等测试了几种耐火材料的性能，发现预制含有 10% SiC 的氧化铝是通道最适合不过的材料。这种耐火材料的袖套安装容易、成本低、电阻高，使感应加热装置最小化。

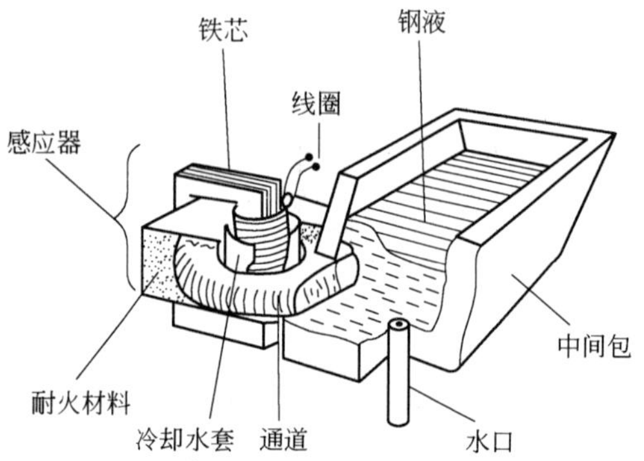

图 7.37 中间包的通道式感应加热[5]

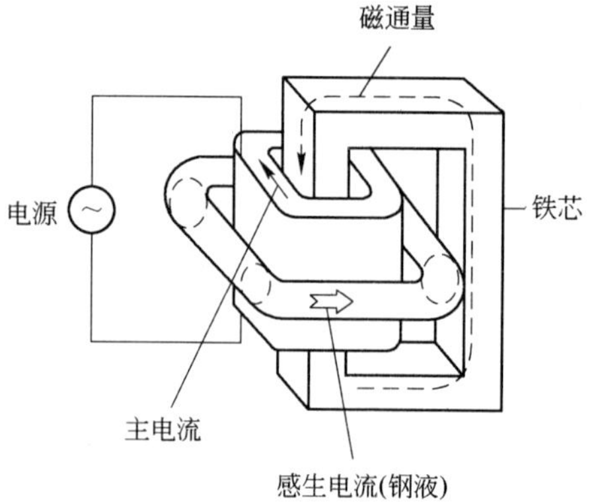

图 7.38 中间包感应加热的变压器[8]

文献［5］、［8］、［17］和［18］的作者已经报道了感应加热具有很高的热效率，一般在 80% ~90% 的范围。Suzuki 等在他们如图 7.39 所示的 L 型中间包中使用了 1000kW 的感应加热器，发现其加热效率可达 90%[8]。约 5% 的热量通过线圈、铁芯和电缆损失掉，功率因数补偿了电容。另 5% 是通过耐火材料袖套的缝隙损失掉的。他们测定了加热系统中钢液上升流和下降流中的温度（见图 7.39），发现感应器加热其两侧的钢液，上升流侧的效率为 20%，而下降流的效率则为 70%。

图 7.40 表示的是一个 2h 炉次测定的温度，通过感应加热目标温度控制在 ±2.5℃以内。虚线为没有采用感应加热时计算的钢液温降。由于钢包注流温度在不断下降，为了保持中间包内的温度基本不变，感应加热的功率是逐渐增加的。这已使转炉的出钢温度下降 15℃，钢包温度下降 10℃。因此，转炉和钢包的耐火材料消耗降低，金属收得率提高。此外，最重要的是大方坯质量和结构得到了提高。他们证实了中间包安装加热装置所带来的整个生产成本的有效降低。

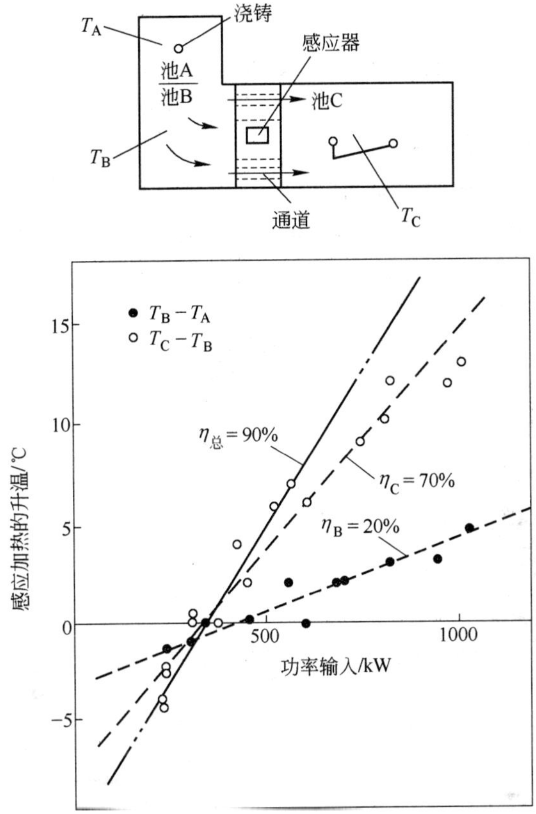

图 7.39　感应加热过程中增加温度与输入功率之间的函数关系[8]

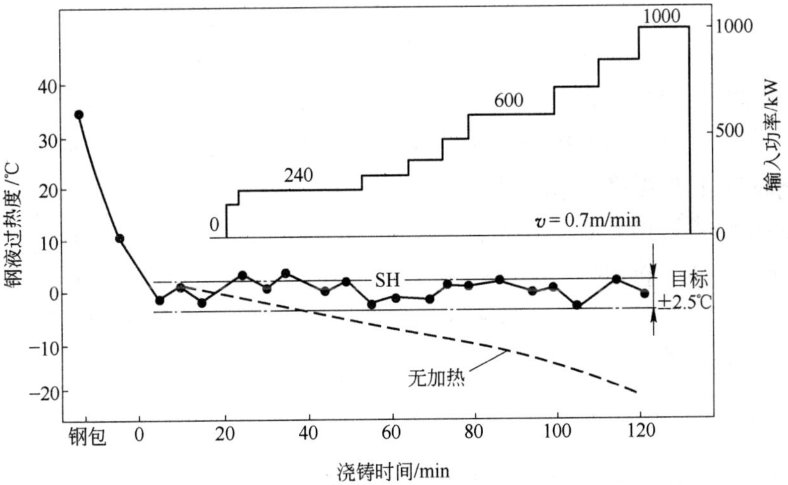

图 7.40　感应加热过程中的温度控制[8]

7.7 外冷却

通过中间包喷钢粉可将钢液温度成功地降下来。芬兰 Raahe 钢厂的 Hintikka 和 Jauhole 通过喷钢粉将中间包中的钢液温度控制在一个很窄的范围内[1]。中间包的容量为10t，熔池深度为1000mm。操作装置的示意图见图7.41。钢粉是在钢包与中间包间的钢液流股中喷入的，用充满氩气的陶瓷套管罩住钢液流股。体系中喷入的钢粉流量可以在5～35kg/min间变化，载气流量为300 L/min。钢粉为球形因而具有很好的流动特性。对于氧含量低于0.02%、碳含量1%左右的钢种，采用这种方法就有些困难。

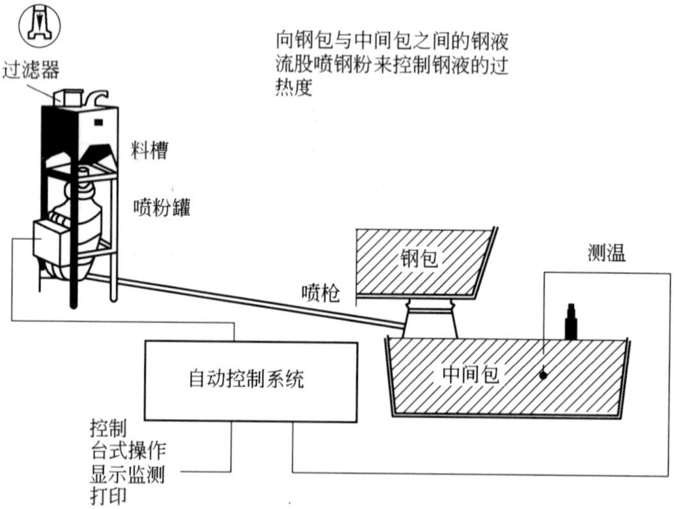

图7.41 冷却钢液的钢粉喷吹装置示意图[1]

如果能将钢粉喷入钢液流股中，发现冷却效率是相当高（85%～95%）。正常所使用粉的量是在0.5%～1.0%变化。图7.42表示的是吹入钢粉可将钢液温度成功控制在目标温度的±2℃以内。

虽然报道了这种方法已获成功，但因喷粉本身的一些限制目前还没有普遍实施工业应用。除了喷钢粉所造成形成局部的固体钢壳而不易再熔化问题外，此工艺所涉及到的成本也是一个主要障碍。目前比较通用的做法是在钢包中控制钢液的温度使其到达所需的值。

7.8 小结

传统工艺的用一个钢包的浇铸过程，中间包内钢液的平均温度变化在20℃左右。稳态浇铸期间的换包过程，钢液温度的下降相当明显。钢液温度控制在一

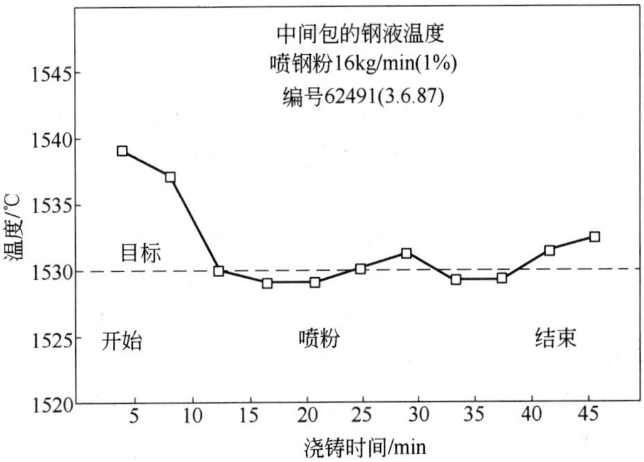

图 7.42　通过喷粉冷却控制钢液温度[1]

个比较窄的范围内对改善连铸坯的组织结构、提高质量具有重要的作用。除了将转炉的出钢温度降低 20℃，减少转炉和钢包的耐火材料消耗外，金属收得率也得到了提高。通过中间包连续测温和等离子或感应加热，可将钢液的温度保持在一个很窄的范围内。此技术对质量要求很高的钢生产是十分必要的。在中间包中也可以进行钢液冷却操作，但因成本和质量等因素目前还没有普及。

参 考 文 献

1. S. Hintikka and M. Jauhola：*The Sixth International Iron and Steel Congress*，*The Iron and Steel Institute of Japan Publication*，1990，3，215-221.
2. T. J. Russo and R. M. Phillippi：*Steelmaking Conference Proceedings*，1990，73，237-246.
3. S. Chakraborty and Y. Sahai：*Metall. Trans. B*，1992，23B，152-167.
4. J. W. Miller and J. Hlinka：*Iron Steel Eng.*，1970，8，123-133.
5. M. Mabuchi，T. Nozaki，Y. Habu，Yutaka Yoshii，B. Hanås，and J. Bostedt：*Steelmaking Conference Proceedings*，1986，69，737-742.
6. H. Mori，M. Sawa，Y. Shia，M. Okabe，K. Kuwahara，and K. Sakai：*Tundish Metallurgy*，*Part Ⅱ*，*ISS Publication*，1991，97-103.
7. K. Takeo and H. Iwata：Wire Journal，1971，August，32.
8. I. Suzuki，S. Noguchi，Y. Kashiwakura，T. Horie，and M. Saito：Steelmaking Conference Proceedings，1988，71，125-131.
9. K. Matsumoto，Y. Hoshijima，K. Ishikura，K. Umezawa，Y. Nuri，and Y. Ohori：*The Sixth International Iron and Steel Congress*，*The Iron and Steel Institute of Japan Publication*，1990，3，222-229.
10. H. Tanaka，H. Yamamoto，H. Kondo，J. Shoda，and Y. Suguro：NKK Technical Review，1991，62，10-16.

11. N. J. Culp, Jr. and P. M. Cowx: *Electric Furnace Conference Proceedings*, 1989, 72, 107-110.
12. K. Inokuchi, A. Nagamune, and N. Ao: *Steelmaking Conference Proceedings*, 1993, 76, 245-249.
13. H. Iritani, T. Saito, H. Fujimoto, Y. Nakamura, M. Shimuzu, M. Kiyokawa, and S. Nishi: *The Sixth International Iron and Steel Congress*, *The Iron and Steel Institute of Japan Publication*, 1990, 3, 230-238.
14. H. Iritani, T. Saito, H. Fujimoto, Y. Nakamura, M. Shimuzu, M. Kiyokawa, H. Tokunaga, and H. J. Bebber: *Steelmaking Conference Proceedings*, 1991, 74, 699-705.
15. H. Iritani, J. Katsuta, T. Saito, H. Fujimoto, Y. Nakamura and N. Kiyokawa, *R & D Kobe Steel Engineering Reports*, 1991, 41, no. 4, 44-47.
16. T. Saito, K. Matsuo, H. Fujimoto, M. Maeda, K. Imiya and K. Umahoshi, *R & D Kobe Steel Engineering Reports*, 1990, 40, no. 1, 93-96.
17. A. Shiraishi, K. Iwata, H. Tomono, T. Nagahata, and A. Mori: *The Sixth International Iron and Steel Congress*, *The Iron and Steel Institute of Japan Publication*, 1990, 3, 264-270.
18. H. Nakata, J. Tsubokura, and H. Takahashi: *The Sixth International Iron and Steel Congress*, *The Iron and Steel Institute of Japan Publication*, 1990, 3, 470-477.

8 中间包最新技术

8.1 引言

正如前面章节所介绍的，已开发的中间包技术在降低生产成本的前提下提高了高端产品的连铸坯质量和连铸机的生产能力。有代表性的技术包括以下几方面：

（1）下渣检测装置将带入中间包的钢包渣量最小化；

（2）长水口或充氩套管为从钢包到中间包的钢液流维持了一个惰性入口区域，避免了空气的二次氧化和卷渣；

（3）具有足够深度和合理高宽比的大中间包；

（4）通过坝、挡渣墙、带孔夹板和冲击板等控流装置控制钢液的流动和停留时间；

（5）低过热度浇铸的中间包加热装置；

（6）中间包水口、滑板和 SEN 吹氩以减少水口的堵塞；

（7）中间包和 SEN 的自动快速更换装置；

（8）用引流砂开浇、引流砂去除、惰性化气氛、加中间包覆盖剂和热周转改善中间包的操作；

（9）改善中间包和水口的耐火材料。

这些改进措施已赢得了试验的时间，从成本、生产能力和质量等方面证实它们的可行性。在处理稳态浇铸方面，这些技术措施已变得比较成熟。事实上，充满惰性气氛、熔池深度超过 1m、可接受的宽高比、合理容量的密封大中间包已经证明了能够将洁净的钢液输运到结晶器而不会产生任何额外的污染。钢包中的钢液通过浸入式长水口或套管注入中间包内。这些措施连同惰性气体预热的热中间包周转、等离子或感应加热已经提高了连铸机的生产能力而没有对钢的质量造成什么危害。

但是对包括开包、换包、空包和变钢种等中间包非稳态（过渡）期间的操作还遗留一些问题。

在非稳态操作期间，诸如空气的二次氧化、卷渣等所形成的最有害的外来宏观夹杂在中间包中产生。这是由于在此期间很难保证来自钢包的钢液流处于惰性气氛中。同时，也很难阻止在中间包中因注流冲击所引起的渣乳化。小批量不同钢种的连浇及多炉次连浇的需求在不断增长。因此，要求更先进的非稳态操作。

大尺寸氧化铝簇状夹杂的出现和在 SEN 内壁上的沉积两者均与铝镇静钢液中细小的氧化铝内生夹杂有关，特别是含 Ti 的超低碳钢种，这两个问题至今还没有得到令人满意的解决。水口堵塞干扰了连浇操作，降低了连铸机的生产能力。同时也会发生水口沉积物剥落和水口出口钢液流量的失衡，从而造成结晶器内卷渣和阻碍了夹杂物的上浮。湍流的随机性和脉动性特征也会导致细小内生的氧化铝夹杂聚合而形成氧化铝簇状夹杂。这些宏观夹杂（SEN 吹入氩气时伴生 Ar 气泡）通过非对称流被带到液相穴的深部，最后被凝固的坯壳吞噬，对铸坯质量造成危害。

虽然已经有一些解决这些问题的想法并进行试验，但目前因一些具体的原因还没有被现场操作完全采纳。单一的措施并不能解决所有突出的问题。将现有设备的每一单元和操作中所进行的所有试验与所获得的效果有机结合起来应该伴随着新技术的出现。许多的改进工作是在上世纪 90 年代开始的，但是到目前为止进展有限。这一章将介绍几个值得关注的例子。

一台连铸机（CCM）的生产能力即使是板坯连铸机一般要远小于高炉（BF）、转炉（BOF）和热轧机（HRM）。如果板坯连铸机的生产能力增加到每月平均 40 万 t，1BF—1BOF—1LF—1CCM—1HRM 的组合对于一个综合炼钢厂来讲是最为合适不过的。事实上，最近的发展已经达到了这个目标[1]。中间包在向连铸机提供脱氧的洁净钢液方面发挥了十分重要的作用，一炉接着一炉，没有污染，按照设计温度要求，没有任何干扰或耽搁。为了完成这项任务，对作为综合体系一部分的中间包快速热周转需要格外的小心，关于这方面的内容下面也将阐述。

8.2 H 形中间包的先进性

H 形中间包是从 LLTM（钢包—钢包—中间包—结晶器）和 LLM（钢包—钢包—结晶器）的先行工艺发展而来的。1987 年新日铁的名古屋厂采用 H 形中间包操作一直至今，因此它已不是什么新技术，但属于独一无二。此中间包的传统功能集中体现在防止洁净的钢包钢液因二次氧化和渣乳化尤其是非稳态操作期间形成的外来宏观夹杂，即：

（1）通过耐火材料墙将中间包的入口与出口分隔在两个部分，通过墙底的通道将两部分连接在一起；

（2）前一包钢液和后一包钢液可以同时由长水口注入中间包中而不降低换包期间中间包内的钢液高度。

由于增加了钢液流动的路径，钢液在中间包内的停留时间变长了。上一包钢液可以低流量倾空直至临近结束。这样就可以使钢包中极大部分钢液注入到中间包内，而且减少了入口区域因旋涡和倾空所引起的钢包渣夹带。这些特点如第 2

章和第6章已提到过的那样，使H形中间包在服役期间能将出口区域源于钢包渣的宏观夹杂降低最低，换包时钢液中［O］$_{total}$保持不变。

H形中间包装有直流弧等离子加热装置如Kimura等的图8.1所示[1]，用来生产要求更高的洁净钢，如深冲延展镀层薄板。直流等离子加热器使中间包钢液的温度控制在±5℃成为可能，甚至是在换包的过程中也能做到，这样进而减少了中间包和SEN的堵塞。

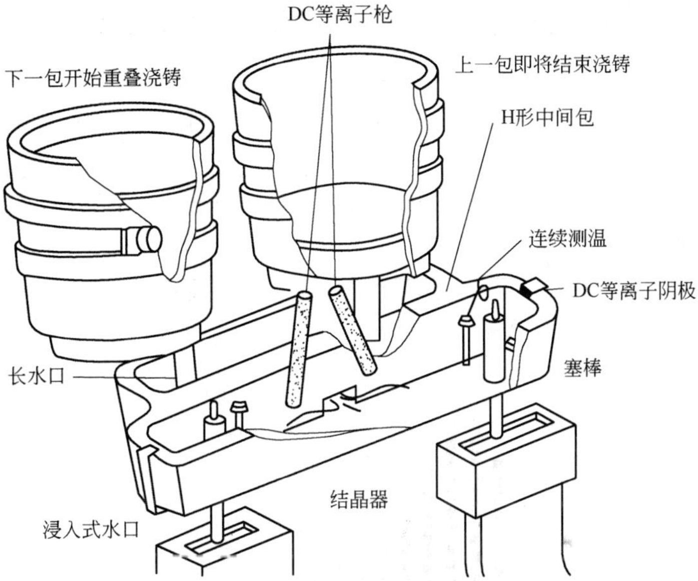

图8.1　65t H形中间包示意图[1]
（2.35MW直流传送Ar-N_2等离子枪安装在出口区域）

如图8.2所示，上面所提到所要求级别的板卷产品中源于宏观夹杂的缺陷显

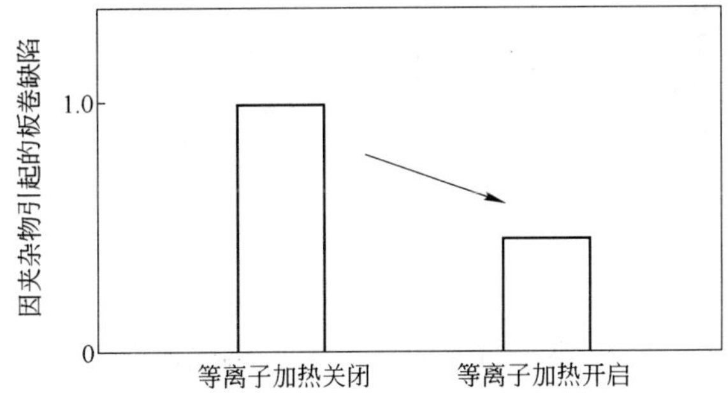

图8.2　等离子枪加热钢液对冷轧板卷中
源于宏观夹杂缺陷的影响[1]

著下降。也有报道在 H 形中间包中进行了吹氩的试验，见 Takase 等的图 8.3 所示。在连接中间包入口与出口两个部分的通道底部安装了用于吹氩的多孔塞。此位置是中间包内钢液流速最快的。发现气泡的尺寸是在可接受范围内，如图 8.3（b）所示。由夹杂物引起的缺陷大幅度下降，见图 8.3（c）。通过充分利用 H 形中间包的两个室和通道的构造将两炉次钢液隔开的条件，在上炉次临近浇铸结束时进行了中间包内钢液很低位的换钢种浇铸操作。

对没有特殊要求钢种生产而言，耐材的高成本或许就是 H 形中间包没有被普遍使用的一个障碍。但是，如果中间包热周转操作得到了完善，那么这个障碍

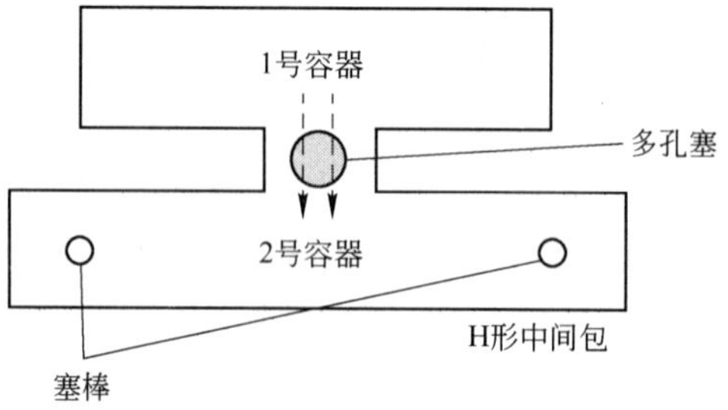

(a)

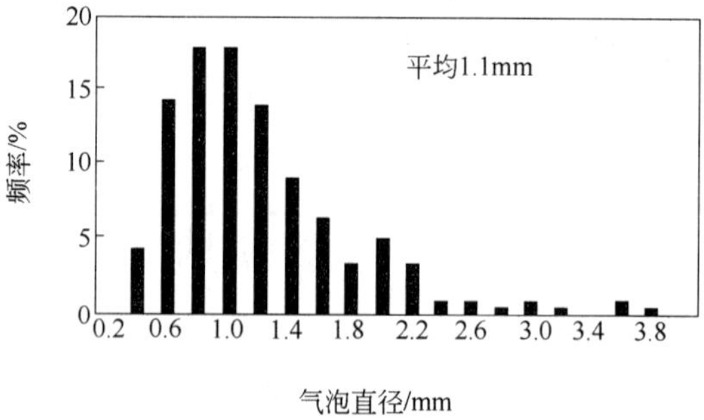

(b)

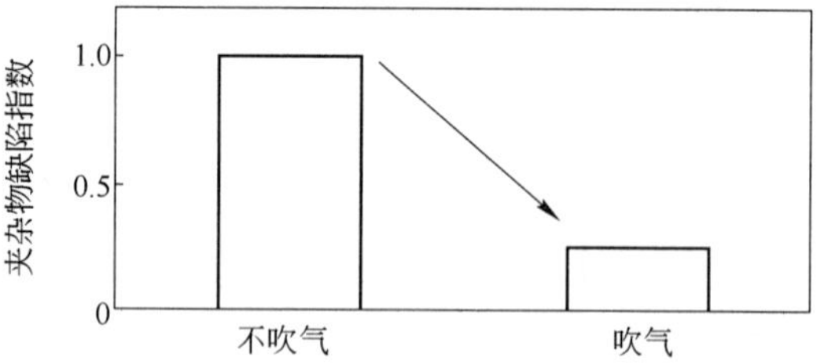

(c)

图 8.3 小 Ar 气泡喷吹对冷轧板卷缺陷的影响[2]

（a）连接 1 号容器与 2 号容器的通道安装多孔塞吹 Ar；

（b）通过冷却钢样的 X 线观测所确定的 Ar 气泡尺寸分布；

（c）因夹杂物所引起的板卷缺陷

也就会变得不重要了。

8.3　离心流中间包（CF 中间包）

离心力的一个令人感兴趣的应用是使中间包内的钢液产生旋转，而施加在钢液和夹杂物的离心力则产生了不同的效果，其结果是夹杂物向旋转钢液凹面的底表面分离。此技术已在一流的不锈钢板坯连铸机上实现工业化应用。最早是在川崎制铁千叶厂（现为JFE）的一个10t CF 中间包上实施了钢液旋转，以此来检验先前在600kg CF 中间包中所获得的实验结果。后来将 CF 中间包的尺寸比例增到30t，旋转室（入口区）为7t，矩形室（出口区）为23t，见 Miki 等的图 8.4 所示[3]。铝镇静不锈钢液或高碳钢液（S45C）从 180t 钢包注入到中间包的旋转室中，由紧贴在入口室外部的一半圆筒形线性电机电磁搅拌器产生的磁场来旋转钢液。旋转室和出口区通过底部的穿孔相连接。

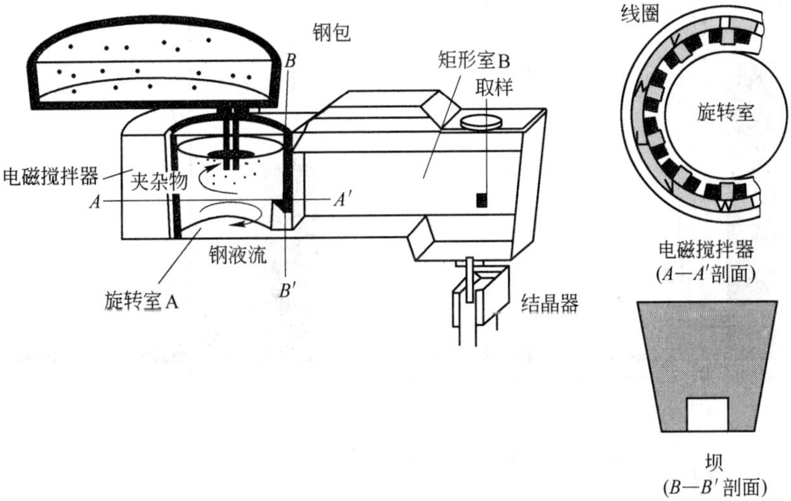

图 8.4　7t 入口区（旋转室）装有半圆筒电磁搅拌器的 30t CF 中间包示意图[3]

生产数据表明中间包中以 45r/min 旋转经铝脱氧和 VOD 处理后的铁素体不锈钢液（SUS430），换包期间的宏观夹杂物量几乎减少了 50%。如图 8.5 所示，因换包时渣卷入的宏观夹杂峰值（见换包后 12 和 29t 的曲线）降到一个很小的数[3]。同时，通过旋转钢液稳态浇铸时的 $[O]_t$ 也由 0.0015%（15ppm）降为 0.0007%～0.0008%（7～8ppm）。由于在这种情况下钢液中的溶解氧约为 0.0003%（3ppm），因此小尺寸夹杂物数量减少了约一半。如图 8.6 所示，小于 4μm 夹杂物数量显著减少[3]。相应的热轧和冷轧板卷的表面缺陷分别减少了 1/2 和 2/3，见图 8.7[3]。在浇铸 S45C 中也得到了类似的结果。入口区旋转钢液的表

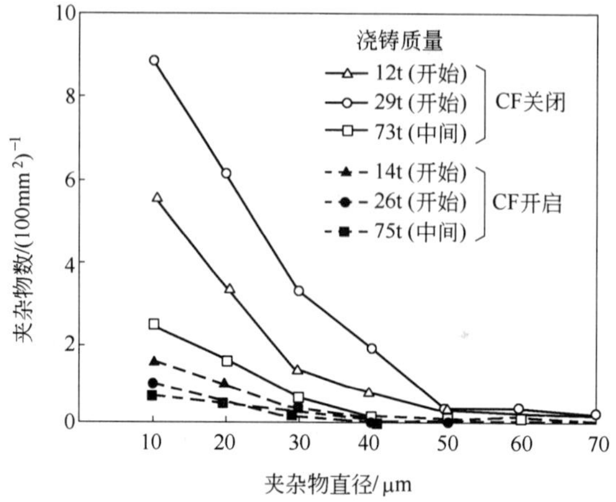

图 8.5　铝镇静铁素体不锈钢连铸过程中离心旋转对 CF 中间包中宏观夹杂含量的影响[3]

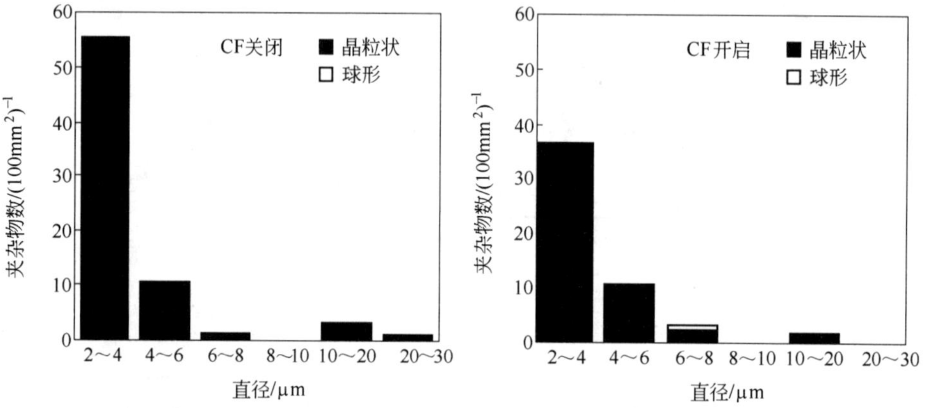

图 8.6　离心旋转对铝镇静铁素体不锈钢中宏观夹杂含量的影响[3]

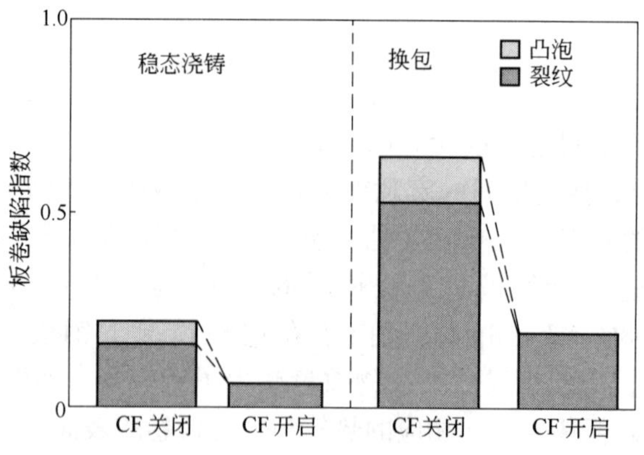

图 8.7　通过 CF 中间包的离心旋转降低冷轧板卷的缺陷[3]

观容积脱氧速率常数 K_0 发现落在所报道的 K_0 与搅拌能密度 ε 关系式所做曲线的高端，见图 8.8[3]。这里 K_0 与 ε 由下列方程给出：

$$\ln d[O]_t/dt = -K_0([O]_{t=t} - [O]_{t=\infty}) \tag{8.1}$$

$$\varepsilon = 2\pi NT/W \tag{8.2}$$

式中，N 为转速；T 为扭矩；W 为钢液的重量。这里 0.7 的 K_0 要远大于传统矩形中间包中的 0.04。具有这样的去除宏观和微观夹杂物效率归结于离心力促使了夹杂物的聚合长大。

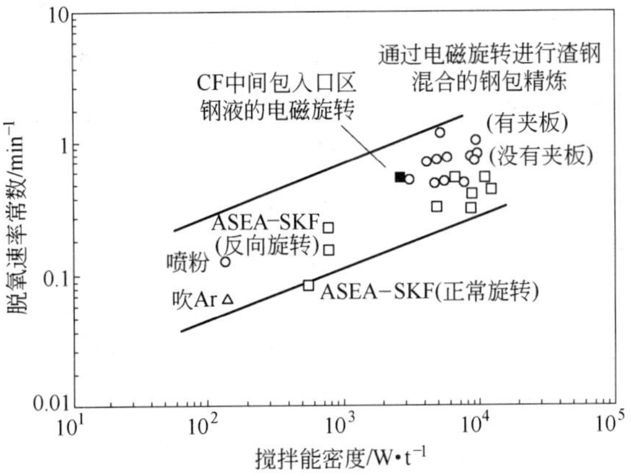

图 8.8　30t CF 中间包入口区旋转钢液的表观容积脱氧速率常数与搅拌能密度的函数关系[3]

由于半筒型磁体的尺寸并不很大，而且外夹杂和内生夹杂的去除效果很明显，因此，CF 中间包适合于优特钢的连铸，尤其对浇铸铝镇静钢特别适用，因为 Al_2O_3 夹杂与钢液之间具有较高的界面张力，在离心力的作用下聚集的效果会比较好。对于 Si-Mn 脱氧的钢种，成本将成为采用 CF 中间包的一个问题，而且此工艺也限制了中间包的热周转操作。

8.4　中间包吹氩

通过向钢液中喷吹气体，已证实惰性气体与钢液之间的界面是 Al_2O_3 夹杂物吸附的有利场所。吸附的夹杂物瞬间聚集成大型簇状物，Yin 等揭示了这个现象[4]。用惰性气体搅拌钢液也促进了悬浮于钢液中夹杂物的碰撞和聚合。Okamura 等的研究表明，搅拌也有助于夹杂物向气泡与钢液界面的传输，并最终随其吸附的气泡上浮至熔池表面[5]。相反，中间包内的吹氩量需要限制，以避免中间包渣的乳化和将渣/钢界面附近上浮的表面夹杂物再次卷入钢液中。因此，很有必要在中间包内产生细小的 Ar 气泡从而以有限的气量为夹杂物的去除产生最大的气泡/钢液界面。因而，在无氧化气氛条件下向中间包钢液吹入细小 Ar 气泡是一种降低外来夹杂物和细小内生夹杂物的有效途径，从而使中间包成为一个好的精炼反应器。正如第 6 章所讨论的，早期的试验是通过一个密封中间包的入口区或出口区的底部吹氩，目的是营造中间包的惰性气氛。中间包内的钢流量随拉速增加，其内夹杂物的上浮就变得困难，此时中间包实施吹氩就特别有效。

对中间包采用吹氩这项技术已经进行了许多尝试，但是目前似乎还没有得到普遍应用。原因在于长时间的连浇过程很难保证中间包内能持续产生细小、均匀、弥散分布的 Ar 气泡，即使能做到，成本也是个问题。在 Ar 气/钢液/耐火材料的三相边界层上，吹氩入口处的钢液与耐火材料间接触角比较大，因此正常吹气条件下所获得的最小尺寸的气泡也比所要求的大。同时，吹入钢液的氩气泡即使能做到细小，也会在喷吹点上方迅速聚合成大气泡。

已清楚吹入钢液的 Ar 气泡尺寸是随喷吹点钢液流的速度边界层厚度的减小而减小。当流动速度增加时，速度边界层的厚度就减少。吹入的 Ar 气泡只能在边界层内长大，其大小与边界层的厚度成正比。当气泡在边界层内长大到最大尺寸时，就会被钢液流从边界层中分离。因此，通过增加吹 Ar 点钢液的流速就能获得小尺寸气泡。这一现象已被用于中间包的吹氩中，第 6 章中已介绍了通过旋转浸入在钢液中的多孔塞实施吹氩这一技术。虽然中间包吹氩已成功降低了夹杂物和水口堵塞，但遗憾的是耐火材料成本和操作上的难度使得此项技术还没有被普遍应用。正如前面所介绍过的，使用具有很细小孔径的多孔塞是另一种解决问题的方法，而且已进行这方面的尝试并获得了一些进展。但其实施的障碍是涉及中间包热周转操作的一些困难。

从长远看，如果中间包内吹入的 Ar 气泡能做到足够小，那么这将是超洁净钢生产的一种很有前途的方法。要想把吹氩成为工业应用技术，喷吹氩气的材质寿命需要进一步提高以适应长时间连浇的要求。同时，对于中间包热周转操作而言，喷吹单元的结构要简单而且容易更换。8.2 节也提过，H 形中间包通过其通孔吹 Ar 来提高夹杂物的去除率。中间包的等离子加热过程中，也采用吹氩来提高等离子加热区的传热，等离子加热区没有中间包覆盖渣，完全属于惰性气氛。在这两种情况中，不发生渣乳化和裸露，即使发生也没有问题。吹氩过程中为了将中间包卷渣降到最低程度，形成小气泡的喷嘴耐火材料结构还需做进一步改进。

8.5 钢液流的电磁控制

连铸结晶器中成功应用了电磁场减速或加速钢液流动来降低夹杂物和提高连铸坯的表面质量。电磁制动降低了 SEN 的出口流股在铸坯液相穴中的穿透深度，抑止了弯月面的湍动，防止了偏流的发生以及维持弯月面附近合理的流动速度和温度。所有这一切对减少夹杂物和表面缺陷起到了很大的作用，尤其是在高拉速的情况下。各种电磁流控制器已安装在高生产率的现代连铸机上。以 EMBr（electromagnetic braking，电磁制动）和 FC 结晶器（flow control mold，流动控制结晶器）表示的控制器是采用静磁场来对钢液流实行减速；EMLS（electromagnetic level stabilizer（注：原文为 stirrer），电磁稳流器）采用行波磁场来减速钢液流。所有这些控制器均是降低钢液的流速。

另一种类型的电磁流控制器也在实际生产中应用，它是对凝固坯壳前沿的钢液流提速以冲刷夹杂和富集的溶质远离正在生长的坯壳，而且通过折断枝晶臂以产生形成等轴晶的晶核。板坯连铸机的 EMLA（electromagnetic level accelerator，电磁加速器）和 MEMS（in-mold electromagnetic stirrer，结晶器电磁搅拌器）以及许多在方坯/小方坯连铸上的行波和旋转磁场的改进版均属于这一类型。这一类型的控制器目的在于减少铸坯的皮下夹杂和溶质的中心偏析。近年，这些技术已向中间包和 SEN 应用方向扩展，已获得了如下的初步结果。

在中间包领域，一个比较早的尝试是在一个盛水银或伍德（Wood）低熔点合金液的中间包模型中施加一静磁场。此实验的目的在于改进中间包明沟中的金属液的流动，防止换包时中间包水口上方金属液旋涡的产生。这两方面流动的改善均是为了提高宏观夹杂物的上浮和减少中间包渣卷入结晶器。由 Takeuchi 等提出的图 8.9 发现熔体中施加 0.1T 磁场时速度分布变得更均匀而且产生旋涡的临界深度降低[6]。用 900kg 钢液的热模型实验进一步验证了这种改善效果，结果见 Idogawa 等的图 8.10[7]。图表明如果中间包是由一个全混区和一个活塞区串联而成，那么向垂直于流体流动方向施加 0.15T 的静磁场，活塞区的体积分率由

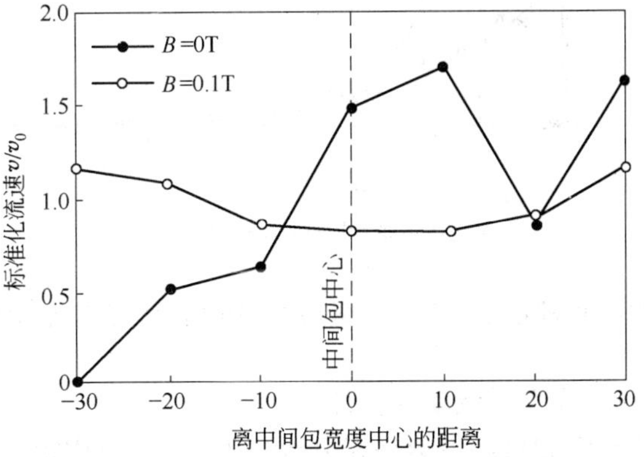

图 8.9　通过施加一水平静磁场中间包模型中水银的标准化流速[6]

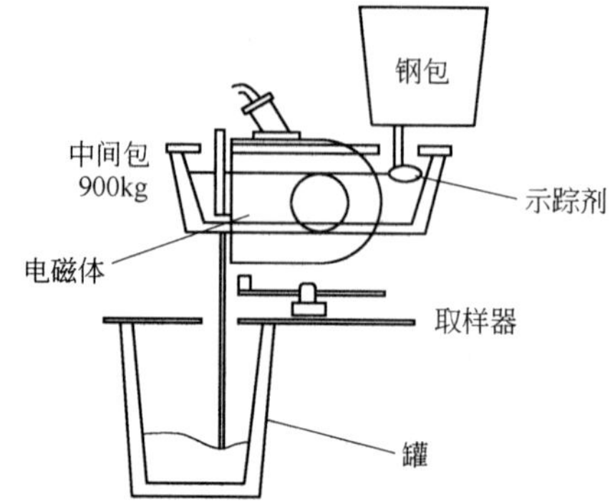

设备的示意图

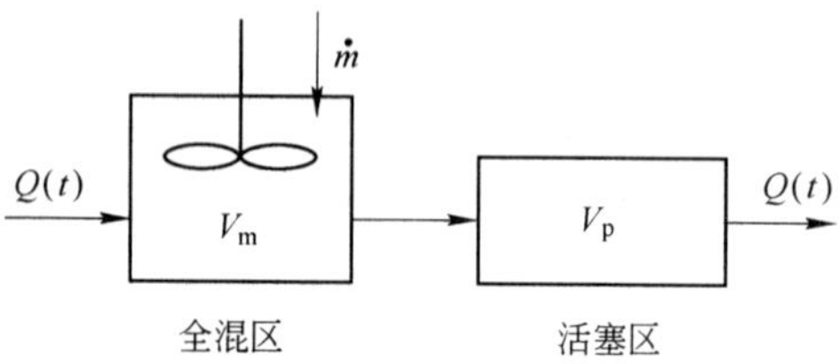

由混合流模型确定体积分率的框图

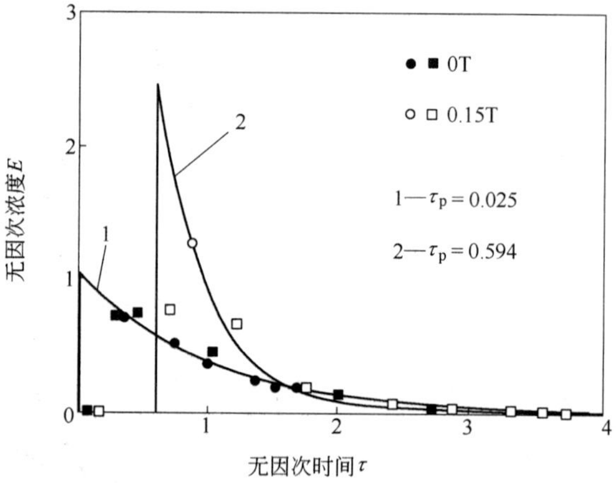

磁场对钢液停留时间分布的影响

图 8.10　通过施加一静磁场 900kg 中间包内增加活塞流的体积[7]

0.025 增加到 0.594，改善了流动的特性。

换包期间低液面中间包内电磁场对其水口上方旋涡的影响规律表示在图 8.11 中[6]。磁场超过 0.1T，垂直（圆圈）或水平（线）的施加均可以减缓旋涡的出现。但是水平磁场（线）比垂直磁场（圆圈）要产生更持续的影响。

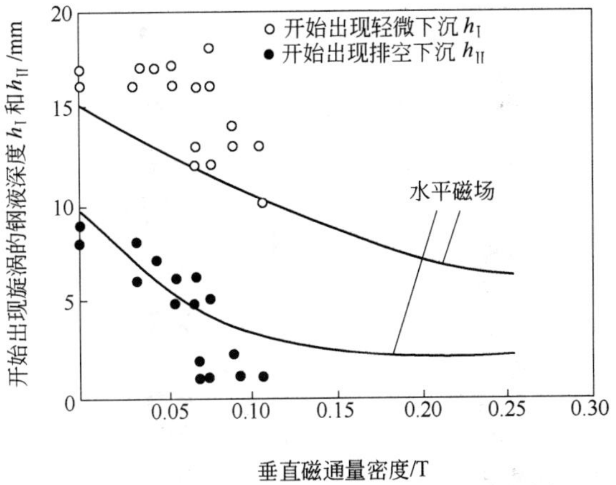

磁通量方向对抑制钢液面下沉和旋涡的影响

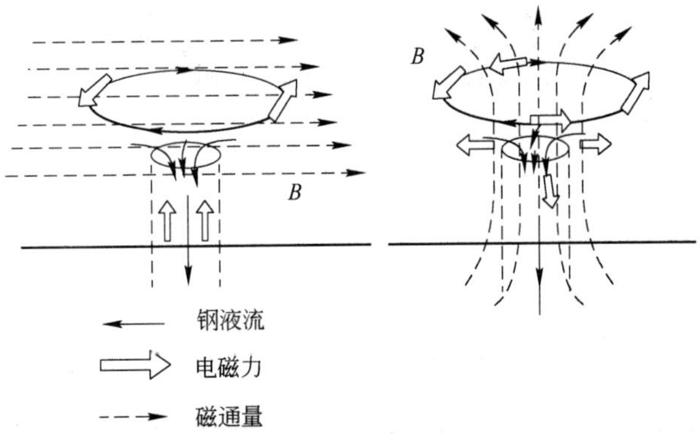

图 8.11 通过在中间包模型的水银中施加水平和垂直静磁场抑制中间包水口上方产生旋涡[6]

中间包流出的钢液流也可通过磁场加以控制。一个计算结果表明在滑板到结晶器弯月面 300mm 长的水口中施加 0.15T 的静磁场防止了 SEN 两个出口的不对称流动，如 Morishita 等的图 8.12 所示（见 $B_1 = B_2$ 的曲线）[8]。如图 8.12 所表示的（见 $2B_1 = B_2$ 的曲线），通过应用 B_2 为 1.0T 时的静磁场梯度也有可能控制钢液流动的非对称程度。在 SEN 双侧孔流的非对称信息反馈以及为防止这种非对称流动而具体实施激活磁场梯度之前，空间的限制以及 SEN 出口非对称流动检测系统安装等困难必须要加以解决。至于在减少水口堵塞方面磁场与其他方法之间的竞争则是另一个问题。

另一个是将磁场间接应用于 SEN，用直形的 SEN 取代双孔或多孔水口以避免 Al_2O_3 夹杂的沉积。为了防止直形 SEN 出口钢液流在液相穴内的深度穿透，通

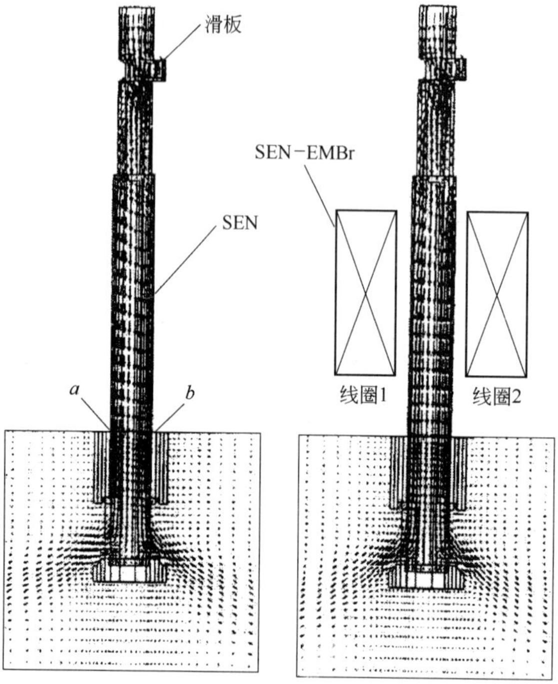

(a) $B_1=B_2=0\text{T}$　　　　(b) $B_1=B_2=0.5\text{T}$

有无EMBr时浸入式水口中的速度分布

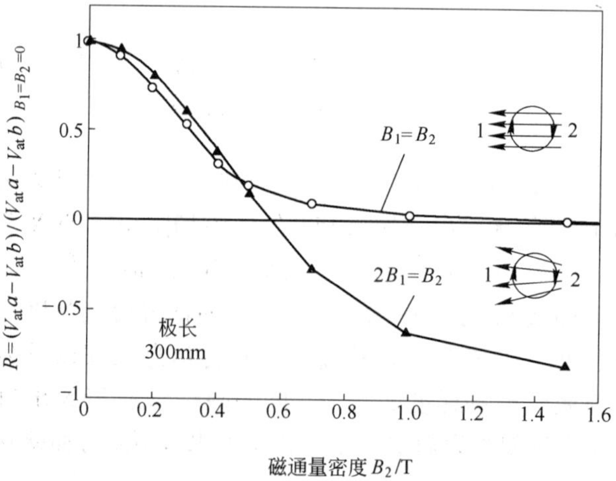

图 8.12　SEN 中施加静磁场控制其出口偏流的模拟[8]

过二段式 FC 结晶器向直形 SEN 施加了 0.3T 的静磁场，如 Nara 等提供的图 8.13 所示[9]。观测和计算的结果是在流量 3.5t/min、结晶器尺寸 260mm × 1080mm、

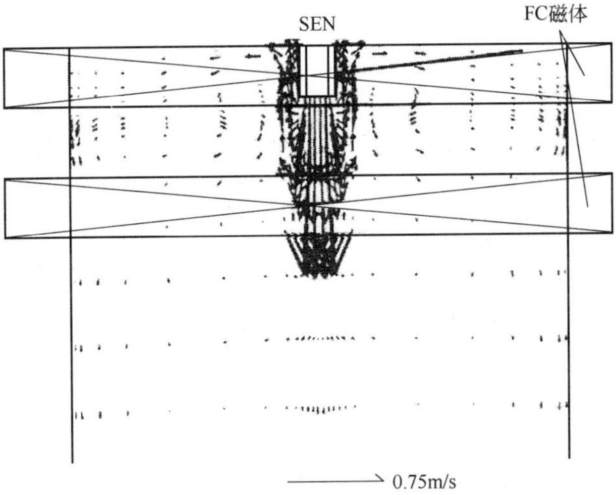

图 8.13　FC 结晶器中施加二段静磁场从单直孔形 SEN 流出的钢液流衰减情况[9]

中间包水口的吹氩量 7L/min 的条件下获得的。在结晶器中，水口出口的流速在磁场的作用下得到了令人满意的下降。表示在图 8.13 中的计算流场表明钢液的向下穿透深度得到了显著下降。3 炉次 230t 超低碳铝镇静钢的连浇表明直形 SEN 中没有 Al_2O_3 夹杂的沉积，没有出现板坯的表面缺陷。尤其是为防止水口堵塞由中间包水口吹氩所引起铸坯气孔得到很明显控制，如图 8.14 所示[9]。因而，磁场可以成为避免水口堵塞、提高铸坯质量的潜在手段。希望在中间包和 SEN 中应用电磁场，以此在有效控制钢液的流动和连铸坯的质量方面发挥其巨大潜力。但是成本的问题和安装电磁设备可用空间的限制将是实施此技术应用的障碍。

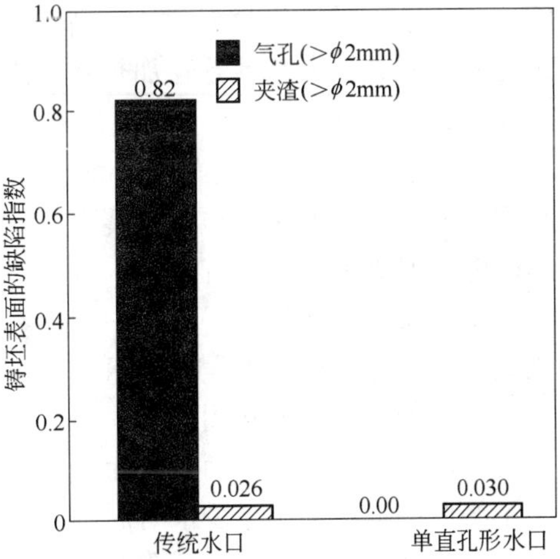

图 8.14　用 FC 结晶器（260mm × 1080mm）浇铸的连铸坯缺陷指数

（通过单直孔形 SEN 流量 3.5t/min、吹氩量 7L/min，施加的 0.3T 磁场）

8.6 中间包加热器

正如第 6 章和第 7 章中所提及的开发中间包加热器用于补偿连浇过程中开浇、换包和浇铸炉次结束时的钢液温降。整个炉次浇铸过程中的中间包加热使钢液温度的变化做到最小，而且可用于降低 BOF 或 LF 的出钢温度。也有可能使连浇过程中保持钢液持续的低过热度浇铸，从而增加铸坯凝固末端等轴晶率。等轴晶率的增加有利于减少铁素体不锈钢和硅钢薄板的皱褶。配合铸坯凝固末端的轻压下，这也减少了用于 HSLA、高碳钢板或板卷的板坯和用于高碳钢管、钢帘线的大方坯中溶质元素的中心偏析。

如先前提到的，中间包加热装置大体可分为两类，即无芯感应通道加热器和等离子加热器。前者比较适合容量小、过钢量低和浇铸时间长的中间包，而后者是利用安装一支或两支等离子枪的直流（DC）弧或交流（AC）弧。对于感应加热而言，因通道中钢液急流的冲刷增加了耐火材料的消耗，这成为一个重要问题。感应加热中必须把重新砌结构复杂的通道内衬所需的人力和成本降到最低。但从另一方面讲，通道中电磁力作用和钢液的湍动促进了夹杂物的碰撞、聚合和去除。同时，其 90% 的加热效率要好于等离子加热。感应加热装置已在许多厂使用了很长时间，而且已经是一种比较成熟的技术。因而，最近并没有对此进行重大革新进展的报道。

对于等离子加热而言，特别关注是如何通过中间包的控流元件（通常是坝）或吹氩来控制其内钢液的流动使等离子加热的钢液快速从表面传到内部，从而使等离子产生能量的输入效率达到最高。同时，也需要采取措施防止加热过程中钢液的增氮，具体的做法就是在加热室采用 Ar 等离子阻止空气的吸入。DC 传送等离子型要比 AC 型的噪声小。因空间和成本的限制，小容量中间包普遍安装一支 DC 传送等离子枪，阳极板嵌入中间包的耐火材料中。对于生产能力大的连铸机，过钢量大和容量大的中间包中安装两支 DC 传送等离子枪是很有利的。双枪输入的能量高，而且不需要在中间包内衬植入阳极板或用线连接阳极板，否则会使中间包的热周转操作很不方便。电流平行传送给两枪从而降低了不必要的强磁场，减少了对周围仪器设备的噪声。Kittaka 等最近对单枪和双枪的加热进行了比较，结果列于表 8.1 中。在 65t 中间包中通过安装并使用了两支 1.1MW DC 传送型等离子枪，如图8.15所示（也可

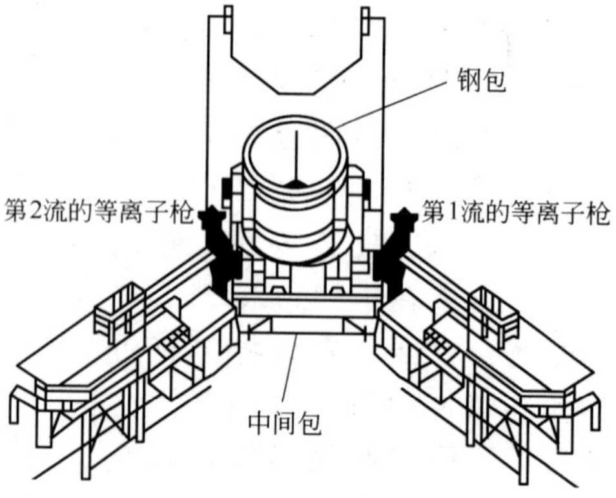

图 8.15 双流板坯中间包中两支 1.1MW DC 传送型等离子枪[10]

表 8.1　中间包单枪和双枪 DC 型等离子加热的比较[10]

项　目	等离子 I	等离子 II
等离子枪类型	单　枪	双　枪
	阴极枪（阳极：中间包）	阴极和阳极枪
	DC	
组　成	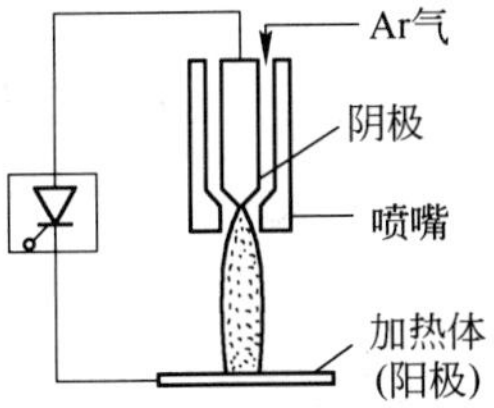	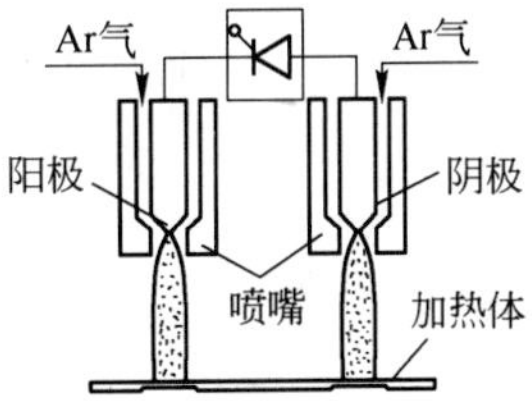
枪的可维护性	外径：1.1 （分离式喷嘴型）	外径：1.0
功　率	0.2～0.7MW 推荐值：0.5MW	0.3～0.8MW
加热效率	60%～70%	60%～70%
等离子气体→噪声	1.0 噪声：低	2.4 噪声：有一点
枪的寿命	阴极：1.0 阳极：1.0	阴极：2.0 阳极：2.0 喷嘴：2.0
电噪声	产生噪声：有一点	产生噪声：很小
改　造	加热室 中间包中的阳极板	加热室
中间包耐材的可维护性	需要维护中间包中阳极板 采用中间包热周转：困难	仅一般性维护 采用中间包热周转：可能
设备布置	小 （因一支枪）	中等 （因二支枪）

以看 Yamada 等的文献［11］），换包期间钢液的温度波动减到了 ±5℃，见图 8.16 所示[10]。中间包的加热有效地减少了 SEN 的堵塞，如图 8.17 所示[10]。

今天，为生产高质量长材产品所提供铸坯的大方坯连铸机上大都使用了通道感应加热装置，而为生产市场需求产品所提供铸坯和需长时间浇铸窄坯的板坯连铸机则装备了双枪型等离子加热装置。这两种情况中，连铸机的生产能力和非稳态操作过程大方坯和板坯生产优质产品的金属收得率均得到了提高，而且转炉出钢温度的降低也优化了炉次的投资和运行成本。

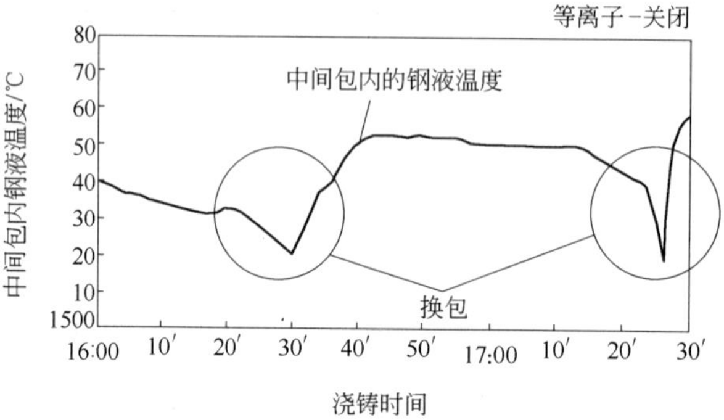

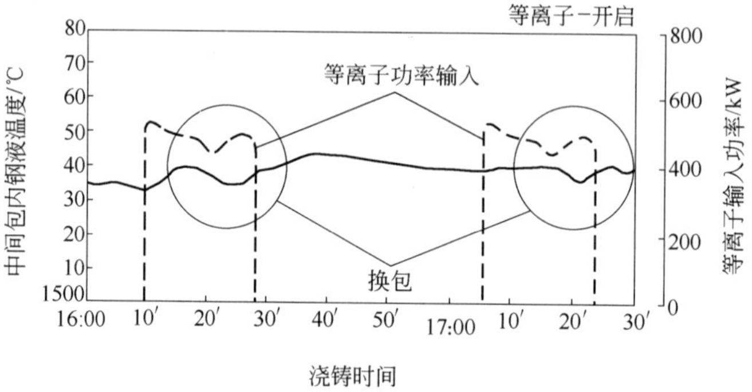

图 8.16　加热换包时通过等离子加热改善钢液温度波动的一个例子[10]

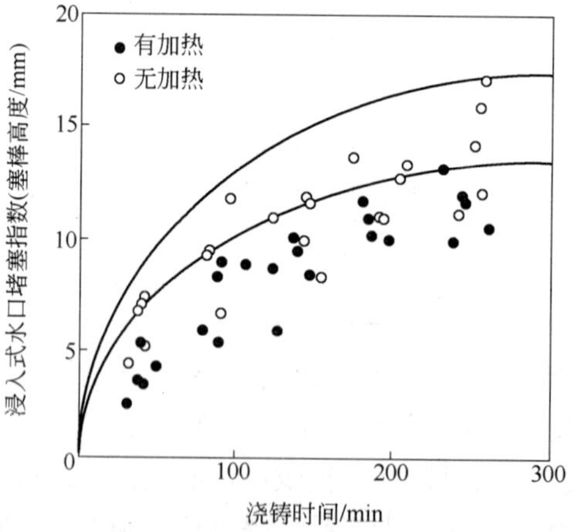

图 8.17　通过测量浇铸过程中塞棒头的位移考察中间包等离子枪加热钢液对降低 SEN 堵塞的影响[10]

8.7　惰性气氛下单个中间包热周转再加热

正如第6章所提及的，中间包热周转在降低（1）非稳态浇铸过程钢液的温降；（2）中间包的耐火材料消耗；（3）中间包再砌内衬的人力等方面很有效果。但是，中间包热周转中钢液却遭受了铁氧化物的污染。在长时间的连浇过程中，黏附中间包上渣/钢混合物的残存钢发生了二次氧化而形成铁氧化物。在为下炉浇铸而对中间包进行再加热过程中，包中渣/钢混合物中的固态钢发生了再氧化。氧化铁滴落到中间包的底部，并在下一炉前半段的浇铸过程不断氧化并进入中间包内的钢液，造成钢液中宏观夹杂的形成。

为了避免此类现象的发生，尝试了中间包再加热之前加入低熔点的熔剂从而使钢液在浇铸过程远离黏附的混合物，但发现这样实施后混合物的去除并不充分。因此，准备好的热中间包是在无氧化气氛下进行再加热，首先用预热的氮气，后面用预热的还原性氢-氮混合，见川崎制铁（现为 JFE 钢铁）Hara 等的图8.18所示[12]。惰性气氛和还原性再加热条件有效地降低了钢液的二次氧化，从

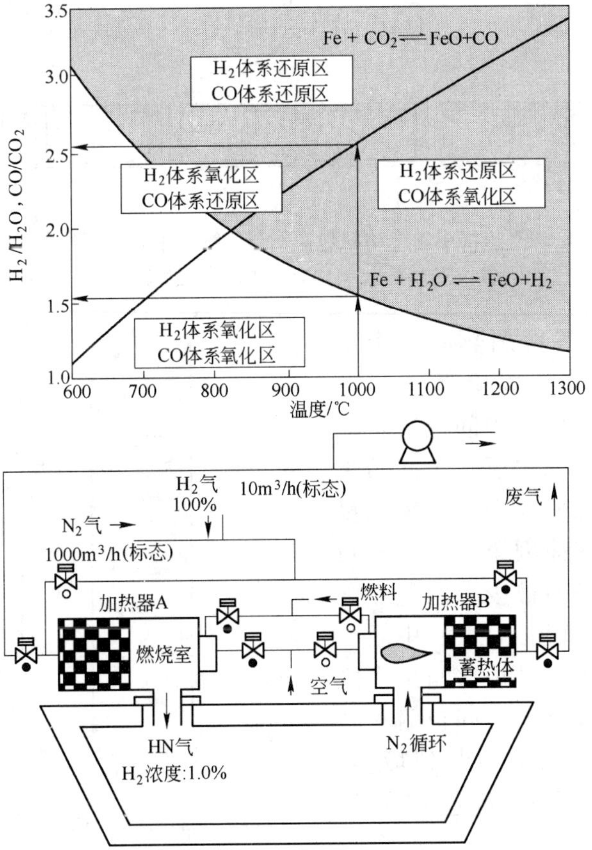

图8.18　蓄热室中喷吹预热的还原性 H_2-N_2 混合气体预热中间包[12]

而减少了多炉连浇中第一炉铸坯的裂纹缺陷[13]。

传统操作中，两个中间包交替使用，一个用于前一炉次的浇铸，另一个再加热为下一个炉次浇铸作准备，如图 8.19（a）所示[14]。再加热的时间一般比较长，增加了钢/渣混合物中的二次氧化。但是，中间包水口设计和设备方面的进一步完善已能使中间包水口更换的时间小于 20min。这就有可能仅用一个中间包的热周转操作进行多炉连浇，如 Kooriyama 等的图 8.19（b）所示。热周转中间包的服役寿命比传统中间包操作要长 3.5 倍。

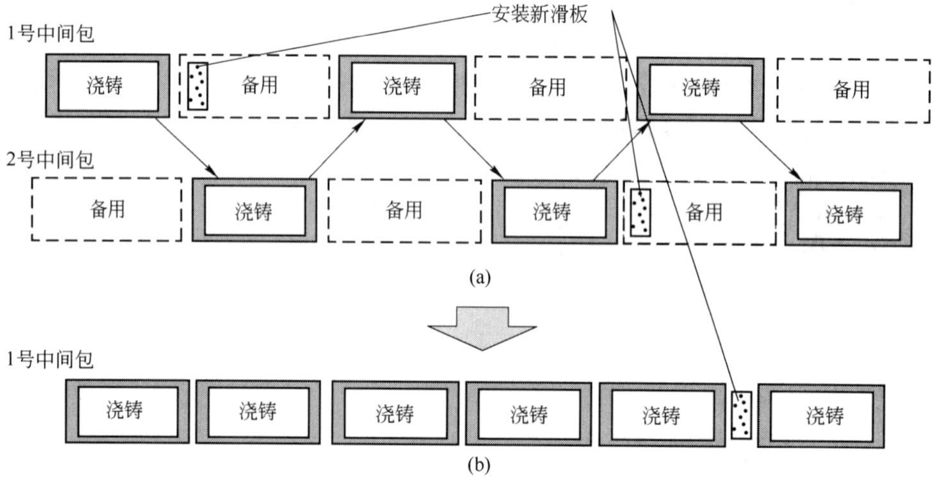

图 8.19 连浇中单个中间包操作与传统双中间包操作的比较
（a）双中间包的传统操作；（b）单中间包的热周转操作（改进型）

结合 H_2-N_2 气再加热的单个中间包热周转操作大大降低了热损失、再加热时间以及中间包准备期间混合物中钢的二次氧化。其结果是源于二次氧化的外来宏观夹杂量大幅度减少，因而因第一炉冷轧板卷上的裂纹缺陷而被废弃的量显著降低，见图 8.20 所示[14]。中间包热周转另一个优点是炉次与炉次之间连接过程的温降因中间包耐火材料残存高的显热而被控制到最小，有时可以不开启中间包加热装置。

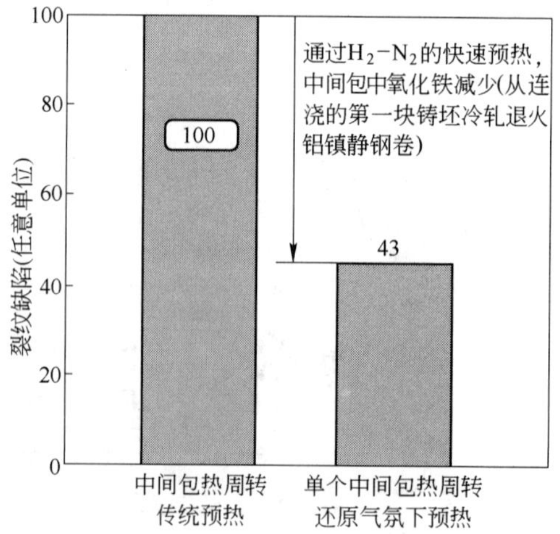

图 8.20 通过使用单个中间包的热周转源于宏观夹杂的冷轧板卷裂纹缺陷降低[14]

8.8 钢包到中间包钢液流股的氩气保护浇铸

钢液由钢包向中间包的输运过程中，普通的做法是用长水口或套管（包括它们的改进型）来保护钢液免遭空气的二次氧化。每种方法各有优缺点。长水口因其方便自动安装、占用的空间小以及与中间包的分离式结构等使用比较普遍。但是，长水口每炉次后需要更换。一旦钢包自动开浇不成功，长水口还必须为氧气清洗钢包水口而卸下。水口浸入式开启需要注意将注流的剧烈反冲控制到最小程度。第一炉在惰性气氛下进行长水口的钢包开包（开浇）会有相当大的困难。

图 8.21 所示的浇铸套管（也叫浇铸管）不需要每包浇完后进行去除更换，而且对第一炉而言用 Ar 进行保护浇铸显得比较容易。但是，Ar 气的消耗、管内

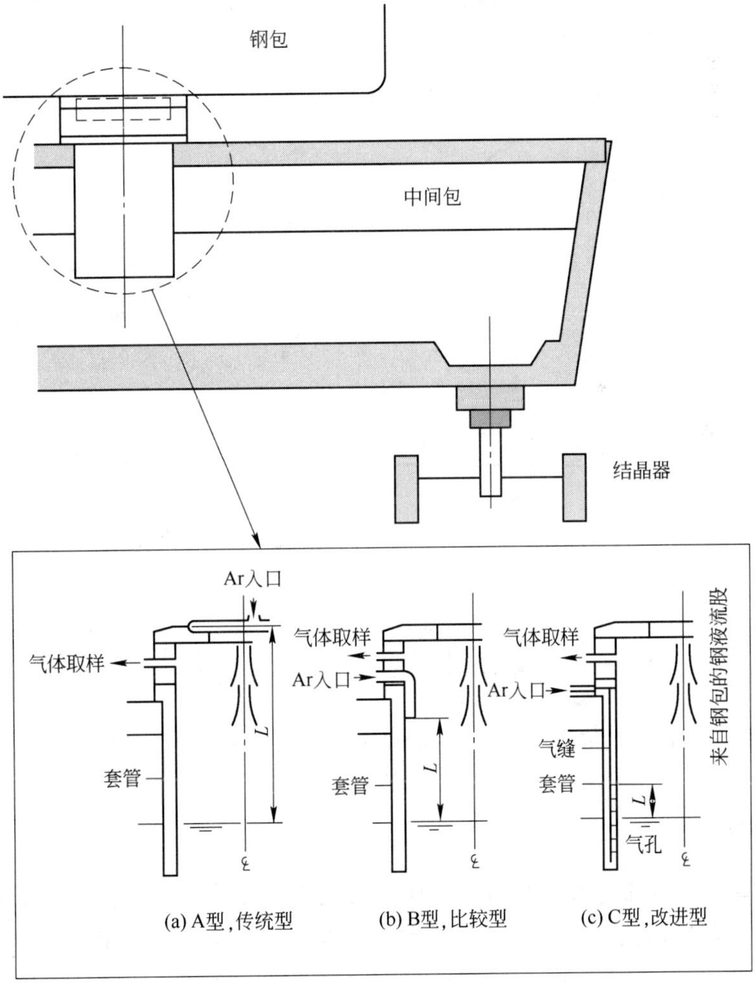

图 8.21 吹氩的传统型及改进型套管[15]

壁飞溅钢液的沉积以及注流流股引起的套管弯月面浮渣的卷入等已成为此技术应用面临的主要问题。住友金属的 Kasai 等最近对此进行了完善，见图 8. 21（c）的“改进型”。他们将吹氩的位置从套管入口顶部的直孔（见图 8. 21（a））或侧孔（见图 8. 21（b））变为到套管内弯月面附近的半浸入孔口。

套管顶部直孔或侧孔吹氩结构的向下流动的 Ar 气流与残留套管中空气的剧烈混合在“改进型结构”中得到了控制。“改进型结构”在非稳态操作过程中将残留套管内的空气挤出管内并迅速形成惰性气氛。图 8. 22 可清楚地看出这个影响效果。32t 中间包的入口室浇铸管内的弯月面上方和下方吹入了 600 ~ 1200L/min（标态）的 Ar 气。在稳态和非稳态两个浇铸过程中，板坯中的宏观夹杂（直径 > 120μm）减少了约 40% 或 50%。钢液的飞溅沉积也减少了 2/3。这是因为浸入式吹氩引起的钢液湍动减少了浇铸管内壁弯月面附近钢液的冷却。此外，弯月面上方的吹氩阻止了钢液飞溅黏附到内壁。

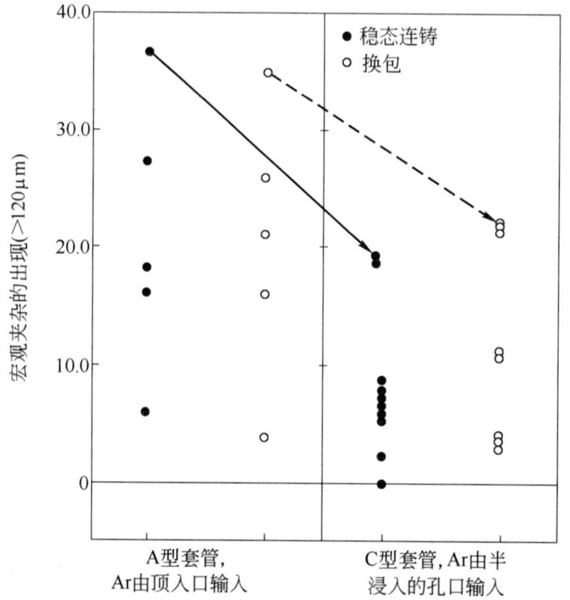

图 8. 22　套管和吹氩系统的改进所引起的宏观夹杂的降低[15]

8. 9　小结

这些年，在大范围操作条件下，中间包以无污染、高流量、稳定温度给稳态浇铸的结晶器输运洁净钢方面已有了实质性进步。对温度控制而言，像中间包加热和中间包热周转这些积极措施已成功解决了非稳态浇铸，特别是低过热度浇铸所引发的问题。同时，通过还原气氛下预热的单个中间包热周转操作显著降低了中间包耐火材料的消耗。

但是，难浇钢种的高拉速条件下，非稳态浇铸过程出现的外来宏观夹杂还没能消除。在中间包操作条件不断改变的情况下，即使使用了各种形状的冲击板，也难以避免空气的二次氧化以及中间包入口区域的钢包渣乳化。本章中所介绍的一些技术措施已经在生产中实施，但有一些则处于试验阶段，需要更进一步完善。关于宏观夹杂所引起的工艺操作上的问题，SEN 的堵塞已是一个长期困扰而需解决的问题。由于引发水口堵塞的原因及机理已经明了，涉及中间包的防止水口堵塞的措施目前正在发挥作用。

本章提到的所有问题都会随目标要求的变化而改变。随着对钢产品质量要求的日益严格，必须开发和实施更加有效的技术措施。在研究开发技术措施的过程中，需要高度重视质量、产量和成本的优化。每台连铸机的操作条件各不相同，因此对所有的连铸机而言似乎没有一个统一的中间包设计。

总趋势表明由入口区和出口区组成，相互之间有合理的连接，出口区域熔池深度充足的大容量中间包能够在稳态浇铸过程中将洁净钢液输送给结晶器而没有明显的污染。在中间包的入口必须使用长水口或套管，而出口区必须是惰性气氛或覆盖成分合适的中间包渣。当中间包入口区的空气二次氧化和渣乳化得到抑制时，考虑到低成本和简捷便利的中间包热周转，可以去掉中间包内复杂的控流装置。

对非稳态浇铸过程而言，强制性的操作包括：（1）钢包开启前除去引流砂；（2）连浇中每一炉次钢包开启前和过程中用 Ar 气吹洗中间包的入口和出口区；（3）使用长水口或套管；（4）合理的时间开浇；（5）防止钢包净空时钢包渣旋涡。在过去的三十年间对这些问题进行了重点解决，但由于操作上的难度目前的一些对策措施还不完备。尽管如此，在轴承钢生产中，完全惰性气氛下进行的中间包操作，以及浇铸后期钢包中残留一部分钢液以避免旋涡卷渣，已经能做到铸坯中实质上不存在源于二次氧化和渣乳化的宏观夹杂。

这清楚地表明防止有害宏观夹杂的机制和手段正确，但是在传统连铸机的生产中所实施的技术措施还不完备。中间包的设计和操作总是要服从于成本与质量和产量之间的协调关系。市场要求所有努力朝更好的产品质量而无需增加成本的方向发展，中间包技术能得以发展以满足不断增长的需求。

参 考 文 献

1. H. Kimura, A. Uehara, M. Mori, H. Tanaka, R. Miura, T. Shirai, and K. Sugawara, *Shin-Nittetsu Giho* (*Nippon Steel Corp. Techn. Report, in Japanese*), 1994, 351, 21-26.
2. K. Takase, K. Misawa, K. Amada, M. Amano, N. Konno, A. Uehara, and Y. Yamamura, *CAMP-ISIJ*, 1997, 10, 138.
3. Y. Miki, H. Shibata, N. Bessho, Y. Kishimoto, K. Sorimachi, and A. Hirota, *Tetsu-to-Hagane*,

2000, 86, 239-246.

4. H. Yin, H. Shibata, T. Emi, and M. Suzuki, *ISIJ International*, 1997, 37, 936-945.
5. K. Okumura, M. Ban, M. Hirasawa, M. Sano, and K. Mori, *Tetsu-to-Hagane*, 1994, 80, 201-206.
6. S. Takeuchi, S. Idogawa, K. Sorimachi, and T. Sakuraya, *CAMP-ISIJ*, 1992, 5, 206.
7. A. Idogawa, S. Takeuchi and N. Bessho, *CAMP-ISIJ*, 1995, 8, 211.
8. M. Morishita, T. Tai, K. Ayata and J. Katsuta, *CAMP-ISIJ*, 1997, 10, 832.
9. S. Nara, K. Sorimachi, N. Bessho, K. Kariya, and R. Asaho, *CAMP-ISIJ*, 1997, 10, 764-767.
10. S. Kittaka, S. Wakida, T. Sato and M. Miyashita, *Shin-Nittetsu Giho* (*Nippon Steel Corp. Techn. Report, in Japanese*), 2005, 382, 16-20.
11. S. Yamada, T. Shiragami, N. Kitada and N. Ono, *CAMP-ISIJ*, 2005, 18, 214.
12. K. Hara, T. Nakagawa, S. Yuhara, H. Osanai, T. Abe and Y. Wakatsuki, *CAMP-ISIJ*, 2000, 13, 108.
13. T. Abe, K. Hara, T. Nakagawa, K. Kadota, T. Fujimura Nd H. Nomura, *CAMP-ISIJ*, 2000, 13, 109.
14. S. Kooriyama, H. Tsurumaru. T. Hori, M. Mikuni, H. Uehara and A. Shiroyama, *CAMP-ISIJ*, 2005, 18, 216.
15. N. Kasai, H. Yamazoe and M. Iguchi, *Tetsu-to-Hagane*, 2005, 91, 763-768.

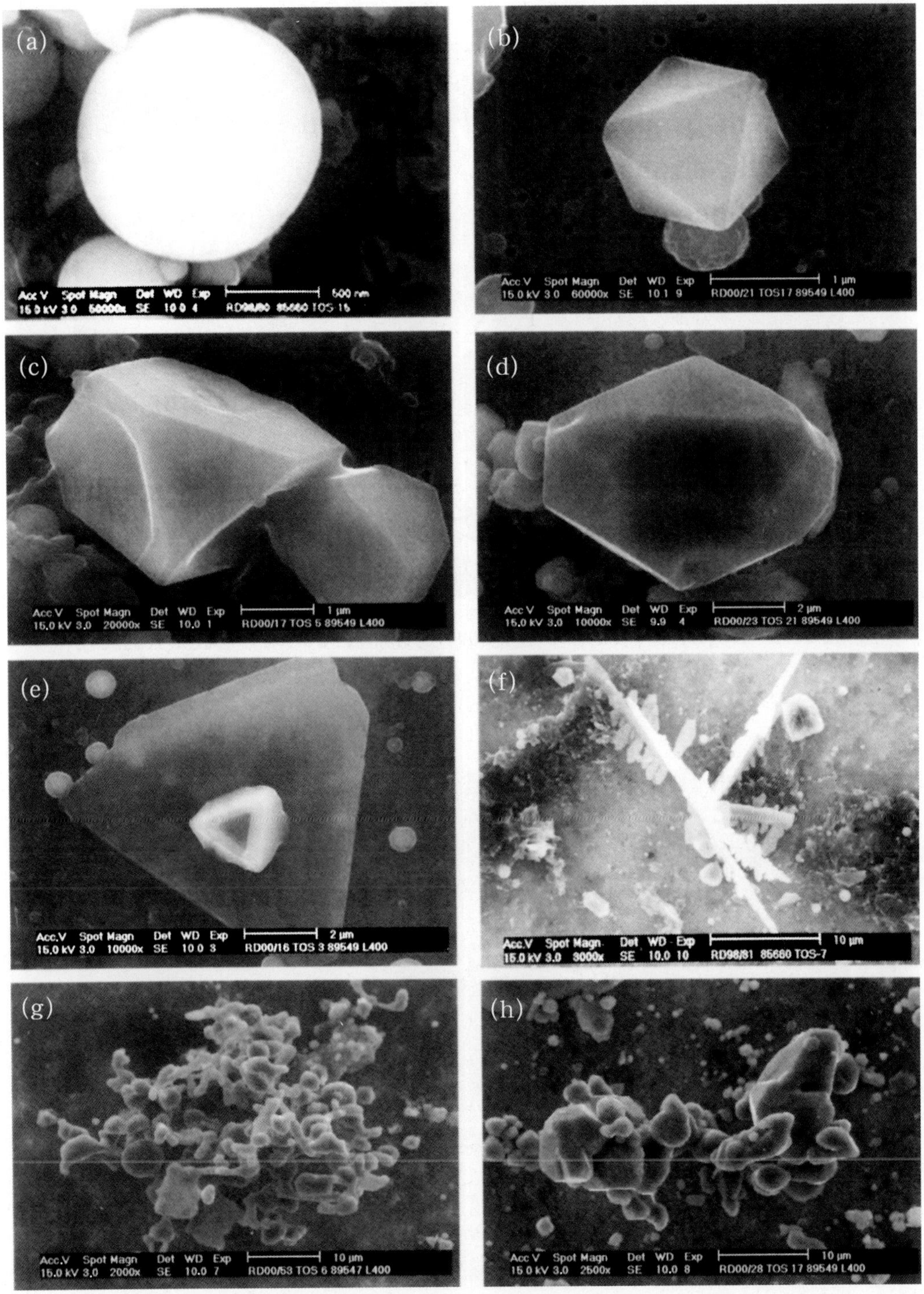

图2.14　用 $CaO-Al_2O_3$ 渣钢包精炼后300t LCAK钢中典型的 Al_2O_3 夹杂[11]

(a) 小球形夹杂；(b) 八面体夹杂；(c) 小的多变形夹杂；(d) 大的多边形夹杂；(e) 圆盘状夹杂；(f) 树枝状夹杂；(g) 簇状物夹杂；(h) 夹杂物聚集

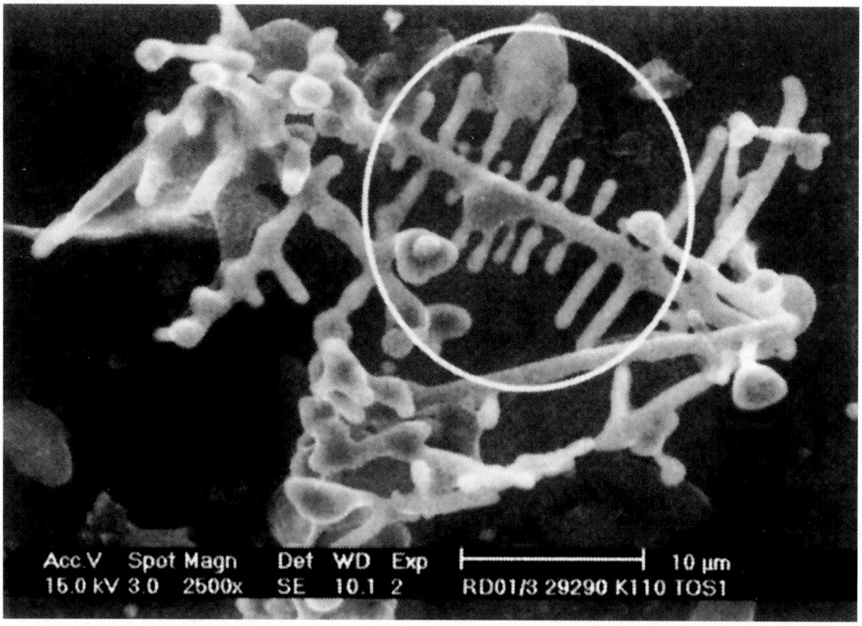

图2.13　LCAK钢中[Al]和[O]超饱和时（Al加入5min后）形成粗大的树枝状Al_2O_3簇状物[10]

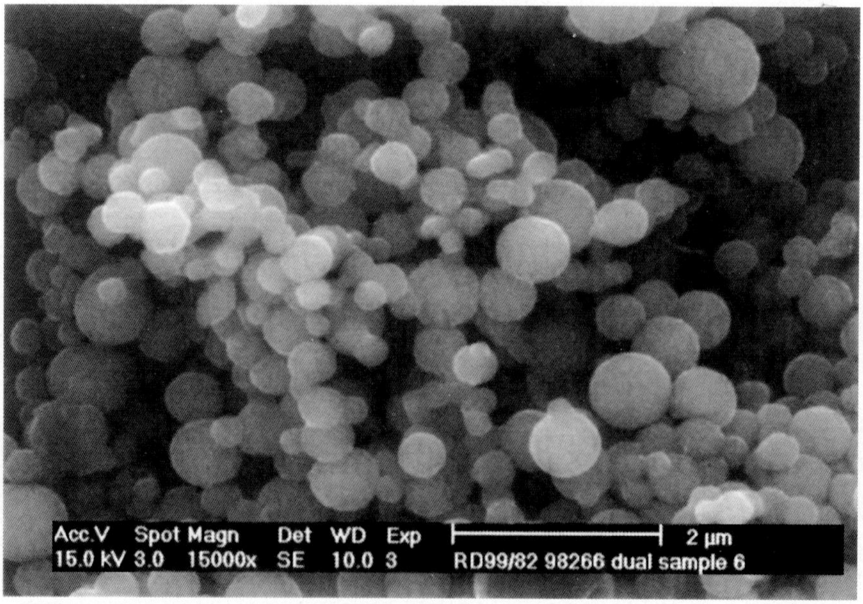

图2.17　LCAK钢液中由光滑球形颗粒结合而构成的Al_2O_3簇状物[11]

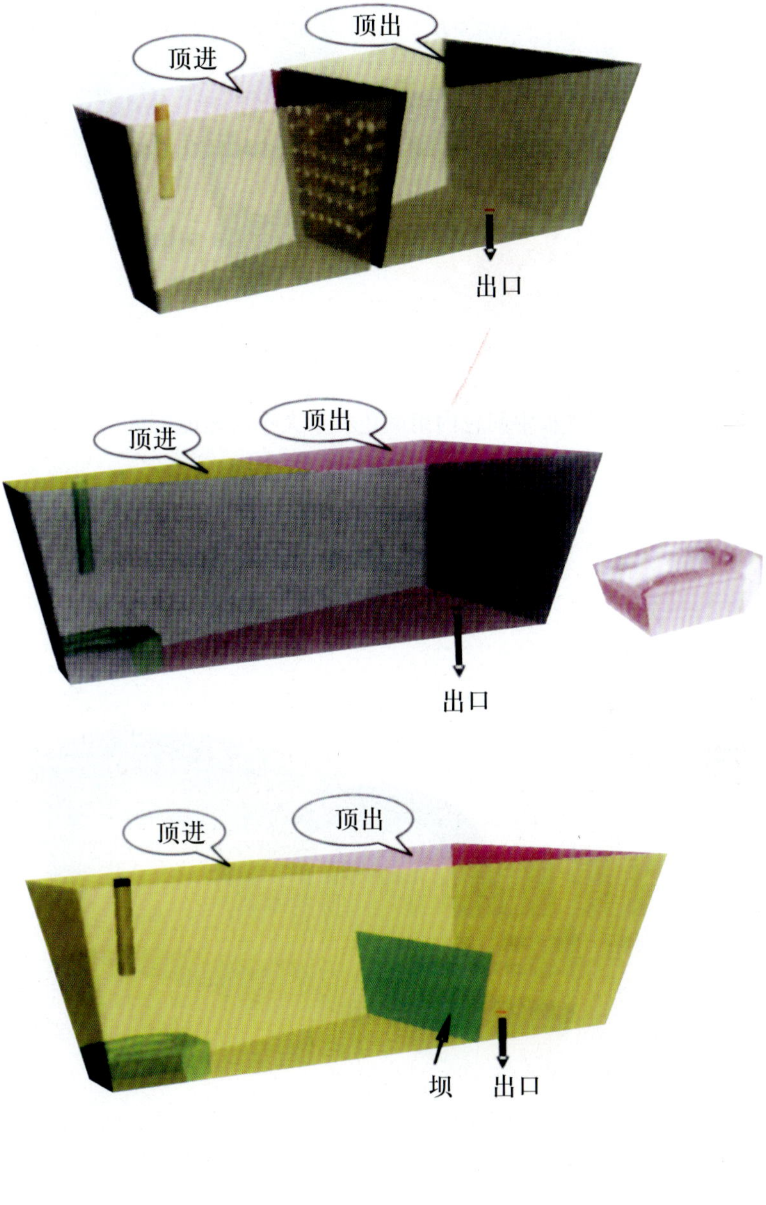

图 5.23　装有带孔夹板（上）和冲击板（中）或冲击板与一挡坝（下）的中间包[13]

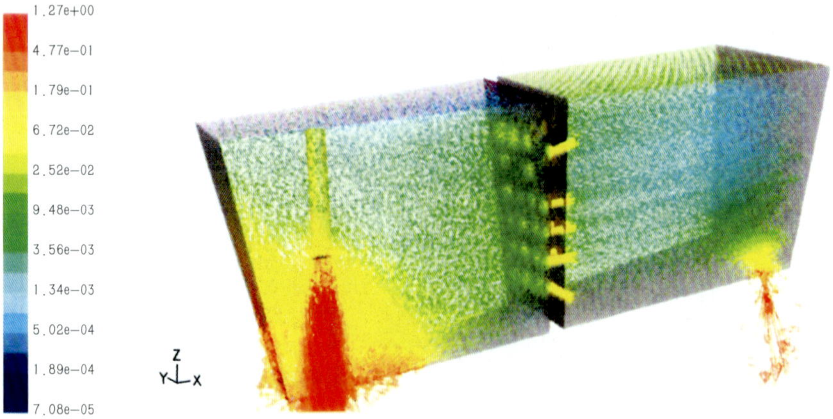

图 5.24　装有夹板中间包内用颜色表示大小的速度矢量[13]

图 5.25　装有夹板中间包内湍动能的等值面图[13]